网络空间安全丛书

零信任安全架构设计与实现

[美] 杰森·加比斯(Jason Garbis)
杰瑞·W. 查普曼(Jerry W. Chapman) 著

吕丽 徐坦 栾浩 译

清華大學出版社

北 京

北京市版权局著作权合同登记号　图字：01-2023-0678
Zero Trust Security: An Enterprise Guide
by Jason Garbis and Jerry W. Chapman

图书在版编目(CIP)数据

零信任安全架构设计与实现 / (美) 杰森 • 加比斯 (Jason Garbis)，(美) 杰瑞 • W. 查普曼 (Jerry W. Chapman) 著；吕丽，徐坦，栾浩译. —北京：清华大学出版社，2023.4
(网络空间安全丛书)
书名原文：Zero Trust Security: An Enterprise Guide
ISBN 978-7-302-63150-7

Ⅰ. ①零…　Ⅱ. ①杰…②杰…③吕…④徐…⑤栾…　Ⅲ. ①计算机网络—网络安全　Ⅳ. ①TP393.08

中国国家版本馆 CIP 数据核字(2023)第 053386 号

责任编辑：王　军
装帧设计：孔祥峰
责任校对：成凤进
责任印制：朱雨萌

出版发行：清华大学出版社
网　　址：http://www.tup.com.cn，http://www.wqbook.com
地　　址：北京清华大学学研大厦 A 座　　**邮　　编：**100084
社 总 机：010-83470000　　**邮　　购：**010-62786544
投稿与读者服务：010-62776969，c-service@tup.tsinghua.edu.cn
质 量 反 馈：010-62772015，zhiliang@tup.tsinghua.edu.cn
印 装 者：三河市春园印刷有限公司
经　　销：全国新华书店
开　　本：148mm×210mm　　**印　　张：**8.625　　**字　　数：**291 千字
版　　次：2023 年 6 月第 1 版　　**印　　次：**2023 年 6 月第 1 次印刷
定　　价：79.80 元

产品编号：093778-01

译 者 序

我国的“十四五”规划和2035年远景目标纲要提出：“加快推动数字产业化”“推进产业数字化转型”，为打造数字经济新优势指明了方向。在数字经济正成为经济发展的核心驱动力的同时，云计算、大数据、物联网、5G等新兴技术的普及对企业运营模式产生了潜移默化的影响，内部员工、业务合作伙伴甚至供应商对企业资源的访问需求日益增多，企业传统的基于“边界”的IT架构已无法满足业务需求，“去边界化”转变已是大势所趋，而以“边界”为防护核心的传统网络防护架构逐渐失效，在日益频繁的网络攻防对抗中暴露出弊端。

2019年底一场突如其来的疫情，迫使企业快速转入远程办公模式，无形中加速了“去边界化”的转变进程。根据中国互联网信息中心发布的第50次《中国互联网发展状况统计报告》，截至2022年6月，中国远程办公用户达4.6亿，占全国网民人数的43.8%。疫情对社会生产生活方式的转变仍会继续，云办公将成为数字经济时代的新常态，企业迫切需要重新定义网络安全，以应对新常态下产生的新风险。

John Kindervag在2010年创造性地提出“零信任(Zero Trust)”一词，用于描述一种安全模型。按照NIST在《零信任架构标准》中的定义：“零信任提供了一系列概念和思想，在假定网络环境已被攻陷的前提下，当执行信息系统和服务中的每次访问请求时，降低决策准确度的不确定性”。零信任代表了新一代的网络安全防护理念，推翻了传统的默认“信任”——默认不信任企业网络内外的任何人、设备和系统，基于身份认证和授权重新构建访问控制的信任基础，从而确保身份可信、设备可信、应用可信和链路可信。用一句通俗的话概括，就是“持续验证，永不信任”。然而，零信任是一种安全理念，而不是单一的技术或产品，这就意味着不存在统一的零信任解决方案；组织需要根据自身传统IT架构、安全运营及安全风险的差异，系统地规划零信任实施策略和方案。

有鉴于此，清华大学出版社引进并主持翻译了《零信任安全架构设计与实现》一书。本书从零信任的历史和发展讲起，系统、详尽地介绍零信任的基础概念和基本原则；通过理论和实践描述零信任架构；深入探讨 IT 和安全技术，以及与零信任的关系；跨越应用程序、数据、身份、运营策略的界限，探索零信任安全的各个方面。通过讨论成功实现零信任的战略和战术方法，分享关于在组织的环境中最合理地实现零信任的想法和建议，引导企业思考如何应用零信任提高组织的安全性和效率。

本书第一作者 Jason Garbis 持有 CISSP 认证，拥有美国康奈尔大学的计算机科学学士学位和美国东北大学的 MBA 硕士学位，在安全和技术公司拥有 30 多年的产品管理、工程和咨询经验，担任云安全联盟 SDP 零信任工作组的联合主席，研究并发布项目提案。本书的另一位作者 Jerry W. Chapman 是一名经认证的 Forrester 零信任战略师，拥有 DeVry 大学计算机信息系统学士学位，具有超过 25 年的设计和实施身份和访问管理战略的行业经验，活跃于身份定义安全联盟的技术工作组，是 IDSA 组织的创始技术架构设计师。两位作者开展了大量的零信任研究，完成这本极具价值的专业书籍，深入浅出地讲解零信任相关知识和实施策略，本书可作为组织及其安全专家实施零信任的权威参考材料。

本书翻译工作历时 10 个月全部完成。译者团队力求忠于原著，尽可能传达作者的原意。参与本书翻译和校对工作的专家们辛勤付出，保证了书稿内容表达的一致性和文字的流畅。栾浩、吕丽、徐坦、姚凯和王向宇在组稿、校对和通稿等工作中投入大量时间和精力，保证了全书在技术上符合零信任安全工作实务要求，以及内容表达的准确性和连贯性。

同时，还要感谢本书的审校单位上海珪梵科技有限公司(简称“上海珪梵”)。上海珪梵是一家集数字化软件技术与数字安全于一体的专业服务机构，专注于数字化软件技术与数字安全领域的研究与实践，并提供数字科技建设、数字安全规划与建设、软件研发技术、网络安全技术、数据与数据安全治理、软件项目造价、数据安全审计、信息系统审计、数字安全与数据安全人才培养和评价等服务。上海珪梵是数据安全人才培养运营中心单位。在本书译校过程中，上海珪梵投入了多名专家助力本书的译校工作。

在此，一并感谢北京金联融科技有限公司在本书译校工作中给予的大力支持。

最后，感谢清华大学出版社和王军等编辑的严格把关，悉心指导，正是有了他们的辛勤努力和付出，才有了本书中文译本的出版发行。

译者介绍

栾浩，获得美国天普大学 IT 审计与网络安全专业理学硕士学位，持有 CISSP、CISA、CISP 和 CISP-A 等认证。负责金融科技研发、数据安全、云计算安全和信息科技审计以及内部风险控制等工作。担任中国计算机行业协会数据安全产业专家委员会专家、(ISC)²上海分会理事。栾浩先生担任本书翻译工作的总技术负责人，并承担全书的校对、通稿和定稿工作。

吕丽，获得吉林大学文秘专业文学学士学位，持有 CISSP、CISA、CISM 和 CISP-PTE 等认证。负责信息科技风险管理、网络安全技术架构评估和规划、数据安全治理、信息安全管理体系制度管理、信息科技外包风险管理、安全合规与审计等工作。吕丽女士承担全书翻译和定稿工作。

徐坦，获得河北科技大学理工学院网络工程专业工学学士学位，持有 CISP、CISP-A 等认证。现任安全技术经理职务，负责数据安全技术、渗透测试、安全工具研发、代码审计、安全教育培训、IT 审计和企业安全攻防等工作。徐坦先生承担本书全书的校对和通稿工作，并担任本书项目经理。

姚凯，获得中欧国际工商学院工商管理硕士学位，持有 CISSP、CCSP、CEH 和 CISA 等认证。负责 IT 战略规划、策略程序制定、IT 架构设计及应用部署、系统取证和应急响应、数据安全、灾难恢复演练及复盘等工作。姚凯先生承担本书全书的校对工作。

王向宇，获得安徽科技学院网络工程专业工学学士学位，持有 CISP、CISP-A、软件工程造价师和软件研发安全师等认证。现任高级安全经理职务，负责安全事件处置与应急、数据安全治理、安全监测平台研发与运营、云平台安全和软件研发安全等工作。王向宇先生承担本书全书的校对工作。

李浩轩，获得河北科技大学理工学院网络工程专业工学学士学位，持有CISP、CISP-A等认证。现任安全技术经理职务，负责IT审计、网络安全、平台研发、安全教培和企业安全攻防等工作。李浩轩先生承担本书全书的校对工作。

贺秋雨，获得北京交通大学教育技术专业理学硕士学位，持有CISSP和CCSP等认证。负责数据安全、云计算安全和信息安全治理等工作。担任中国计算机学会计算机安全专业委员会委员。贺秋雨先生承担本书部分章节的校对工作。

马修湖，获得华南理工大学计算机学院计算机应用专业工学硕士学位，现为南昌大学软件学院网络空间安全系副教授，负责数据安全实验室建设运营、安全工具研发、数据安全人才培养、数据安全方案建设咨询等工作。马修湖先生承担本书全书的校对和通读工作。

高崇明，获得解放军信息工程大学工学硕士学位，高级工程师。获得CISP-PTE、CISP和商用密码应用安全性评估等认证。负责信息安全评估、商用密码应用、电子认证技术、数字证书应用、等级保护、密码应用安全性评估等工作。高崇明先生承担本书部分章节的审校工作。

余莉莎，获得南昌大学工商管理硕士学位，持有CISP和CISP-A认证。负责数据安全评估、咨询与审计、数字安全人才培养体系等工作。余莉莎女士承担本书部分章节的通读工作。

王泓娟，获得江西财经大学会计专业本科学历，持有CISP-A认证。负责数据安全评估、咨询与审计、数字安全人才培养体系等工作。王泓娟女士承担本书部分章节的通读工作。

作者介绍

Jason Garbis 担任 Appgate 公司产品部门的高级副总裁；Appgate 是一家提供零信任安全访问解决方案的专业供应商。Jason Garbis 拥有 30 多年在安全和技术公司的产品管理、工程和咨询经验，在 Appgate 公司负责安全产品战略和产品管理。Jason Garbis 也是云安全联盟 SDP 零信任工作组的联合主席，领导研究并发布项目提案。Jason Garbis 持有 CISSP 认证，并获得 Cornell 大学的计算机科学专业学士学位和 Northeastern 大学的 MBA 硕士学位。

Jerry W. Chapman 担任 Optiv Security 公司的身份管理工程师。Jerry W. Chapman 凭借超过 25 年的行业经验，通过满足安全需求和业务目标的方式，成功帮助众多企业客户设计并实施 IAM 战略。Jerry W. Chapman 的工作职责涵盖企业架构设计、解决方案工程和软件架构研发等领域。作为 IAM 行业专家，Jerry W. Chapman 在 Optiv Cyber Security 实践领域作为思想领袖提供指导和支持，重点关注作为企业安全架构核心组件的身份和数据两个方面。Jerry W. Chapman 是 Optiv 零信任战略的关键发言人，经常在会议和行业活动中发表演讲。Jerry W. Chapman 活跃于 IDSA 技术工作组，是 IDSA 组织的创始技术架构设计师。Jerry W. Chapman 是一名经认证的 Forrester 零信任战略师，获得 DeVry 大学计算机信息系统专业学士学位，目前正在 Southern New Hampshire 大学攻读应用数学学位。

技术编辑介绍

Christopher Steffen 作为知名的信息安全执行官、研究员和演讲家，拥有超过 20 年的行业经验，专注于 IT 管理/领导力、云计算安全和法律法规监管合规等工作。

Christopher Steffen 曾担任多个职位和高管角色，从 Boy Scouts 营地主管到 Colorado 议会发言人的新闻秘书。Christopher Steffen 的技术生涯开始于信贷报告公司的金融服务垂直系统管理部门，直至建立网络运营组，并负责信息安全保障和技术合规工作实务，最终，Christopher Steffen 以首席技术架构师的身份离开该公司。Christopher Steffen 曾担任制造公司的信息总监和多家技术公司的首席宣传官，专注于云安全和云应用程序的转型实践，还担任过金融服务公司的首席信息官，负责管理与技术相关的企业职能。

Christopher Steffen 目前是 EMA(Enterprise Managements Associates)的首席信息安全、风险和合规管理研究专家。EMA 是一家领先的行业分析公司，提供全面的 IT 和数据管理技术分析建议。

Christopher Steffen 持有多项技术认证，包括 CISSP 和 CISA，并凭借虚拟化、云计算和数据中心管理(Cloud and Data Center Management，CDM)五次获得微软最具价值专家奖(MPV)。Christopher Steffen 以优异成绩获取了 Denver Metropolitan 州立学院的文学学士学位。

致　　谢

零信任安全(Zero Trust Security)涵盖多个领域，探索和学习相关技术、非技术以及架构概念并将其组合在一起往往是极具挑战的。幸运的是，众多的安全专家愿意花费大量时间，通过深入交谈、相互引导和回答彼此问题的方式，在涉及零信任安全的多个领域提供了大量的反馈和指导意见。有些安全专家通过阅读和讨论规划摘要或正在开展的工作提供帮助，有些安全专家则通过视频会议展开头脑风暴(这是 2020 年新出现的交流方式)，而另一些信息安全专家则通过定期的专业交流提供支持。

感谢 Chase Cunningham 博士对行业的深远影响，感谢 Gregory J. Touhill 撰写的前言。感谢两位专家在军事和信息安全领域为美国国家和政府所作出的贡献。还要感谢 Evan Gilman、Doug Barth、Mario Santana、Adam Rose、George Boitano、Bridget Bratt、Leo Taddeo、Rob Black、Deryck Motielall 和 Kurt Glazemakers 等专家。此外，我要向来自云安全联盟以及 SDP 零信任工作组的专家致敬，包括 Shamun Mahmud、Junaid Islam、Juanita Koilpillai、Bob Flores、Michael Roza、Nya Alison Murray、John Yeoh 和 Jim Reavis。我还要向身份定义安全联盟(IDSA)团队，特别是将身份管理置于安全工作核心地位的技术工作组致敬。还要感谢那些无法一一列举，但多次参与交流和给予支持的伙伴们，感谢 Apress 公司的编辑 Rita Fernando 和 Susan McDermott 在整个项目中的支持、鼓励和帮助。当然，还要感谢作为技术审核员、意见提供方的好友 Chris Steffen。

最后，要感谢阅读本书的诸位安全专家，作为信息安全行业的专家或领导者，每天都在为更好保护所供职的组织而辛勤工作。希望本书能够帮助安全专家们更轻松地开展工作。

前　言

零信任的出现不是为了配合销售一种新的安全控制措施或解决方案，而是源于期待解决企业现实问题的真实想法。零信任更专注于安全的本质和现状。

——Chase Cunningham 博士，又称“零信任博士(Dr. Zero Trust)”

本人已经期待本书二十多年，非常荣幸能为本书的出版发行写作前言。

早在 Jericho 论坛于 2004 年发表以“去边界化(De-perimeterization)”为特征的新安全战略宣言之前，国内安全界的许多专家已经认识到，边界安全模型(Perimeter Security Model)不再是 Internet 连接系统和企业的可行安全战略。将所有事物连接到 Internet 的期望很难得到充分满足，不断上涨的安全工具成本及其复杂性，以及技术变革的快速，在破坏已经形成的边界安全模型。如果将组织的深度防御(Defense-in-depth)安全防线比作一道堤坝，当堤坝上存在太多缺口时，无论再投入多少资金都将毫无意义。Jericho 论坛宣言指明了不同的方向，给予安全行业新的希望。

然而，可悲的是，就像死星上的莫夫塔金(Grand Moff Tarkin)一样，许多安全从业人士和专家对现状感到满意，而且对于采用新方法确保现代企业安全的想法嗤之以鼻。甚至，曾有安全评论家表示，Jericho 论坛宣言是“方向错误”，并以极尽嘲讽的方式预测：Jericho 论坛的工作很可能“将以未实现的想法和徒劳的努力而告终”。希望这位安全评论家在阅读本书时能怀有一丝愧疚和遗憾。

事实上，Jericho 论坛的工作成果并未浪费，但的确也未立即产生成效。在提出“去边界化”概念 5 年多之后，当时的西方研究分析人士 John Kindervag 在 2010 年创造性地提出“零信任(Zero Trust)”一词，用于描述这一新的安全模型：组织不应自动(默认)地信任其边界之外或之内的任何事物，与之相反，将所有事物连接到系统并授予对数据的访问权限之前，应验证所有访问要素。

对于军队而言，零信任并不是一场安全模型的革命。军人在整个职业生涯中一直在践行物理安全。例如，所有人都需要在门口接受安全人员的检查，在进入基地之前出示合法的身份证件。一般而言，军队会划分 A、B 和 C 级资源周围的保护区。航线区域是 A 级优先资源的所在地，并由武装警卫严格控制进出。基于角色的访问受到严格控制，并授权武装警卫对“越过红线”的攻击方使用致命武力。作为中尉，在进入办公室之前，应经过四级安全检查。安全已经在军队的文化、流程和预期中根深蒂固。

遗憾的是，在逐步建立国防部信息网络且同时采用“零信任”物理安全模型保护最具价值的基础设施(Facility)和武器系统的过程中，由于缺乏实施“零信任”的技术手段，以至于很难保护连接到 Internet 的数字资产。可用的商业化安全工具极其复杂且价格昂贵。例如，应与知名的供应商签订合同，创建“技术学院”并培训已掌握高级技能的员工正确使用供应商所提供的复杂网络产品。随着组织持续努力将所有业务职能转变为数字生态系统，安全成本亦随之飙升，但边界的安全防线仍很难控制陆续出现的缺漏。当 Gregory J. Touhill 从联邦政府退休，担任美国政府首席信息安全官时，业界已经可以得出结论，零信任安全战略(Zero Trust Security Strategy)是保护数字生态系统的唯一希望。

COVID-19 的流行促使企业从传统的办公环境转向居家办公模式(Work-From-Home Model)，从而加速了企业期待已久的、向零信任安全战略的转变。大规模移动、云计算、软件即服务(SaaS)以及无可替代的自携设备(Bring Your Own Device，BYOD)打破了安全边界的幻视感，世界各地的组织都开始由传统企业环境转向今天更加现代化的数字生态。随着数字化技术的逐步实现，传统的网络安全边界已经消亡；再也没有“外部(Outside)”或“内部(Inside)”之分。

遗憾的是，许多安全专家和组织，包括那些曾经嘲笑 Jericho 论坛的反对方，都已经加入了零信任的行列。一些安全专家虽然号称支持“零信任”，但实际上并不清楚零信任的真正含义，也不清楚践行零信任的方法。某些组织的传统网络设备和方法已证明是极其复杂且脆弱的，但其市场营销团队竟然“奇迹般地”宣布组织脆弱的防护能力就是“零信任”实践。尽管 Forrester 的 Chase Cunningham 博士和 Gartner 的 Neil MacDonald 开展了大量的零信任研究，但直到本书出版之前，仍缺少一本真正实用的零信任权威指南。

幸运的是，本书作者 Jason Garbis 和 Jerry W. Chapman 拥有丰富的经验，是零信任、企业网络运营、网络安全和商业运营领域公认的专家。本书鼓励安全专家们多多阅读 Jason 和 Jerry 的传记，Jason 和 Jerry 的资历令人印象深刻且毫无修饰。

Jason 和 Jerry 展示了一本极具价值的专业书籍，深入浅出地讲解了零信任相关知识，本书应作为各地学生和安全专家的权威参考素材。

本书内容翔实，结构合理紧凑。无论安全专家是否熟悉零信任相关概念，都能从前四章获益，前四章阐述了零信任旅程的整体战略。其中，第 1 章深刻地讨论并回答了“为什么需要零信任？”这一疑问。而那些刚刚开始零信任旅程的安全专家则会发现第 2 章更具价值，因为第 2 章提供了完整的技术发展编年史，阐述了行业如何发展至当今的零信任，并清晰地定义了零信任的概念和范围。需要了解如何将零信任整合到自身运营架构中的组织，需要深入学习第 3 章中列出的实用建议和生动形象的描述。许多组织在开展重要投资或重大战略变革之前，更愿意尝试和体验“飞行测试(Flight Test)”的经历。本书第 4 章详细讨论了 Google 等组织如何将零信任纳入其运营活动的案例。

本书的第 II 部分，从第 5 章开始讨论关于身份的概念，充分阐述了零信任的基础组成部分。本书认为身份是成功实施零信任的核心组件，很高兴看到 Jason 和 Jerry 从本书的这一章开始的相关讨论。接下来的三章论述了零信任对网络基础架构(Network Infrastructure)、网络访问控制措施(Network Access Control)以及入侵检测和防御系统的影响。如果安全专家们觉得这三章很有启发性，那么第 9 章关于零信任世界中虚拟私有网络(Virtual Private Network，VPN)的讨论可能改变安全专家对当今环境，以及对未来随处工作(Work-from-anywhere)的看法。

第 10 章对于下一代防火墙(Next-Generation Firewall，NGFW)的讨论具有同样的挑战，讨论了下一代防火墙功能的历史和演变，并预测了下一代防火墙在零信任世界中的未来场景。第 11 章讨论了零信任模型中的安全信息与事件管理(Security Information and Event Management，SIEM)以及安全编排和自动化响应(Security Orchestration, Automation and Response，SOAR)，对专注于识别、管理和控制风险的安全专家们而言，第 10 章是必读的内容。阅读过第 5 章与身份相关讨论内容的安全专家，应不会对第 12 章关于特权访问管理的讨论感到失望。致力于降低内部威胁风险的组织也需要密切关注这部分内容！

接下来的四章对许多组织正在努力解决的技术问题开展了实践分析和指导。第 13 章是关于数据保护的讨论。第 14 章对于云计算资源的讨论就如何在基于云的环境中合理运用零信任提出了实用建议。由于许多组织都采用软件即服务(Software as a Service，SaaS)、安全 Web 网关和云访问安全代理等技术，

第 15 章讨论了如何将云计算相关技术集成到零信任战略中，并就如何“合理实施”提供了切实可行的建议。最后，很高兴看到 Jason 和 Jerry 在第 16 章纳入物联网设备和相关事项的讨论。大多数网络安全人员专注于 IT 设备，却忽视了与组织运营技术、工业控制系统和“物联网(Internet of Things，IoT)”设备相关的风险。无论处于哪一类组织角色，都需要关注本章内容，并认识到运用零信任技术保护关键系统的重要性。

本书的最后三章，对于所有致力于在组织内部合理实施零信任的组织而言都至关重要。第 17 章对于如何创建和实现有效的零信任策略模型展开了必要的讨论。第 18 章讨论了组织在实施零信任时，最可能需要解决的用例(Use Case)。第 19 章是对前一章的必要补充，讨论了组织应如何着手实施零信任，以获得成功的最大可能性。相信秉承“大处着眼，小处入手，快速推进”这一理念的安全专家们不会对 Jason 和 Jerry 的实践建议感到失望。最后，第 20 章完整地总结了本书的零信任旅程，并提醒机构、企业和组织，安全的目标是保障组织能够实现其业务使命。零信任不应仅是一句时髦的术语，而是能够成功实施的安全解决方案，在需要的场景中顺利实施。本书将帮助组织快速且精准地实现零信任目标。国家背景的参与方和网络犯罪案例已经证明基于边界(Perimeter-based)的安全模型不再有效。迅速且有意识地转向零信任安全模型的时机已成熟。值得庆幸的是，由于 Jason 和 Jerry 富有成效的工作，现在业界有了如何实现目标的实用指南。

自孙子兵法开始，军事将领们实施了一系列基于边界的安全模型用于保护资产(Asset)。但是，从前的军事将领并未接触过 Internet、移动设备、云计算和现代技术。Jericho 论坛的判断是正确的；边界已经正在成为过去。现在就是全面接受和实施零信任的时代。

——Gregory J. Touhill，CISSP，CISM，美国空军退役准将

目　录

第I部分　概述

第 II 部分 零信任和企业架构组件

第 III 部分 整合

—— 以下资源可扫描封底二维码下载 ——

第 I 部分

概　　述

零信任(Zero Trust)是一种安全理念和原则，代表了企业 IT 和安全处理方式的重大转变。实施零信任的成果可能帮助安全团队和企业获得巨大收益，但零信任的范围涉及多个领域，而且可能都是决定性的。本书的第 I 部分讲述了零信任的历史和基础知识，阐述零信任的概念，并在理论和实践中描述零信任架构。本书旨在帮助安全专家们更好地理解零信任，开始思考如何合理运用零信任组件，以帮助提高组织的安全性、韧性(Resiliency)和效率。

第1章

介　绍

真正的企业安全很难实现，原因在于IT和应用程序基础架构的复杂性、用户访问的范围和时效性以及信息安全固有的对抗性。由于大多数企业网络过于开放的特性，且并未实施网络级别和应用程序级别的最小特权(Least Privilege)原则，因此组织自身极易受到攻击。对于内部网络和面向公共Internet的远程访问服务(如VPN)而言都是如此，面向公共Internet的远程访问服务是允许Internet上的敌对方公开访问的。考虑到当今的网络安全威胁态势，组织永远不会选择设计这样的系统。然而，大量已存在的传统安全和网络系统却延续着这种模式。

本书的主题“零信任安全”改变了传统安全的风险态势，带来了一种全新的安全方法，零信任强制执行网络和应用程序的最小特权原则。未经授权的用户和系统将很难访问企业资源，而授权用户也仅拥有所需的最小权限。实施零信任可帮助企业更加安全，且更具有韧性。零信任还通过自动实施动态和以身份为中心的访问策略，显著提高效率和有效性。

注意，零信任中的“零(Zero)”可能引起歧义，并不是字面上的“零”信任，而是关于“零”固有的或隐含的信任。零信任是指谨慎地建立信任基础，提升信任，最终在预设的时间内允许合理级别的访问。有时，也称零信任为“赢得信任(Earned Trust)”“适应性信任(Adaptive Trust)”或“零隐式信任(Zero Implicit Trust)”，上述措辞可能更适合这一趋势，但“零信任”一词更有吸引力，而且一直在延续使用。请诸位安全专家不要仅按字面意义理解“零”的表述！

目前，零信任是信息安全行业中非常重要且引人注目的新趋势，虽然零信任已成为营销热词，但组织更应该相信零信任背后有着实质的内容和价值。零信任是一种理念、一种方法和一套指导原则。这也意味着有多少家企业，就有多少种对零信任的理解和解释。然而，每套零信任架构都将遵循一些基本和通用的原则。本书将基于零信任旅程中与不同规模和成熟度的企业合作的经验，为零信任提供指导和建议。记住，本书引入“旅程(Journey)”一词；目的是强调这样一个事实：零信任不是指已经完成的项目，而是正在实施和不断发展的项目提案。这就是为什么通过本书分享关于如何在组织的环境中更好地实现零信任的想法和建议。

本书确信零信任是一种实现企业安全的更好、更有效方法。在某些方面，零信任与网络安全密切相关，而网络领域是零信任的核心元素，因此，本书将跨越应用程序(Application)、数据(Data)、身份(Identity)、运营(Operation)和策略(Policy)的界限，探索零信任安全的诸多领域。

作为组织的安全负责人，有责任推动、影响和督促组织采用零信任架构，提升组织的灵活性，并帮助提高安全负责人的专业水准。本书共分为三部分。第Ⅰ部分介绍零信任原则，建立用于定义零信任并帮助与安全基础架构保持一致的框架和词汇表。这也是本书介绍完整的零信任内容所需要的基础知识。

第Ⅱ部分深入探讨IT和安全技术，以及与零信任的关系。通过本部分的阐述，安全专家们能够掌握组织如何启动零信任项目，以及裁剪当前的IT和安全基础架构的方法，并将裁剪后的IT和安全基础架构集成到更先进的架构中。该部分还将探讨不同技术如何整合身份上下文(Identity Context)并从中获益，从而帮助组织的安全控制措施更加有效。

第Ⅲ部分整合所有内容，在本书第Ⅰ部分的基础上丰富了基础概念并深入讨论相关技术。该部分探讨零信任策略模型(Zero Trust Policy Model)的部署方式，检查特定的零信任场景(用例)，最后讨论零信任之所以能够成功的战略和战术方法。

此外，值得注意的是，本书并未评价供应商或供应商产品的有效性。行业发展和创新的步伐发展迅速，关于供应商和产品的评论都会很快过时。相反，本书专注于探索架构性原理，组织和安全专家们可以从中提取需求，这些原理也可用于评价供应商、平台、解决方案提供商和方法的有效性。

在本书的结尾时，组织的安全负责人应清楚地认识到，零信任并没有绝对唯一的正确方法。在设计零信任项目提案时，安全负责人需要考虑现有的基础架构、优先事项、员工技能、预算和时间轴。这可能导致零信任看起来很复杂，但零信任涉及广泛内容，在实践中有助于简化企业的安全和架构。作为顶层安全和访问模型，零信任规范了相关事项，并为组织提供了一种用于定义和实施跨分布式异构基础架构访问策略的集中方式。

最终，本书的目标是帮助安全专家们充分理解零信任的定义，并掌握如何成功地引导组织踏上零信任旅程的知识。如果能实现这一点，我们为本书所做出的诸多努力就值得了。

现在，开始零信任旅程吧！

第 2 章

零信任概念

本章将介绍作为概念、哲学和框架的零信任。除了简要阐述零信任的历史和演变外，还将介绍零信任的指导原则。每套零信任项目提案(Initiative)都有相同的核心和扩展原则，在开始零信任旅程前，掌握零信任指导原则非常重要。本章的目标是基于指导原则提供零信任的定义，并列出一系列基础平台需求。

2.1 历史与演变

安全边界一直以“城堡和护城河”的传统方式部署在企业网络的周边。然而，随着技术的发展，远程工作团队和远程工作负载变得越来越普及。安全边界必然随之改变，从公司边界扩展到包括远程用户所连接的设备和网络，以及所连接的资源。这种改变可以有效地帮助安全和网络团队顺应业务需求，并调整组织安全运营和访问的模式，然而，所取得的效果参差不一。[1]

2010 年，Forrester 分析师 John Kindervag 在颇具影响力的 *No More Chevy Centers: Introducing the Zero Trust Model of Information Security* 白皮书中引入“零信任(Zero Trust)”一词。白皮书纳入了业界近期讨论的内容，特别是 Jericho 论坛提出的设想。Forrester 文档描述了从硬边界(Hard Perimeter)向需要观察和理解网络中的元素才能获得一定程度的信任和访问的方法的转变。随着时间的推移，Forrester 将这一概念演变为大众所知的零信任扩展(Zero Trust eXtended，ZTX)框架，ZTX 框架包括数据、工作负载和身份，是零信任的核心组件。

几乎在同一时间，Google 启动内部的 BeyondCorp 项目提案。BeyondCorp

1 本书试图以含蓄的方式表达这种观点。然而，不可否认的事实是，目前安全行业普遍使用的企业网络安全和数据安全的相关控制措施，无法有效地保护组织免受数据丢失和系统破坏的危害。诚然，组织面对的是主动寻求机会的成熟攻击方，但组织也应相信，这种普遍的保护不力的现状主要是由传统信息安全工具和方法的缺陷导致的，而本书将证明零信任更加有效。

项目提案采用多种零信任模型中的一个版本，使用其基本零信任元素有效地消除企业网络边界。从2014年开始，Google通过一系列文档记录了其突破性的内部实施旅程，对业界产生巨大影响。同样在2014年，云安全联盟引入软件定义边界(Software Defined Perimeter，SDP)架构，为支持零信任原则的安全系统提供具体规范。第4章将通过零信任的视角探讨BeyondCorp项目提案和SDP架构。

2017年，行业分析公司Gartner修订并更新其持续自适应风险与信任评估(Continuous Adaptive Risk and Trust Assessment，CARTA)概念，CARTA与零信任有许多共同原则。CARTA不仅提供身份和数据元素，还包括与身份和访问环境的设备相关的风险和处理方式。

随着美国国家标准与技术研究所(National Institute of Standards and Technology，NIST)于2020年发布的与美国国家网络安全卓越中心(US National Cybersecurity Center of Excellence)项目相关的零信任架构(Zero Trust Architecture)的出版，向全行业进一步强调零信任的重要程度。

随着供应商、标准化组织对零信任规范和实施的审查及完善，零信任正在蓬勃发展，并将零信任视为信息安全方法的根本转变。最终，业界一致认为，为了防止恶意攻击方通过组织边界访问私有资源、泄露数据或中断运营，实施零信任带来的变化和改进是组织的必要组件。

撰写本书的安全专家在信息安全行业工作多年，且花费了大量时间与业内安全专业人士讨论零信任。安全专家们在讨论中经常遇到的问题之一是“零信任有哪些新特性？与组织已经实施的安全计划有何不同？”确切地说，零信任的某些元素，例如应在零信任环境中使用的最小特权(Least Privileged)访问和基于角色的访问控制(Role-based Access Control，RBAC)，是当前网络和安全基础架构中普遍使用的实施原则，但需要注意：仅包含上述元素并不能完整描述零信任实施的全景图。

在部署零信任之前，组织所使用的基础安全元素通常仅能实现用户、网络和应用程序的粗粒度隔离。例如在大多数组织中，已经实施了研发环境与生产环境隔离技术。然而，零信任扩展了隔离范围，实现了所有身份和资源之间的更有效隔离。零信任支持由自动化平台驱动的细粒度、身份和上下文感知的访问控制措施。尽管零信任最初是一种专注于在未经身份验证和未授权之前不信任任何网络身份的方法，但零信任的适用范围正在逐步扩展，且能跨组织环境提供更多安全功能。

在介绍本书所理解的关键零信任原则之前，先讲述一下 Forrester 和 Gartner 的零信任模型。

2.1.1　Forrester 的 ZTX 模型

Forrester 于 2010 年发布了最初版本的零信任模型，在接下来的几年中，Forrester 修订 2010 版零信任模型并最终发布了零信任扩展(Zero Trust eXtended，ZTX)模型。ZTX 模型提供丰富的内容和以数据为中心的完整模型，如图 2-1 所示。ZTX 模型反映了 Forrester 的观点，即将本地环境(On-prem)和云计算环境所面临的“数据大爆炸(Data Explosion)场景”视为保护核心。同时，针对数据管道的周边元素，如工作负载、网络、设备和人员，也都予以保护。后续章节将依次讨论上述周边元素。

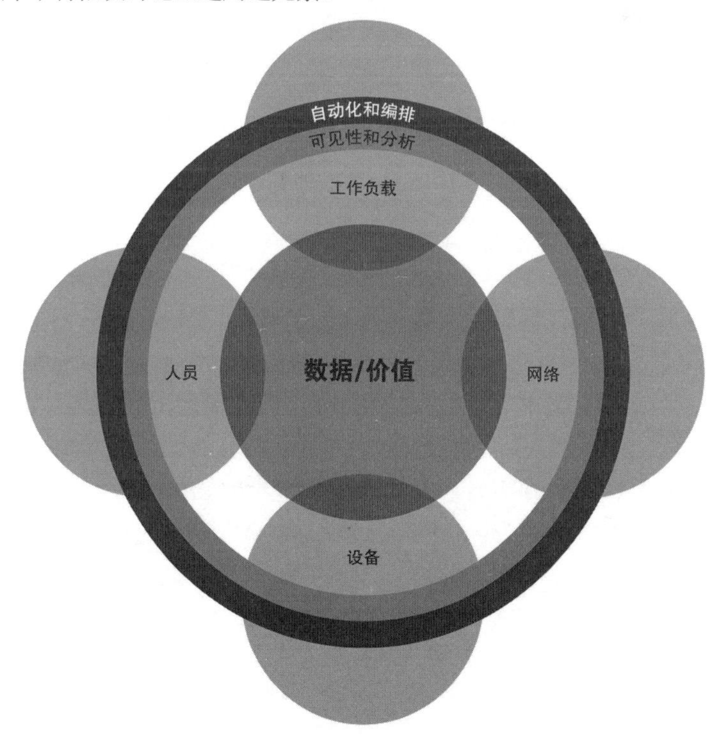

图 2-1　Forrester 零信任扩展模型

(来源：零信任扩展生态系统：数据，Forrester 研究公司，2020 年 8 月 11 日)

1. 数据

数据(Forrester将数据标记为“价值”以凸显其重要程度[1])是ZTX模型的核心，数据支持零信任模型的核心需求包括数据分类分级和保护(Data Classification and Protection)。本书将数据视为零信任系统应保护的资源元素。此外，数据防丢失(Data Loss Prevention，DLP)也应作为零信任架构的一部分，并与策略模型绑定在一起，以便在可能的情况下实施基于上下文的访问策略。

2. 网络

ZTX模型的网络支柱主要集中在网络分段(Network Segmentation)，即从用户和服务器的角度，基于以身份为中心的属性提供更强大的安全性。安全专家应意识到，企业已经拥有构成传统网络安全基础架构的多种现有组件，例如，下一代防火墙(Next-Generation Firewall，NGFW)、Web应用程序防火墙(Web Application Firewall，WAF)、网络访问控制(Network Access Control，NAC)解决方案和入侵防御系统(Intrusion Protection System，IPS)。传统的网络安全基础架构组件通常都可在零信任系统中发挥效用。本书将在第3章的具有代表性的企业架构中介绍传统安全组件，并在本书的第Ⅱ部分探讨传统安全组件与零信任的关系。

3. 人员

ZTX模型的人员(People)支柱应包括身份和访问管理(Identity and Access Management，IAM)的多个元素。基于角色的和基于属性的访问控制(Role-and Attribute-Based Access Control，RBAC和ABAC)是IAM常见的模型，零信任将在整个企业基础架构中的更多领域，更有效地运用RBAC和ABAC模型。多因素身份验证(Multi-Factor Authentication，MFA)是另一项必要条件，也是支撑零信任的关键技术。最后，实施单点登录(Single Sign On，SSO)——OAuth和SAML等现代开放标准也是核心元素。正如本书始终所支持的理念：组织应将身份作为零信任环境的核心。

---

1 事实上，Forrester的声明是：“Forrester认为只有‘数据’才是真正的‘价值’。只有对组织业务具有价值的，才是组织应该集中防御的最关键资产，组织应以全部成本捍卫这一价值。”

4. 工作负载

基于 Forrester 的定义，工作负载(Workload)由构成面向客户和后端业务系统中，驱动业务逻辑功能的组件组成，包括容器、应用程序、基础架构和进程(Process)等。零信任需要元数据驱动(Metadata-driven)的工作负载访问控制措施，本书将在第 17 章进一步探讨工作负载。

5. 设备

设备(Device)安全模型应包括设备的身份、资产清单、隔离、安全和控制措施。第 3 章将描述运行在设备中的用户代理，以及用户代理如何成为零信任环境的核心(Core)。本书将在第 4 章讨论设备在 Google 的 BeyondCorp 实施过程中的关键作用。

6. 可见性和分析

ZTX 模型的可见性和分析(Visibility and Analytics)是跨企业支持基于上下文信息安全决策所使用和展示的数据。本书认为这至关重要，在跨越多个不同来源的数据整合场景中尤其如此。目前没有单一平台具有能够横跨大范围的必要能力，但这是一个不断发展的领域。本书将在第 11 章中进一步讨论可见性和分析的内容。

7. 自动化和编排

ZTX 模型中的自动化和编排(Automation and Orchestration)实现手动流程的自动化，并将自动化流程与安全策略和响应活动联系起来。本书认为，自动化和编排对于零信任平台的成功至关重要——零信任具有内在的动态性和适应性，实现这一目标的唯一方法是跨企业环境使用的自动化和编排技术。本书接下来将对此深入讨论，因为自动化(Automation)是零信任的关键原则之一。

2.1.2　Gartner 的零信任方法

Gartner 基于 CARTA 模型实现零信任，即持续自适应风险与信任评估(Continuous Adaptive Risk and Trust Assessment，CARTA)模型。CARTA 模型的前提是从预测(Predict)、防御(Prevent)、检测(Detect)和响应(Respond)的角度提

供与用户、设备、应用程序、数据和工作负载相关的持续风险评估。

CARTA 模型通过不同的安全平面(Security Plane)实现安全态势(Security Posture)，并监测和调整安全态势的基本流程。Gartner 认为，上述原则应在企业中全局实施，并覆盖企业的全部安全、策略和监管合规要求。

Gartner 倾向于更狭义地看待零信任，使用零信任网络访问(Zero Trust Network Access，ZTNA)表示用户到服务器的安全性，使用零信任网络分段(Zero Trust Network Segmentation，ZTNS)表示微分段/服务器到服务器的安全性。零信任的全局安全框架是围绕 CARTA 模型建立的，其原则与本书介绍的原则非常一致。这并不影响战略性项目提案(Initiative)被称作“零信任”“CARTA 模型”或“赢得信任”。[1]Gartner 的 CARTA 模型观点与本书中探讨的原则和目标是一致的。

2.2 零信任展望

零信任是用于保护网络、应用程序和数据资源的全局模型，重点是提供以身份为中心的策略模型以控制访问行为。所有企业都已经在其环境中使用了一套 IT 和安全工具，但零信任要求以身份为核心，全面审查和运营这些工具，并能在整个环境中实施基于属性和上下文感知(Attribute-and Context-Sensitive)的策略。这一点应在接下来探讨零信任的基本原则(核心原则和扩展原则)时变得更加清晰。

2.2.1 核心原则

在整个行业中，有三项核心零信任原则是公认的基础和必要原则。核心零信任原则最初定义在 Forrester 发表的“No More Chewy Center”论文中，本书相信这些原则在每个零信任实现中都是正确的。除了核心原则外，本书还将 NIST 零信任架构文档中描述的原则纳入其中。本书将从当前的行业角度重新解释 NIST 零信任原则。

1 事实上，本书也了解到部分刻意在内部避免使用“零信任”一词企业的想法。这些企业认为零信任是一种误导，最终用户可能将“零信任”负面解读为 “组织不信任员工”。

1. 应确保安全地访问所有资源(与物理位置无关)

这是一份强硬且严谨的声明，覆盖了多个维度。首先，要求所有资源都包含在零信任解决方案的范围内。要求组织采取零信任的全局方法，消除存在于安全工具和团队之间的竖井和屏障。

其次，这一原则要求所有身份(人员和机器)对所有资源(数据、应用程序和服务器)执行零信任安全访问，而不考虑身份的位置，也不考虑需要访问的资源的物理位置或采用何种技术。这一原则可以有效地帮助公司摒弃传统的企业边界，并采用另一种更安全的方式取而代之。这一原则还意味着，不仅在网络流量通过不受信任的网络区域时应对其使用加密技术[1]，而且所有访问都应遵守强制策略模型(Enforced Policy Model)——这是第二个原则的主题。

2. 应采用最小特权战略，严格执行访问控制措施

对资源使用最小特权访问的概念并不新鲜，但是，在零信任出现之前很难大范围实施。对于跨越物理位置和资源类型应同时执行最小特权管理，并且在网络和应用程序层通过使用身份上下文实施安全功能。

从历史上看，安全解决方案一直难以弥合网络级和应用程序级之间的安全脱节问题。传统安全环境中，用户(及其设备)获得对网络、应用程序的访问仅依赖于通过身份验证的访问控制措施。虽然只有公司财务用户拥有财务服务器的账户和口令，但公司的所有人员都可以访问财务服务器的登录页面。类似于账户和口令的单一访问控制措施不再能够维持有效的安全水平。组织存在很多已知且严重的漏洞，特别是那些不需要执行身份验证工作程序就可以远程利用的漏洞。本书将清晰地说明这一问题——向系统发送网络数据包的能力是一种特权，应按照特权的属性执行差异管理。如果企业没有授予用户访问特定服务的权限(例如，缺少 SSH 访问服务器的安全凭证，或者未通过 VPN 的身份验证)，那么用户一定就不应具备在网络层连接到特定服务的能力。

3. 应检查并记录全部流量

由于网络是分布式组件相互连接和通信的手段，安全专家在安全和 IT 基础

---

1 第 3 章将介绍隐式网络信任区(Implicit Network Trust Zone)的概念，隐式网络信任区是某些零信任部署模型的副产品。加密的应用程序协议将降低此类区域的风险。

架构方面特别关注网络。因此，零信任的决定性核心原则是组织应检查并记录全部流量。零信任系统非常适用于组合一组分散的网络执行点的场景——本书将在第 3 章讨论。值得注意的是，零信任系统应检查和记录尽可能完整的网络流量元数据，但由于处理和存储成本的原因，在检查网络流量内容时应更加谨慎(第 8 章将进一步讨论)。

安全专家可通过零信任系统完善单一的网络流量信息——例如，添加身份和设备上下文信息，并将其输入下一代防火墙、网络持续监控工具和 SIEM，以增强检测、告警和响应的决策能力，以及支持事故响应和其他告警机制的能力。

2.2.2 扩展原则

除了讨论零信任核心原则外，还有三个扩展原则，同样在企业级零信任环境中具有相当的重要性和必要性。

1. 应确保所有组件都支持事件和数据交换的 API

零信任可提供全局性的安全策略和实施模型，涵盖多个 IT 生态系统领域，并与第一个核心原则关联。因此，零信任应能与生态系统的多个(理想情况下可能是全部)组件集成。安全专家们都很清楚，零信任组件与传统安全领域中孤立的安全产品、基础架构和业务系统的集成能力至关重要。正如本书将在后续讨论中所提到的那样，身份与安全工具的集成可实现全局的安全上下文，零信任可通过身份上下文提供更安全的环境。身份与安全工具的集成将用于启动和响应事件，以及交换数据和日志信息，并启用下一个原则。实施这一原则的必然结果是：每个集成到零信任平台的安全和 IT 组件都会提升其价值、有效性和覆盖范围。相反，每个独立(未集成)的组件都会增加冲突，降低零信任系统的有效性，并可能降低安全性。

2. 应在上下文和事件的驱动下，执行跨环境和系统的自动化运营

自动化(Automation)是零信任环境的关键成功元素，即使是对于规模较小的运营场景也是必要的元素之一。零信任基于一组动态访问控制规则，规则基于身份、设备、网络和系统上下文差异而变化。正如将在第 3 章所要讨论的那样，零信任模型都需要集中的策略决策点(Policy Decision Point，PDP)，通过逻辑控

制通道与一组分布式策略执行点(Policy Enforcement Point，PEP)关联。逻辑控制通道(Logical Control Channel)用于通过集成/API 自动更改执行策略，对于零信任系统的运行至关重要。

在零信任系统中，对访问的自动变更可采用多种形式，包括通过身份管理系统、访问管理系统或网络访问控制系统授予用户访问权限。其他自动化活动包括临时或永久取消对特定资源的访问，例如，由纳入生命周期管理的事件或上下文的变化所驱动的自动化活动。

注意，虽然自动化操作是运营环境的基础活动，但这并不排除在启动自动化响应之前利用手动干预或在工作流中包含显式手动步骤的能力。也就是说，自动化并不意味着“全自动(Automatic)”。例如，访问请求流程需要管理员审批，以满足安全和合规准则。审批工作流要求参与人员阅读相关信息，并做出决策，然后将决策提交至系统。这应是审批流程中唯一的手动步骤。因此，工作流的其余部分(包括所有访问变更的设置)应是自动化的。

3. 应交付战术和战略价值

最终，围绕零信任的核心项目提案均应与业务价值挂钩。零信任项目可以(而且通常确实)对基础架构、团队、运营和最终用户体验产生重大影响。虽然零信任的成果往往是积极的，但在技术、文化和政治方面，变革往往难以实现。与零信任项目相关的变更可能涉及多个领域，组织环境中的多个组件将集成到零信任环境中，这些组件将作为组织零信任项目的执行点或策略驱动器。

组织应将零信任视为时间和资金的投资。了解组织的业务驱动因素和优先事项将有助于在企业环境中验证并执行零信任战略愿景。在旅程的初始阶段，应实现增量部署和战术胜利。这将极大简化组织的零信任旅程，并在内部提供动力和支持。也就是说，在零信任架构的战略框架内提供早期战术胜利，将有助于组织实现其全部战略价值。每个成功的新项目都会为零信任项目提案进一步开辟前进道路并提供支持。

2.2.3　定义

本书通过对零信任原则、架构和工作示例概念的介绍，帮助安全专家们理解零信任的概念。组织通过零信任检视并说明安全项目提案和组件的有效性。

本书提出以下简明定义：

零信任系统是一套安全集成平台，综合使用来自身份、安全、IT 基础架构以及风险和分析工具的上下文信息，在企业内部统一并动态地实施安全策略。零信任将安全从无效的、以边界为中心(Perimeter-centric)的模型转变为以资源和身份为中心(Resource and Identity-centric)的模型。因此，组织可以不断调整访问控制措施以适应不断变化的环境，从而提高安全水平、降低风险、帮助运营简化和恢复运营，并提高业务灵活度。

除了上述定义的原则，核心定义还提供一组接下来即将讨论的初始零信任需求。

2.3 零信任平台需求

本节提供了一组基于前面讨论的零信任原则的平台需求基线集合。本节的目标不是简单阐述原则，而是试图从平台的角度强调相关内容。其中部分原则(特别是 API 和集成)应表示为与特定 IT 和安全功能相关的需求，并从全局和多个维度定义若干需求：

(1) 应加密数据平面(Data Plane)的所有通信。例外情况都应审慎对待(例如，DNS)。

(2) 系统应能够对所有类型的资源实施访问控制措施。访问控制机制(Access Control Mechanism)应由以身份为中心的上下文策略驱动。

(3) 数据资源保护应基于身份和上下文的策略控制访问。

(4) 系统和策略模型应支持在所有位置保护全部用户。策略模型和控制对于远程和本地用户应保持一致。

(5) 设备应能够在授权访问目标资源之前以及之后定期检查其安全状态和配置。

(6) 应能区分 BYOD 和公司管理的设备，并相应地控制访问级别。

(7) 对网络资源的访问应由策略明确授权。用户或设备本身都不应具有过多的网络访问权限。

(8) 访问控制措施应能区分同一网络资源中的不同服务。例如，授予 HTTPS 的访问权限应与 SSH 的访问权限分开。

(9) 应基于业务策略强制访问包含在具有不同分类分级的应用程序或容器中的特定数据元素。

(10) 应记录网络流量元数据，并使用身份上下文填充元数据内容。

(11) 网络流量应能检查安全和数据丢失的态势。

(12) 迁移至云平台的工作负载应包括与本地解决方案相同的访问控制策略。

(13) 自动化应包括以身份为中心的详细信息，提供高效且有效的事故响应。

(14) 分析工具应包括日志，以便有效且动态地实施策略。

2.4 本章小结

本章重点介绍了零信任的历史，从 2010 年 Forrester 提出“零信任”一词开始，后续经过不同组织(包括 Google、NIST、CSA 和其他组织)的持续演变。基于这一历史背景，本书解释和提炼了三个核心零信任原则，并增加了三个扩展原则。综上所述，这些零信任原则应作为零信任项目提案的基础。

下一章将介绍具有代表性的企业架构模型。将要介绍的模型并非包罗万象，但将提供类似的工作基础，从中可引入零信任部署模型，并说明模型如何适用于企业。本书的第 II 部分将深入探讨零信任对 IT 和安全技术的影响。

第 3 章

零信任架构

迄今为止，本书介绍了零信任的历史，提出了本书对零信任的观点，并介绍了零信任的核心原则。零信任可以支持多种不同类型的架构以及多种不同类型的商业产品。很明显，不存在唯一正确的架构，每个组织都需要评价自己的特定需求，以便审慎制定实现零信任旅程的正确方法。[1]

考虑到方法的多样性和每个组织起点的独特性，不太可能创建一套“通用”的零信任架构。然而，本书接受了这一挑战，并且正在通过完成两方面的工作应对这个挑战。首先，本书将重新创建简单但具有代表性的企业架构(Enterprise Architecture)，本章将对此开展介绍和探讨。企业架构旨在说明具有代表性的企业，但不是特定组织或网络的精确或详细的技术模型。企业架构的目标是在简单的可视化模型中，展示与大多数组织具有多项相同元素的架构，并展示这些不同组件之间的联系和依赖关系。

本章在介绍企业架构后，将逐一简要介绍所使用的 IT 和安全组件。本书将在第Ⅱ部分深入探讨 IT 和安全组件。为此，本章将从零信任架构的角度探讨应如何考虑 IT 和安全组件之间的映射和集成。

其次，本章将介绍零信任架构的概念模型。这也颇具挑战性，因为实现零信任的方法多种多样，采用何种方式取决于企业的底层架构和企业安全架构师的选择。本书提及的零信任架构，将从美国国家标准与技术研究所(NIST)的零信任架构开始，NIST 零信任架构来自 SP-800-207。然而，本书正在扩展和完善 NIST 零信任架构，帮助零信任架构更好地适用于企业，并更好地与本书所阐述的方法保持一致。也就是说，本书将使用这些架构概念，帮助零信任概念具体

1 最终，本书的目的是为安全专家们提供专业知识，以及用于制定实施零信任架构的合理方法！

化并满足企业需求。

从这个角度看，企业的网络和安全基础架构具有多项功能，例如防火墙、NAC、IDS/IPS 等。其中大部分将在零信任架构中继续使用(也有些可能不再使用)。但多数情况下，组织基础架构元素的配置和运营方式都应以零信任的方式逐渐变革，从而提高安全水平并简化运营工作。现在本章开始介绍企业架构。

3.1 具有代表性的企业架构

图 3-1 显示了企业架构(Enterprise Architecture，EA)，其中包含最常见的安全基础架构元素，描述了相关网络组件之间的逻辑关系。为清晰起见，图中省略了大量细节。本书第 I 部分的相关章节将探讨每个组件，以及组件之间的联系和依赖关系。现在，本节简要介绍每个组件，关注组件在企业架构中的作用，在本书虚构的企业中如何使用这些组件，以及组织改进网络组件的方式。

接下来简单介绍本书中始终使用的图表元素。对象之间的逻辑连接使用虚线表示。对象之间安全的(已加密的)连接显示为粗实线。图中对象之间的数据流，使用本地应用程序协议(可能未加密)的用细实线标识。访问的目标资源(工作负载、服务或数据)表示为 R。最后，资源访问之间的省略号表示集合中的一组公共资源。

图 3-1 中的企业主要负责运营总部和多个分支机构的企业网络。每个物理位置都包含许多应能够安全访问网络资源(工作负载)的用户。企业还拥有位于 IaaS 提供商的公有云基础架构中和运行在私有网络中的工作负载，以及由不同用户组访问的多个软件即服务(Software as a Service，SaaS)资源。

大多数企业与图 3-1 示例中的企业类似，拥有各种不同类型的访问控制措施和网络连接机制，以及 IT 和安全基础架构元素的生态系统。接下来将简要讨论企业使用相关机制的原因，使用相关机制的方式，以及期待的改进。

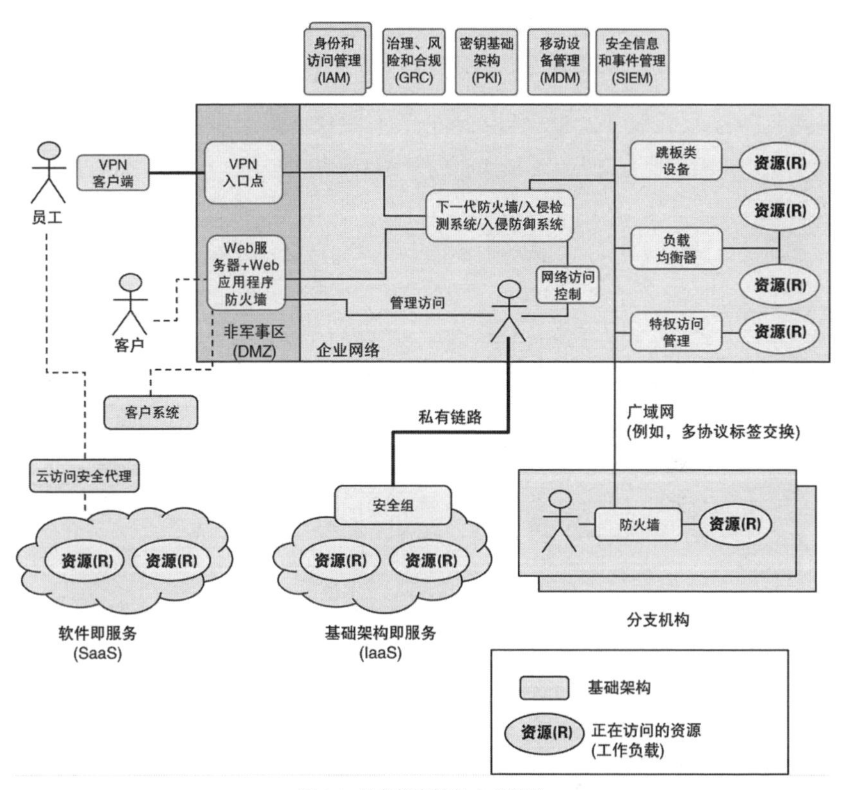

图3-1 具有代表性的企业架构

3.1.1 身份和访问管理

组织同时使用多个身份提供方(Identity Provider)是当今企业常见的情形。在本实例中，图3-1示例中的企业使用一套主用IAM系统，同时也在运行几套规模较小的IAM系统。企业使用多个身份提供方的主要原因是经历了多次并购。企业的IAM系统用于管理用户(主要是员工)和承包商的身份和身份验证。企业结合了多因素身份验证(Multi-Factor Authentication，MFA)解决方案和基本的身份治理计划。近期，企业审计发现了几个亟待解决的中高级别风险。

目前，图 3-1 示例中的企业的确已经在规划一套合理化和集中化的 IAM 系统，但复杂的依赖关系延伸了合理化和集中化 IAM 系统的流程，包括 IAM 与应用程序的集成，以及自动化和手动配置流程的集成。企业所做出的安全改进或变化都需要与现有毫无头绪的 IAM 基础架构协同工作——期望 IAM 系统首先实现合理化或集中化是不现实的。

即使在目前的情况下，图 3-1 示例中的企业通过合理运用基于角色的访问控制(Role-Based Access Control，RBAC)工具和流程实现了一组有效的控制措施，但企业仍然希望从基于 RBAC 的工具和流程中获得更多价值。然而，企业现有的安全基础架构在很大程度上并未与 IAM 系统集成。企业已经认识到这是分歧、成本、低效甚至无效控制措施的根源，也是企业在零信任实施期间期待改进的主要问题。

3.1.2 网络基础架构(防火墙、DNS 和负载均衡器)

图 3-1 示例中的企业已经拥有相当典型的网络基础架构，包括各类传统防火墙和用于解析内部服务器主机名的私有 DNS 服务器。企业还使用了几种类型的负载均衡器(Load Balancer)，包括网络负载均衡器和应用程序负载均衡器。这些传统网络安全基础架构元素中的大多数设备已经运行多年，并用于保护服务、隔离网络和控制对私有资源的访问。

然而，与大多数现实情况一样，传统网络安全基础架构元素和管理团队一直在努力跟随应用程序(工作负载)研发、部署和访问方式的变化。具体而言，企业使用在本地容器化或虚拟化环境中运行的动态(临时)工作负载，再加上远程用户访问的激增，导致传统解决方案的总体工作效率偏低。从本质上讲，动态工作负载和远程用户访问的增加导致了授予过多的网络访问权限；由于传统安全工具的设计和构建目的是保护相对静态和固定的 IT 基础架构[1]，因此，难以正确区分不同的用户和不同的目标工作负载。

现在，开放的网络访问是企业优先考虑的事项，用于消除企业近期受到的恶意软件攻击，这种攻击能在网络中迅速传播并影响大多数系统。企业希望零信任架构能更好地确保跨网络不同部分的访问控制措施保持一致性。

1 具体而言，新的部署模型包含了多个工作负载，工作负载需要都使用独立的共享 IP 地址执行不同的访问控制措施。同样，由于 VPN 网关大多使用 NAT 技术，使得远程用户认为是在共享 IP 地址。

3.1.3　跳板类设备

图3-1示例中的企业一直在使用跳板类设备(有时称为跳板机或跳板服务器)作为加固访问点(Hardened Access Point)，用于控制管理员对网络中生产系统和备份系统等高价值资产的访问，因为高价值资产往往被隔离在单独的网络工作段中。尽管通过近期的审计问题改进已帮助企业解决跳板类设备的安全问题(例如共享密钥和未部署MFA)，但仍存在多个亟待解决的问题。

问题包括：跳板类设备具有足够的权限通过网络访问高价值系统，难以执行临时访问所需的业务流程(请求和批准)，以及缺乏与身份系统的集成。企业仍希望提升跳板类设备访问的合理性，并与特权访问管理系统(Privileged Access Management System)协同工作，接下来将讨论这部分内容。

3.1.4　特权访问管理

企业正在使用特权访问管理(Privileged Access Management，PAM)解决方案支持口令保险库(Password Vaulting)，并为访问多个高价值系统提供会话记录。虽然特权访问管理确实提供了口令模糊处理功能并安全地访问企业内的特定系统的安全解决方案，但PAM由于其成本和复杂性，在整个企业中的使用较为有限。

目前，PAM解决方案提供了有限的上下文感知(Contextual Awareness)，但未与以身份为核心的解决方案建立联系，从而限制了PAM通过提供基于角色的解决方案控制谁应访问高价值系统的能力。

理想情况下，PAM解决方案可使用上下文信息基于组织策略和法律法规要求做出访问控制决策。将IT与IAM解决方案集成也是优先考虑的事项，这是企业全面重新评价使用跳板类设备和PAM访问高价值资源的有效性的一部分。

3.1.5　网络访问控制

组织通过NAC(Network Access Control，网络访问控制)解决方案管理总部办公室内部用户的网络访问以及访客Wi-Fi访问。NAC是基于硬件的系统，是网络基础架构的组成部分，通过企业签发的证书识别合法设备，并将设备分配至特定的VLAN。

最初，部署 NAC 对企业总部而言是有效的，然而，由于 NAC 操作较为复杂，且很难适应网络变化，用户往往可访问比预期范围更多的工作负载和数据集。事实上，这种“趋势(Drift)”正是最近一次执行生产系统 NAC 审计所发现问题的根本原因。

此外，企业的 NAC 解决方案在多个维度上都是孤立的竖井(Silo)模式。首先，出于成本和复杂性考虑，企业没有在分支机构部署 NAC。因此，不同分支机构的用户使用不同类型的访问控制措施。其次，难以用于远程访问或云平台。远程访问或云平台使用独立的访问策略模型，但往往采用是粗粒度且静态的模型。

最后，企业的 NAC 硬件已接近设备生命周期的末期。考虑到所有因素，企业的安全部门负责人决定替换 NAC。这将帮助企业重新分配 NAC 预算，为零信任项目提案提供资金，同时实现基础架构现代化，降低复杂性和运营成本。

3.1.6 入侵检测和入侵防御

与大多数企业类似，图 3-1 示例中的企业也部署了基于网络的入侵检测系统(Intrusion Detection System，IDS)/入侵防御系统(Intrusion Prevention System，IPS)，与下一代防火墙(Next-Generation Firewall，NGFW)运行的模块联合部署，同时部署了部分开源的 IDS/IPS。这些安全组件用于感知异常行为，通过结合安全运营中心(Security Operation Center，SOC)的自动和手动响应方式，应对异常行为。

然而，随着时间的推移，企业 IDS 的有效性变得越来越低，主要原因是由于采用了基于云平台的资源，网络的规模和复杂性不断增长，而企业的 IDS 难以作为联机的“阻塞点(Choke Point)”，而且企业普遍采用加密协议也是原因之一。

企业需要通过一种更细粒度、更全面的方法检测和响应跨异构环境的破坏指标(Indicators of Compromise)。以往，企业总是觉得花费了大量的时间和金钱，而仅仅取得了有限的成果。理想情况下，企业可以通过统一定义的 IDS 策略，在不同的网络位置实施跨网络、用户设备和工作负载的 IDS 策略。企业还希望取得定量的成果(例如降低噪声或减少误报)，以及定性的成果(提高安全分析决策所需的上下文的质量)。

3.1.7 虚拟私有网络

企业的虚拟私有网络(Virtual Private Network，VPN)是用于管理当前环境中的远程访问的唯一系统。远程工作人员可使用 VPN 访问企业环境。然而，随着远程工作人员的增加和安全问题的日益严重，组织出现了性能和可靠性问题，VPN 难以提供环境中身份的上下文。此外，组织还担心 VPN 解决方案中的基本访问控制粒度，原因就是远程用户可以在几乎没有任何控制的情况下在网络中恣意漫步。

组织希望增加安全上下文并减少对业务潜在的服务和性能影响。为了提供这方面的安全性，企业希望将远程访问与身份提供方集成在一起，利用用户和设备的属性执行访问决策并实施。

3.1.8 下一代防火墙

图 3-1 示例中企业的下一代防火墙(Next-Generation Firewall，NGFW)由传统防火墙功能、IDS/IPS、部分应用程序感知和控制功能以及前面单独讨论过的远程访问 VPN 组成。企业对其重点使用的 NGFW 并不满意，目前正在为混合基础架构而苦恼，企业存在两块由不同供应商的 NGFW 所组成的飞地(Enclave)，并且从未能够证明将其整合为单一供应商所需的资金和运营费用的合理性。

因此，不同供应商的 NGFW 在两块飞地之间具有不同的能力，不同的能力将导致运营分歧、策略和控制模型不一致，并导致流量在安全域之间传输时出现技术问题。企业在寻求更合理的安全和运营解决方案，提供统一的策略模型，并能在硬件基础架构中协调运转。通常，企业不希望产生更换硬件的费用，原因在于硬件还有足够的容量和未到期的折旧时间。企业还希望将威胁情报纳入安全和运营解决方案中。

3.1.9 安全信息与事件管理

图 3-1 示例中的企业正在组合使用传统的本地 SIEM(Security Information and Event Management，安全信息与事件管理)和较新的、基于云平台的 SIEM。企业正在规划完全迁移到基于云平台的 SIEM，但组织存在一些定制和集成的

本地部署系统。定制和集成的本地部署系统虽然在运营上对组织很重要，但缺乏灵活性，难以维护。

迁移到基于云平台的SIEM将为企业提供更好的性能和扩展能力，并帮助企业充分利用现代化平台所提供的新功能，例如，更多地集成来自不同来源的日志数据。企业希望SIEM能够利用的信息更加丰富，并将SIEM作为通过风险评分度量控制用户访问的方法之一。总体而言，组织对使用基于云的SIEM感到满意，但希望拥有更多功能，例如，自动干预用户访问的能力。组织希望通过结合零信任项目提案和引入安全编排和自动化响应(Security Orchestration，Automation，and Response，SOAR)系统予以改善。

3.1.10 Web服务器与Web应用程序防火墙

在图3-1的示例中，企业的很大一部分收入依赖于供企业客户使用的面向Web的系统，系统由Web门户和一组Web API驱动，位于DMZ中，并连接企业网络中的多个生产系统。系统受到Web应用程序防火墙(Web Application Firewall，WAF)的保护，WAF为Web门户和API提供了针对应用程序和网络级攻击的保护，例如，抵御SQL注入(SQL Injection)和跨站脚本(Cross-site Scripting)等攻击。

Web应用程序由若干关联组件组成。其中的公共组件本质上是公共网站的一部分，需要允许所有人员都能访问，包括未通过身份验证的用户和匿名用户。Web应用程序还提供免费的服务操作演示，运行在其租用系统的沙箱中。这是一种极具价值的业务增值工具。

网站的其他部分则是私有空间，只允许通过身份识别和身份验证的用户访问。网站拥有内容丰富的Web UI，客户能够登录并使用应用程序与企业交易。应用程序还包含客户系统用于处理大量业务的API。事实是，近年来，API业务量已经超过了UI接口，目前，企业在线业务的75%来自API，25%来自Web UI。企业对于应用程序的外部安全级别感到满意，并没有迫切改造的需求。当然，在企业内部，系统管理员可以对系统执行管理访问。管理员角色有一套相对不成熟的访问控制措施，企业希望将管理员管控作为零信任项目提案中的一部分予以改进。

3.1.11 基础架构即服务

图 3-1 示例中的企业通过采用 IaaS 来增强计算和网络能力，并在本地网络和云基础架构之间创建“私有链路(Private Link)”隧道；即使基础架构部署在云平台中，仍然需要保持扁平化网络的方式。私有链路虽然提供了连通性，但难以提供更多安全保障。事实上，私有链路增加了复杂性，因为企业只运营一套网络，却部署了两套完全不同的安全模型和工具。

尽管企业有能力利用云服务提供商(Cloud Service Provider，CSP)支持的其他持续监测和网络服务，但内部基础架构仍然基于遗留网络服务构建，包括运行在二层(Layer 2)网络的组件。遗留网络中的组件难以在云平台中工作，导致组织需要重新考虑如何通过 IaaS 模型实现安全性。

企业希望提供动态的和上下文感知的安全性，与组织本地部署的安全模型一致。应以身份为中心，并为组织提供全局方式来控制和持续监测跨越本地和云平台的访问。最后，组织希望在各类环境中复制 IaaS 模型的控制和自动化能力而不必将所有内容迁移到云平台。

3.1.12 软件即服务和云访问安全代理

随着组织业务的迅猛发展，采用了基于软件即服务(Software as a Service，SaaS)的应用程序来支持核心业务职能，也包括人力资源和其他职能。此外，由于业务部门自行购置了 SaaS 应用程序以支持业务增长(称为影子 IT)，因此未得到完全保护的资源数量显著增长。为适应快速增长的业务场景，部署了云应用程序安全代理(Cloud Application Security Broker，CASB)，帮助组织发现正在使用的所有资源，并确保资源的安全性。

企业希望扩大云应用程序安全代理(CASB)的适用范围，不仅可以防止出现更多的影子 IT 资产，还可以更好地、更大范围地部署数据防丢失(Data Loss Prevention，DLP)。此外，企业希望实现一种更安全和以身份为中心的方法管理 SaaS 应用程序的使用。

截至目前，本书介绍了图 3-1 示例中的企业现有架构元素的细节，以及企业想要改进的方式。注意，本书将在第 II 部分从零信任的角度进一步探讨图 3-1 示例中的组件。现在开始介绍零信任架构的结构和组成。

3.2 零信任架构

本节将讲解 NIST 文件中所介绍的构建于工作内容之上的概念性零信任架构，同时提炼和扩展了相关内容。在本章中，也将面临与 NIST 类似的挑战，即零信任从一系列原则和理念入手，但存在多个不同的、可用于实现零信任目标的企业安全架构。安全专家们应达成共识，行业不太可能创建或描述一套普遍适用的统一架构。本书的目标是引入一组架构组件和要求，并利用这些组件为特定组织搭建有效用且有价值的架构。

3.2.1 NIST 零信任模型

正如在前一章中提到的那样，NIST 引入了一组逻辑零信任组件，如图 3-2 所示，涵盖了将在本书中使用的核心概念和组件。

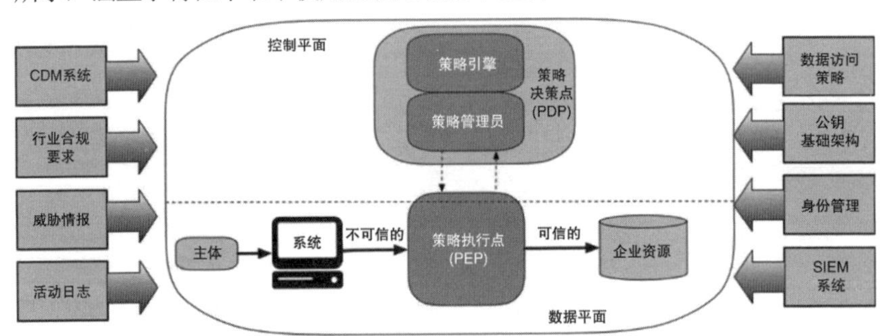

图 3-2 逻辑零信任组件

首先，NIST 将操作计算机系统并能访问企业资源的用户、应用程序或设备定义为主体(Subject)。资源可能是企业控制下并受零信任系统保护的应用程序、数据、文档或工作负载。在本书中，通常称为资源(Resource)。

假定主体在不可信环境下的不可信网络中执行操作，并且仅允许通过策略执行点(Police Enforcement Point，PEP)访问资源。PEP 通过 NIST 所称的隐式信任区(Implicit Trust Zone)控制主体对资源的访问，本书将在后续章节进一步讨论隐式信任区的细节。PEP 并不存储也并不做出策略决策——而由策略决策点(Policy Decision Point，PDP)完成这项工作。[1]

1 注意，NIST 在 PDP 的策略引擎和策略管理者两个组件之间存在逻辑隔离(Logical Separation)。本书并不考虑逻辑隔离，而将 PDP 看作一个完整单元。

注意，主体与企业资源通过所谓的数据平面(Data Plane)通信，数据平面与控制平面(Control Lane)不同。正如 NIST 所述，“PDP 和 PEP 在逻辑上独立且在企业资产和资源很难直接访问的网络中通信。数据平面用于应用程序数据的通信。”

实际上需要将前面描述的——位于系统外部的附加元素(如 CDM 和 PKI)视为所有零信任系统的逻辑部分，或者至少需要一组指示不同集成程度的双向箭头。位于系统外部的附加元素是零信任系统的重要输入(上下文)，且会影响策略决策。本书第 II 部分将讨论如何将位于系统外部的附加元素紧密结合在一起，成为数据和事件的生产方和消费方。在探索这些位于系统外部的附加元素如何与 PDP 和 PEP 相互作用和影响的过程中，需要讨论很多相关的主题和内容。

考察 PDP 和 PEP 的关键概念也很重要，希望组织能够思考如何将 IT 和安全基础架构的不同元素视为组织将要实现的零信任架构中的 PEP。这就是在图 3-3 所示的架构图中，可以看到整个企业中同时存在多种不同概念 PEP 的原因；不同 PEP 将完成不同的事务，服务于不同的角色。

3.2.2　概念性零信任架构

图 3-3 介绍了概念性的零信任架构，并描述了具有代表性的企业安全和 IT 基础架构，将从零信任的角度重构。

首先要注意的是，存在逻辑上集中的策略决策点(PEP)充当所有零信任系统的核心。在现实支持零信任的企业系统中，PDP 可能由不同技术体系组成，通过集成和业务流程彼此整合在一起。

当然，零信任在很大程度上是以身份为中心的系统，PDP 应与组织的身份提供方保持紧密、可信的联系。从技术角度看，PDP 可能与 IAM 提供方存在直接网络连接(LDAP 或 RADIUS)，也可能存在间接连接[1]。

更重要的是，应首先配置 PDP，帮助 PDP 信任那些通过身份提供方直接或间接接收的数据。通常，这是通过配置 PDP 使用服务账户向身份提供方执行 API 调用，或者通过配置 PDP 使用身份系统的公共证书实现数据验证完成的。

1 SAML 指安全声明标记语言(Security Assertion Markup Language)。

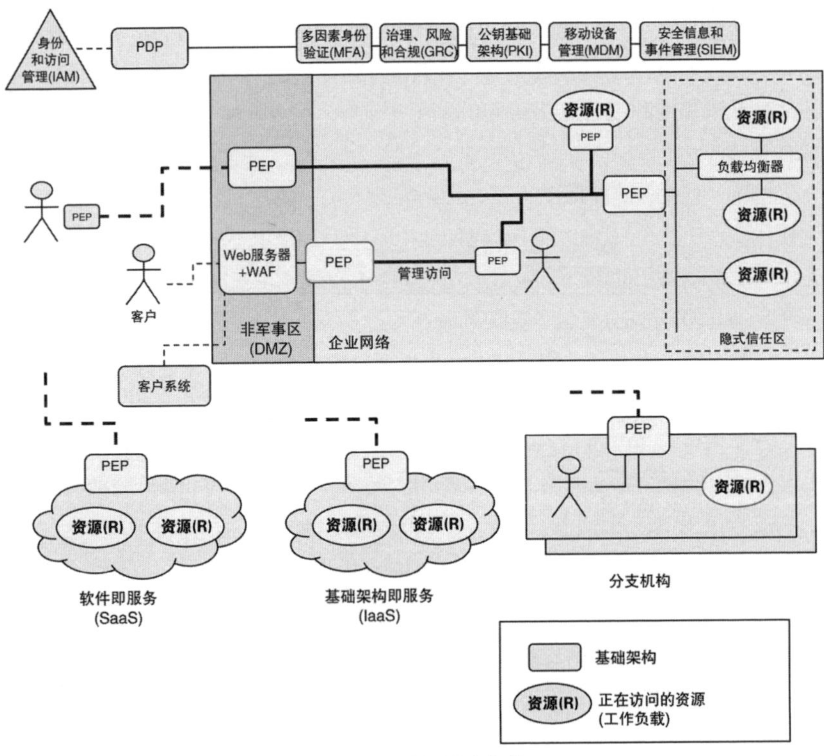

图 3-3 概念性零信任架构

其次，PDP 应能够将身份提供方的身份属性映射到其内部的描述中，因为访问策略需要在 PDP 的策略模型中使用身份属性。本书将在第 17 章中深入探讨策略模型，但这里将提供简要的介绍。

NIST 文档提供了良好基础。作为基本的零信任原则之一，NIST 指明：“对资源的访问由动态策略决定，包括客户身份、应用程序和请求资产需要遵循的规定，并可能包括其他行为属性。”换句话说，如果主体可以访问资源，则应存在经过评价的策略，再通过策略授予当前主体对相关资源的访问权限。

NIST 零信任文档还指明，“如果未激活某一 PEP，则无法访问任何企业资源”，这就是为什么在图 3-3 中，PEP 分布在整个企业架构中的原因。还应注意图中 PEP 位于不同的位置，执行不同的功能。尽管都是 PEP，但类型不同，在执行策略方面具有不同的角色和功能。

本书的观点是，有效的零信任系统应配置一组 PEP，且应集中管理 PEP，同时分布在整个企业生态系统中。零信任系统应通过一组策略控制PEP的行为，策略应是动态的、基于上下文感知的并应在整个环境中实施。但是，正如前面所提到的，这些 PEP 可以是不同类型，具有不同的角色和功能。

例如，DMZ 中的 PEP 有责任只允许授权和身份验证的用户访问适当的内部资源集。PEP 应在网络层(Network Layer)基于 PDP 授予的权限集范围执行操作。PDP 权限集来源于策略，基于不同的输入(包括用户和系统上下文)。本书将在后面探讨如何实现这一机制。

下面是另一个示例，在图右上方的资源中运行的 PEP 应强制执行 PDP 授予的权限集。此 PEP 可能负责控制入站(以及可能出站) 的网络流量，或者可能负责在应用程序中强制执行基于角色的权限控制。

在这两种情况下，PEP 都应从 PDP 接收应由 PEP 负责执行的策略指令。本书将在第 17 章中深入探讨策略，但有必要在这里就开始整体构思。本书在这方面比 NIST 更具体，相信这一额外的构思是值得的，并将提供实用框架，用于思考、设计、定义需求、选择解决方案，并最终在企业中部署零信任平台。

1. 策略组件

本书将策略定义为陈述性说明(Declarative Statement)，明确要求当且仅当满足条件时，才允许主体对目标执行活动(Action)。策略组件如表 3-1 所示。

表 3-1　策略组件

组件	描述
主体准则	主体是执行(发起)操作的实体。 主体应是通过验证流程的合法身份，策略应涵盖指定此策略适用的主体的准则
活动	主体所执行的活动，应包含网络或应用程序组件，并且可能同时包含两个组件
目标	正在对其执行活动的对象(资源)。目标可以在策略中采用静态或动态的定义，目标范围可以是宽泛的，也可以是具体的，但首选目标范围是具体的
条件	允许主体对目标执行活动的环境。零信任系统应支持基于多类属性的条件定义，包括主体、环境和目标属性

现在开始探讨策略结构(Policy Structure)。主体原则用于定义策略适用的身份(主体)集。主体可能是人员或非人员实体(Non-Person Entity，NPE)，但应是通过且完成身份验证流程的实体，并且应登记在身份管理系统中。主体具备多种相关的属性，属性来源于身份验证系统、设备配置文件、网络或地理位置信

息等。这些属性在主体原则中用于确定是否应将策略分配至特定的身份(注意，属性也用于条件，稍后将讨论)。应该清楚的是，即使仅基于这些简短的介绍，零信任策略模型在多个方面强制执行基于属性的访问控制(Attribute-Based Access Control，ABAC)模型。[1]

活动(Action)定义策略允许主体执行的实际操作，应包含网络或应用程序操作，且可能同时包含这两类操作。

目标(Target)是正在执行活动的系统或组件。目标可以静态定义(例如，使用固定主机名或 IP 地址[2])，也可通过在运行时解析的属性动态定义，例如，虚拟机管理程序(Hypervisor)或 IaaS 模型的标签(Label)或标记(Tag)。目标可以是狭义的定义(例如，在单个服务器上运行的单个服务)或更广义的定义(例如，对一类服务器或子网的访问)。条件(Condition)指在各种情况下，决定何时允许主体对目标执行实际操作。本书通过示例具体说明这一点，并考虑 PDP 如何解释这些情况，以及不同类型的 PEP 如何工作。

表 3-2 展示了策略示例，用于控制对内部 Web 应用程序的访问。本书将在第 17 章深入探讨表 3-2 中的示例和其他示例。

表 3-2 策略示例

策略：财务部门的用户应能够使用财务 Web 应用程序	
主体准则	用户应是身份提供方的 Dept_Billing 组成员
活动	用户应能够通过 HTTPS 访问端口 443 上的 Web UI
目标	财务应用程序的全限定域名(FQDN)是 billing.internal.company.com
条件	用户可以是本地用户，也可以是远程用户。远程用户在执行身份验证前应提示使用多因素身份验证(MFA)。用户应通过公司管理的、已部署的、运行端点安全软件的设备访问应用程序

2. 策略执行点的类型

在简要介绍策略后，接下来，安全专家们需要更深入理解策略执行点(PEP)。正如前面所提到的，策略由不同级别和不同类型的 PEP 执行，如图 3-4 所示。

1 事实上，2014 年出版的 NIST SP 800-162 的主要内容为基于属性的访问控制(ABAC)，在多个方面是零信任模型的前身，指明“当主体请求访问时，ABAC 引擎可以基于请求方的特定属性、对象的特定属性、环境条件以及基于特定属性和条件的一组特定策略做出访问控制决策。”

2 主机名(Hostname)实际上通过 DNS 动态解析获取，且可能通过使用负载均衡器执行不同的解析。出于撰写本书的需要，认为解析是静态的。

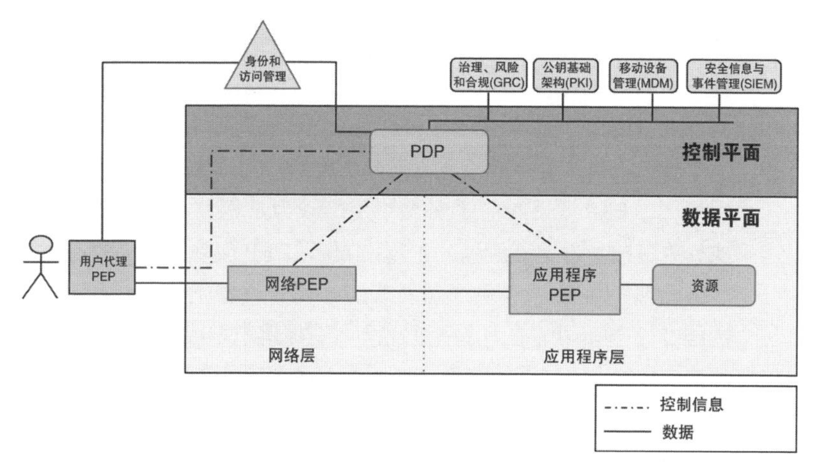

图3-4　控制平面、数据平面和策略执行层

本书认为存在三种类型的PEP，即用户代理PEP、网络PEP和应用程序PEP。

- 在零信任模型中，网络PEP在概念上可能是最简单的，因为零信任网络通常是最常见的启动点，也是NIST文件所阐述的主要方向。在某种程度上，网络PEP(Network PEP)也已经在多数组织中部署就位，企业防火墙(下一代防火墙，即NGFW)是零信任PEP，本书将在后面讨论一些注意事项。网络PEP运行在网络层，可以强制执行网络流量的联机操作，这就是为什么网络PEP是天然的策略执行点。网络PEP还可以对元数据和实际的流量数据执行流量检查。
- 应用程序PEP(Application PEP)可能位于应用程序外部(例如，PAM或DLP系统)或内部(例如，在工作负载上运行的代理)。在后一种情况下，应用程序PEP可用于在主机本地实施策略，如实施本地操作系统防火墙规则。此外，应用程序PEP在逻辑上可能是应用程序本身的一部分，依赖于外部属性或操作影响应用程序。很重要的是，PEP应与PDP具有一定程度的集成，并能实施PDP提供给PEP的策略元素。强制集成可能仅限于应用程序内部(例如，确保特定的身份与具有特定应用程序角色的账户对应)。在现代应用程序中可以看到这样的示例，如支持基于SAML声明内容的即时调用。SAML调用可以采取以下形式：创建具有初始角色的新账户，或更改用户角色。

- 用户代理PEP(User agent PEP)是在用户设备上运行的组件，提供零信任系统通常需要的功能，例如，在不受信的网络中建立加密连接(NIST称为“协调连接[Coordinating the Connection]”)。用户代理PEP通常用于检查设备，获取用于输入策略的信息(如设备配置和安全态势)。用户代理PEP还可与主体(如最终用户)交互，例如，提示或通知主体执行更多的身份验证流程。虽然用户代理PEP应视为可选的，但大多数商业零信任系统提供了需要安装在用户设备上的用户代理(客户端)。大多数商业零信任系统也通常具有无客户端或基于Web的访问选项，具备一定程度的简化功能。[1]本书的图表将在适当的地方描述用户代理PEP。

注意，在某些情况下，不同类型的PEP之间的界限是模糊的，且在执行的功能上存在重叠。例如，业内普遍认同IDS/IPS可基于网络或基于主机。同样，DLP功能可在网络设备(如NGFW)内或主机上实现。具体的实施点(如DLP和PAM)是在网络层还是在应用程序层(或两者同时)起作用并不那么重要。重要的是，应将DLP和PAM视为零信任PEP的一部分，DLP和PAM的策略在逻辑上应是零信任模型的一部分。理想情况下，DLP和PAM通过和零信任系统之间的集成驱动这一点。零信任系统之间的集成可能由身份属性/角色驱动，或者通过单独的零信任策略模型驱动——这实际上取决于具体的实施方案。

最终，PEP的功能和行为将取决于组织所选择的平台以及部署方式。在本书中，工作的核心是描述如何将组织当前的基础架构和架构视为一组零信任的PEP。成功的零信任意味着组织的所有PEP都是集成的，共享策略模型，并且在运营上相互关联。但这是零信任的目标，而不是起点。安全专家应当牢记，组织仍然有许多现有的基础架构元素并不是PEP，且在逻辑上并未连接到组织的零信任策略模型中。

例如，图3-3描述了负载均衡器，即使在零信任架构中，负载均衡器仍能继续提供有效的功能。这种情况下，负载均衡器单纯运行在网络层面，尽管在架构的其余部分采用了零信任，负载均衡器仍能继续履行其功能而不需要执行更多变更。

没有理由将负载均衡器过于复杂化，其功能也不需要基于用户或系统上下

1 一些商业系统将综合考虑这种差异，将用户代理软件部署为浏览器延伸套件。

文发生变化。基础架构的多数元素都是如此，因此，零信任允许组织重新思考安全和架构的集成，这并不意味着每个元素都应变更。换句话说，更现实的做法是，以增量方式采用零信任并开始在整个基础架构的关键点强制实施策略，同时避免破坏性变更。这将引出下一个主题：策略(Policy)。

策略执行点的概念

策略是每个零信任系统的核心，由 PDP 持续执行有效性评价，并通过 PEP 执行。那么，哪些安全组件能够作为零信任策略执行点？例如，已经使用 5 年的传统防火墙是否可视为 PEP？如同大多数令人感兴趣的问题一样，答案是“视情况而定”，洞察力来源于参与检查依赖关系的思维过程，因此，需要深入探讨这个问题。

很多网络安全专家认为常见的传统防火墙是“网络执行点”，因为传统防火墙具备可强制执行的访问控制规则，例如，“允许端口 443 上的 TCP 流量从源子网 10.5.0.0/16 到达目标子网 10.3.0.0/16”。然而，传统防火墙并不是零信任 PEP，原因是传统防火墙很难满足以下需求：

- 能够执行 PDP 以身份为中心且上下文感知的策略模型
- 自动响应 PDP 所驱动的策略变更
- 通过控制通道(Control Channel)与 PDP 通信

安全专家们应清楚地知晓，传统防火墙无法满足上述要求——事实上，正如本书后面章节将探讨的内容，由 PDP 以编程方式驱动 PEP，能够以自动化方式调整其策略的能力，是实现零信任的关键。也就是说，基本前提是零信任系统能够实施身份和上下文感知的动态策略。这意味着每个 PEP 应能够接收来自 PDP 的持续更新，并在不需要人为干预的情况下，几乎实时地自动调整自身所执行的策略。这是实现零信任响应性和动态性的唯一途径，即使是在小规模部署时也应如此。

接下来继续思考前面的问题。如果组织的防火墙已经有 5 年的历史，放置在接线柜里，布满灰尘，但策略驱动的自动化层已在其上实现，那会怎么样？这种情况下，只要网络安全自动化解决方案本身绑定到 PDP 中，并且满足前面描述的标准，那么结合网络安全自动化软件的防火墙，则可视为零信任 PEP。也就是说，零信任 PEP 的本质是与 PDP 实现自动化集成，并能快速响应策略变更，不应从策略模型或运营的角度孤立零信任策略执行点。

注意，这里使用了术语“自动化(Automated)”。自动化并不一定意味着完全自动执行所有步骤，有时手动执行某些步骤也是非常必要的，例如，对某些变更执行业务流程审批，或对异常的“突发事件”情况启用手动审批。然而，必须对实施点控制的例行(或每小时，甚至每分钟)变更执行自动响应。

如表3-2中的策略示例，应考虑将用户Jane添加到财务部门目录组时会发生的各种情况。不久后，Jane应能在网络层访问财务应用程序，并且在应用程序层具有可用的已激活账户。实际上，为Jane提供账户可能是手动过程，但应确保网络访问变更是自动化的。为说明这一点，想象几天后，Jane无意中单击了网络钓鱼链接，攻击方在Jane的笔记本电脑上安装了恶意软件，开始执行网络探测。企业的安全系统将此探测行为视为威胁信号，其响应是自动阻止Jane对关键业务财务系统的网络层的访问，以防止恶意软件对财务系统造成潜在危害。

对恶意软件的响应(处理)不应等到业务流程审批之后，应由网络PEP快速自动执行。注意，在示例中，网络PEP很可能仅在网络层阻止恶意软件访问。没有理由对应用程序PEP执行更多变更，因为这是Jane笔记本电脑的暂时性问题。事实上，设计完善的零信任系统将继续允许Jane从其他设备访问财务应用程序(例如，通过台式计算机访问)。本书将在第5章和第17章进一步探讨这些主题。

3.3 零信任部署模型

接下来，将探讨若干零信任部署模型，包括来自NIST零信任文档的两个模型，同时，本节补充的另外两个模型将帮助本书所阐述的内容更加完整。零信任模型提供了如何在实际环境中部署零信任系统的下一个特定级别，当然，实际部署架构将取决于所选技术的能力。多数供应商提供的企业零信任模型将与下文中描述的一个或多个部署模型相符。

也就是说，这些部署模型将作为实用的框架，用于评价潜在的供应商，并检视供应商的优缺点。当然，模型也不是详尽无遗的，但很具有代表性。模型之间也不一定相互排斥。在实际环境中部署的零信任系统可能更好地结合几个模型的元素。注意，接下来的讨论将更多地关注模型之间的差异，而不是共同点。

最后注意，为清晰起见，在图 3-5 中，省略了 PDP 与身份管理和其他之前讨论过的企业安全系统的连接。无论选择哪种零信任部署模型，这些连接都应存在。

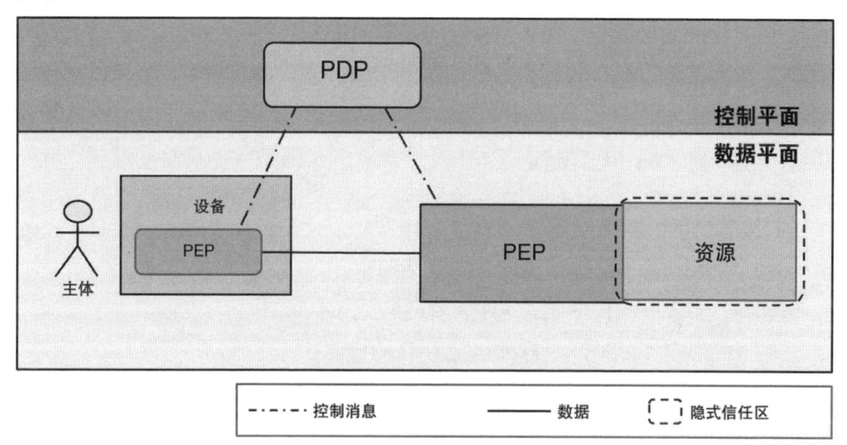

图 3-5　基于资源的部署模型

3.3.1　基于资源的部署模型

第一个模型是图 3-5 所示的基于资源的部署模型(Resource-based Deployment Model，RBDM) [1]。

基于资源的部署模型(RBDM)的重要之处在于：首先，在主体的系统中部署用户代理，充当用户代理 PEP；[2]其次，基于 NIST 的说明，联机 PEP(网关)是指“部署在资源中或部署在资源前面的组件”。

图 3-5 还引入了隐式信任区的可视化展示，隐式信任区是特定 PEP 后面的区域，其中所有资源(实体)都受到同等程度的信任。这表示 PEP 负责的安全域的边界。基于定义，位于隐式信任区内的组件之间的交互不受 PEP 的控制。在前面的示例中，如果 PEP 在本地资源操作系统中运行，隐式信任区由一组本地进程及进程在本地操作系统中的交互活动组成。当然，组织希望最小化隐式信任区的范围——每个部署模型都需要仔细权衡。

1 注意，NIST 将其称为“繁杂(Verbose)”的设备代理/网关模型。
2 如前所述，代理是大多数商业零信任解决方案的组件，严格地讲，是可选项。大多数供应商在功能上做出了权衡，支持“无客户端(Clientless)”选项。

RBDM 的优点

- 应用程序访问和网络流量的端到端控制措施
- 位于网关“后面(Behind)”且尽可能最小化的隐式信任区

基于资源的部署模型(RBDM)可确保用户设备和目标资源之间的所有网络通信都是加密的，并且强制执行访问控制策略。还可确保所有与资源的网络通信都由 PEP 实施(因此，由组织的零信任安全模型实施)。然而，RBDM 模型也存在一些缺点，应予以考虑。

RBDM 的缺点

- 需要在用户设备和资源上部署 PEP。
- 资源组件和 PEP 之间可能存在技术冲突。
- PEP 应能够部署到各种可能存在的过时/遗留操作系统上。
- 应用程序资源所有方可能会拒绝部署 PEP。
- PEP 和资源之间需要 1:1 的配置。
- 端到端的安全隧道可能屏蔽现有的联机安全控制措施。
- PEP 应可见并可供远程用户使用。

首先，RBDM 要求在环境中的每个资源上部署 PEP，这将存在一定的潜在问题。只要不是最小规模的环境，可能都需要高度自动化，对于虚拟化或云平台而言尤其如此。本地部署的 PEP 也可能在同一操作系统中产生技术冲突，例如，与控制网络或磁盘 I/O 的组件(如 Web 服务器或数据库)产生技术冲突。

RBDM 还要求在全部受保护资源上部署 PEP，这通常是多维挑战。

首先，从技术角度看，要求 PEP 软件支持和部署所有工作负载。多数组织都存在运行在大型机或小型计算机上的遗留应用程序，遗留应用程序可能难以支持 PEP。然而，颇具争议的是，这些遗留应用程序恰恰是最迫切需要得到更强大安全保护的一类应用程序！

其次，安全团队将遇到来自应用程序所有方的抵制，应用程序所有方不愿意将多余的安全类软件部署到创收或业务关键应用程序中。

从运营的角度看，RBDM 需要为每个托管资源部署 PEP，部署工作将为零信任系统和负责运营零信任系统的团队带来相当大的管理负担。例如，如果虚拟化或云平台由多个临时工作负载组成，那么临时资源持续的加载和卸载是值得警惕的。这种情况下，需要确保零信任系统能够保证相当程度的自动化，以便能够管理这种混乱状态。

作为核心的零信任原则，基于资源的模型确保加密从用户代理 PEP 到资源 PEP 的网络流量。[1]在多数商业零信任系统中，这是通过使用加密隧道方式实现的。加密是一种安全且有效的技术，但通常会产生副作用，导致居间设备(Intermediary)都处于不透明状态，很难探查流量。如果居间设备是攻击方，这是一种有效的防护手段，但如果居间设备是企业部署的安全组件(如基于网络的 IDS/IPS)，则存在巨大风险。

最后，也许是最重要的一点，保护资源的 PEP 当然应可供主体(包括远程用户)访问。基于资源的模型中的 PEP 是资源的一部分，意味着所有主体都与每个 PEP 位于同一物理网络中，或者所有 PEP 都可以直接远程访问。第一种选择很少是正确的，而第二种选择可能是行不通的，因为多数资源都在私有网段中。实际上，遵循基于资源的模型的零信任部署将需要单独的安全远程访问功能，理想情况下，可作为零信任平台的一部分。[2]

应意识到，本书似乎过分强调了基于资源的模型的消极方面，但这不是本书的初衷，基于资源的模型方法的确能为组织提供良好的安全性。本书力求确保安全管理方能够了解这些潜在的不利因素，从而做出决策，并就组织的架构或零信任供应商提出恰当的问题。本书将对其他部署模型采取类似的方法，接下来探讨下一种部署模型，即基于飞地的部署模型。

3.3.2　基于飞地的部署模型

第二个模型是基于飞地的部署模型(Enclave-Based Deployment Model，EBDM)，如图 3-6 所示。这种情况下，PEP 位于称为资源飞地的多项资源前面。资源集合可以物理上部署在一起(例如，部署在本地或位于同一物理位置的数据中心)或逻辑上相关(例如，一组基于云平台或虚拟化的服务器)。与基于资源的模型类似，主体具有可选的本地安装的用户代理 PEP。

重要的是，应理解在 EBDM 中，隐式信任区包含多个网络资源，这些资源之间很可能存在通信。也就是说，在基于飞地的模型中，资源飞地应仅在企业控制下的逻辑专有网络中运行，这一点至关重要。上文强调了“逻辑(Logical)”

1 当 PEP 通过其本机协议中的隐式信任区时，不会加密 PEP“后面”的流量。
2 商业零信任平台通常通过边界 PEP 和必要的用户代理 PEP 的组合实现这一目标。注意在零信任模型范围之外解决这一问题的架构，例如，需要部署传统 VPN 组件。

一词，是因为资源可能运行在公共 IaaS 环境或共享托管环境中，但三层及以上的网络流量应运行在企业私有网络中。

尽管飞地内的资源可以在 PEP 的可见性和控制之外彼此通信，但信任区外的主体与飞地内的资源通信的唯一方式是通过 PEP，因此策略控制是有效的。

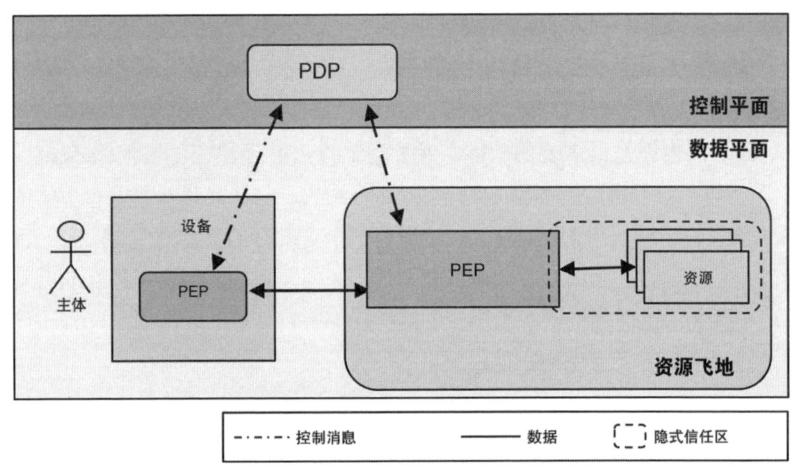

图 3-6 EBDM

也就是说，对于基于飞地的部署模型，企业需要确保彻底了解资源的数据和通信模式。还要注意的是，基于飞地的部署模型倾向于“用户到服务(User-to-Service)”的零信任方法。

EBDM 的优点

- 更易于部署 PEP，资源不必执行变更。
- PEP 的部署数量更少。
- 可处理临时的工作负载和动态环境。
- PEP 可作为网络入口运行在网络边界(DMZ)。

EBDM 通常比 RBDM 更易于部署；由于 PEP 和资源之间的一对多关系，部署的 PEP 要少一个数量级。不必在资源上部署其他软件，不仅简化了操作，而且避免了大部分技术问题或与应用程序和应用程序所有方的冲突。基于飞地的部署模型还具有在企业网络边界部署 PEP 的优势，因此，可作为远程用户的网络入口。基于飞地的部署模型还可作为本地用户的策略执行点，当然，本地用户的流量将完全保留在企业内部。

取决于 PEP 的实现方式，基于飞地的部署模型能够轻松支持临时或动态工作负载。方法是通过 PEP 响应受保护资源之间的变化，例如，通过检测新资源的实例和使用资源属性(元数据)将策略实施于资源。例如，保护本地虚拟环境的 PEP 可以接收来自虚拟机监测程序的 API 调用，表示已创建新实例。基于新实例的属性，PEP 可以立即执行正确的策略，并且只授予授权用户集访问权限。在企业的 IaaS 环境中运行的 PEP 可以执行完全相同的功能。

EBDM 的缺点

- 潜在的大型、不透明或嘈杂的隐式信任区。
- PEP 提供了进入企业网络的一种全新入口点。

EBDM 的最大挑战是隐式信任区的大小和范围，这当然取决于组织选择如何部署 PEP 以及在何处部署 PEP。具备集中的资源集，具有良好的妥善管理通信路径的模型是零信任的坚实基础。在较新的(特别是基于 IaaS 模型的)环境中允许以编程方式驱动基础架构(例如 DevOps)的组织就非常适合使用基于飞地的部署模型。运营成熟度较低、可视化较低或使用遗留传统网络的组织可能需要部署更多 PEP，减少每个隐式信任区的大小和范围。或者，组织可能采用零信任供应商支持的混合方法，安全专家们可将此模型与本书稍后讨论的微分段模型(Microsegmentation Model)相结合。

基于飞地的部署模型的另一个潜在缺点是技术要求较低，但往往更具政治性。在基于飞地的部署模型中，PEP 通常位于企业网络边缘的 DMZ 中。也就是说，PEP 支持通过 Internet 自由访问，而 Internet 是宇宙中已知的最不可信的区域。为支持远程用户访问受保护的资源，允许通过 Internet 访问是必要的，但这种访问也像 VPN 集中器(VPN Concentrator)一样代表了潜在的攻击途径。安全和网络团队应评价和检查新增边缘设备的有效性，但有时安全和网络团队会因为非技术原因而未开展此项工作。零信任团队应意识到这一点，并为其项目获得足够的管理支持，以便能够公平、客观地评价新增边界设备的有效性。补充说明一点，一些边界设备可以比传统边缘设备提供更好的网络安全能力，因此，具有前瞻性的网络和安全团队应抓住变革的机会。

3.3.3　云路由部署模型

在称为“云路由(Cloud-routed)”的模型中，来自主体的所有流量在最终到达资源之前都会经过云平台。云路由部署模型是一种常见方法，许多商业供应商将其作为一种服务开展运营。云路由模型如图 3-7 所示。

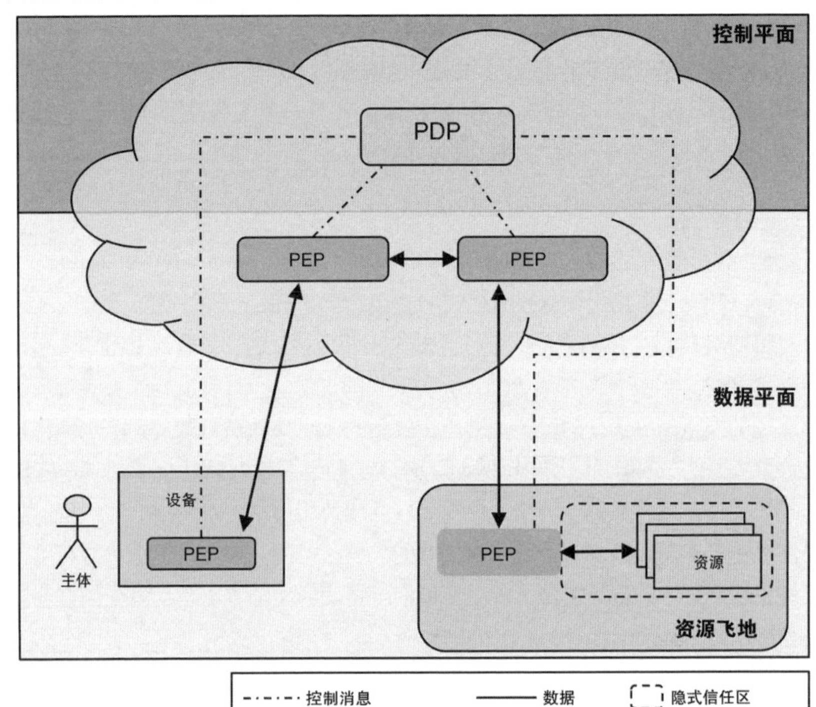

图 3-7　云路由部署模型

在云路由部署模型中，位于企业资源飞地前面的 PEP 与图中显示的云路由模型中的 PEP 相似。但是，企业资源飞地前面的 PEP 与作为企业网络入口点的 PEP 具有明显区别。企业网络入口点的功能已在逻辑上转移到供应商云平台中运行的 PEP。在云路由部署模型中，位于企业内的 PEP 充当连接器，与基于云平台的 PEP 建立外部连接。由于内部部署的连接器不需要内部绑定连接，通常会简化云路由部署模型的部署。

当主体需要与资源通信时，首先通过 PDP 执行身份验证，然后 PDP 将主体的流量定向至基于云平台的 PEP——通常是距离主体最近的 PEP(或响应延迟最低的 PEP)。然后，主体的流量将从云平台 PEP 传输至与目标资源飞地连接的 PEP。本地 PEP 保护资源飞地的方式与云平台 PEP 类似。

云路由部署模型的优点

- 简化企业零信任设置。
- “即服务”(As-a-Service)平台降低了企业的运营成本。
- 部分采用云路由部署模型的供应商还提供安全 Web 网关(Secure Web Gateway，SWG)服务。

由于云路由部署模型中的本地部署 PEP 仅执行外部连接，因此，本地 PEP 的部署通常非常简单。网络和合规团队不必对本地 PEP 开展审查，本地 PEP 不需要执行 DMZ 防火墙规则变更，也不需要在 DMZ 部署软件。本地 PEP 可部署在企业内部的任何位置，并提供对所在网络的远程访问控制措施。虽然本地 PEP 的简单部署模式是潜在的优势，但也是潜在的劣势。执行团队不应将本地 PEP 的简单部署模式所提供的技术能力作为绕过安全、网络或 GRC 监管的借口或手段。如果将本地 PEP 部署为“影子 IT(Shadow IT)”，可能导致组织存在重大的安全漏洞。当然，即使已批准部署本地 PEP，安全团队也应定义一组适当的策略，并实施最小特权原则。本地 PEP 部署的简单程度不能成为安全控制措施有效性不足的借口。

最后，部分云服务供应商将云路由部署模型与安全 Web 网关(SWG)服务结合，确保允许用户访问的公共网站的安全。云路由部署模型与安全 Web 网关的结合，能够简化部署和运营流程，因此，更适用于某些存在类似需求的企业。

云路由部署模型的缺点

- 能够在缺少正式的安全、网络或合规监督的情况下部署 PEP。
- 增加用户流量延迟。
- 通常仅支持有限的网络协议。
- 不适用于本地用户访问本地资源的场景。
- 存在潜在的大规模、不透明的或混乱的隐式信任区。

云路由部署模型除了导致“影子 IT”远程访问的风险外，还存在其他某些缺点。首先，所有用户流量都需要通过供应商的云平台，增加了延迟并可能降低吞吐量。对于某些软件实例和应用程序，延迟可能是严重的障碍。组织需要掌握供应商云平台的网络性能细节信息，并在将供应商云平台用于生产用户之前执行必要的测试工作。其次，云路由模型往往仅支持网络协议的部分子集，最常见的是 TCP/IP(某些情况下，仅支持少数应用程序协议，如 HTTPS、SSH

和 RDP)。如果组织的用户和应用程序需要使用其他协议，如 UDP 或由服务器发起的用户连接，则云路由部署模型可能不适用。而且，云路由部署模型的隐式信任区也应关注与前面讨论的基于飞地的部署模型类似的注意事项。

最重要的是，云路由部署模型通常只适合远程用户，因为所有流量都应经过供应商的云平台。如果是本地用户需要访问本地资源，访问流量应通过供应商的云平台，从而增加延迟、降低吞吐量并增加企业带宽利用率和成本。

3.3.4　微分段部署模型

最后介绍的部署模型关注服务器到服务器用例，称为微分段(Microsegmentation)。顾名思义，微分段部署模型(Microsegmentation Deployment Model)是从资源和用户的角度解决问题。事实上，如图 3-8 所示，资源是应创建和实施策略的主要主体或非人员实体(Non-Person Entities，NPE)。由于许多商业解决方案也支持人员主体，为确保完整性，本书也将人员主体(Human Subject)纳入其中，但在微分段部署模型中人员主体通常是次要的。

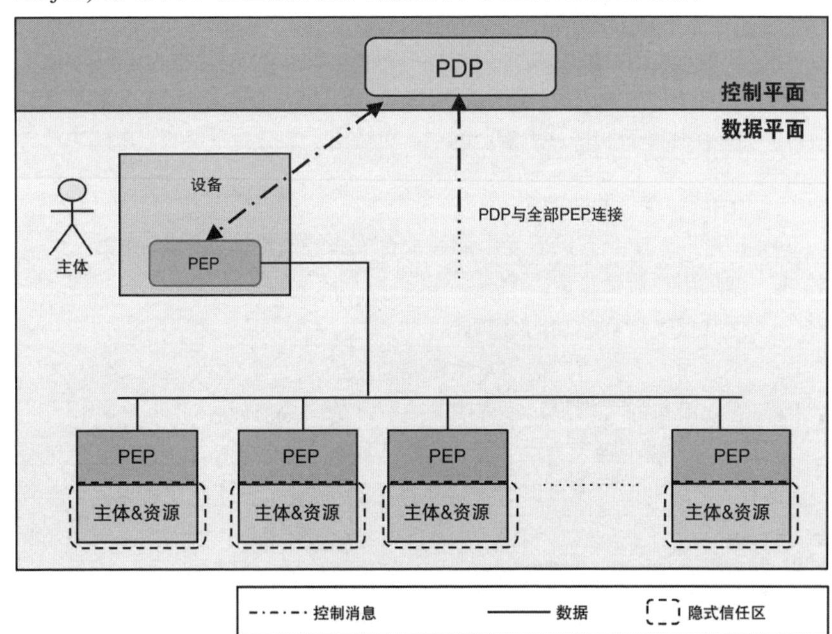

图 3-8　微分段部署模型

微分段部署模型实际上是本书前面讨论的 RBDM 的变体，重要区别在于资源自身也是主体(通过验证的身份)。这对企业部署策略模型和 PEP 的能力，以及商业实施方案通常提供的资源发现和可视化能力，都会产生深远影响。

通常，NPE(非人员实体)主体的身份基于证书，且基于单一身份验证因素，比人员主体的身份安全更加脆弱。[1]NPE 主体的证书由企业的公钥基础架构(PKI)生成并管理。

微分段的优点

- 隐式信任区规模小。
- 能够精确地对资源访问(针对服务器或微服务)实现双向控制。

与基于资源的模型类似，微分段模型的隐式信任区很小，其范围通常仅限于资源本身。因此，微分段模型可用于提供对资源访问的细粒度控制，并可强制执行双向策略。也就是说，由于 PEP 在资源本地运行，因此，策略可控制出站网络通信和入站网络通信。在商业实现中，微分段模型策略可用于服务器级别的资源以及微服务。

微分段的缺点

- 需要在用户设备和资源中部署 PEP。
- 资源组件和 PEP 之间可能存在技术冲突。
- PEP 应支持部署在各种可能过时的操作系统，或遗留操作系统中。
- 可能遭到应用程序资源所有方的抵触。
- PEP 和资源之间需要按照 1:1 的比例配置。
- 可能不太适合用户对资源的访问。
- 缺少内置的远程访问功能；需要通过主体直接访问 PEP。

微分段部署模型面临着与基于资源的部署模型类似的缺点，即在需要保护的各类资源中部署和管理 PEP，因此，本节不再重复讨论。微分段部署模型还存在潜在的缺点，即专注于实施微分段部署模型的供应商(或开源软件)可能存在与“用户到服务”场景相关的功能或架构方面的缺陷。无论哪种部署模型都可能存在缺陷，组织应明确地将可能存在的缺陷涵盖在评价标准列表中。

1 尽管可争辩说，公钥基础架构(PKI)事实上作为附加因素部署在企业控制的基础架构中。

3.4 本章小结

多年来，策略决策点(PDP)和策略执行点(PEP)的基本概念始终在业界流行，但最近才开始在零信任安全模型中使用PDP和PEP。本书鼓励组织通过在零信任安全模型中使用PDP和PEP方法实现组织的零信任构思和架构，并驱动组织完善零信任架构的需求和部署优先级。实现这一目标的重点是，应首先考虑企业安全架构中现有的组件，例如，考虑零信任架构早期需求中的PEP组件。本书就是为了这一目标而设计的，旨在帮助组织从执行安全功能的角度考虑安全架构中现有的组件，而不是另外实施一组功能类似的新组件。这有点类似于“人们并不想要四分之一英寸的钻头，而只需要四分之一英寸的钻孔”，即仅关注价值而不关注实现价值的方式。

现在回到安全方面的考虑事项，组织应考虑“能够控制网络流量的PEP的需求，以及定义跨越基础架构控制网络流量策略的方法”，而不应仅考虑“部署防火墙的需求”。或者，从另一个角度看，组织不应仅考虑“部署IDS检查导致应用程序SQL注入的Web应用程序流量”，而应考虑“确保在应用程序处理Web应用程序流量之前，执行SQL注入扫描。通过部署PEP实现安全目标”。这种思维上的转变能为组织的零信任旅程提供帮助。

本章提供了关于零信任架构的大量背景信息，介绍并探讨具有代表性的企业架构，讨论了广义的零信任架构，简要介绍了策略模型，并探讨了几种不同的零信任部署模型。下一章将介绍三个企业案例，探讨企业在实践中如何逐步实现零信任。

第 4 章

零信任实践

前几章已经介绍了零信任的原理，探讨了几种部署模型的细节，接下来讨论几个真实的零信任系统实例。其中两个实例是 Google 的 BeyondCorp 和 PagerDuty 零信任系统，BeyondCorp 和 PagerDuty 是零信任架构和系统极具代表性的实例，通过不同的方法在两家差异明显的公司内部实施。

即使BeyondCorp和PagerDuty零信任系统很难匹配所有组织部署的零信任架构的需求，但依然希望安全专家们能通过 BeyondCorp 和 PagerDuty 零信任系统案例了解更多有价值的信息。由于 BeyondCorp 和 PagerDuty 零信任系统的实施文档已有完整记录，本章将通过本书介绍的零信任原则和架构对比 BeyondCorp 和 PagerDuty 的视角、目标和需要权衡的事项。本章介绍的第三个实例是一家通过部署软件定义边界(Software-Defined Perimeter)架构成功实现零信任的企业，第三个实例的成功经验有助于验证零信任方法的优势。首先开始探讨第一个实例，这个实例来自 Google 内部的项目，可以说是业界关注零信任的主要起因。

4.1 Google 的 BeyondCorp

BeyondCorp 是 Google 网络安全转型项目提案的内部项目名称，BeyondCorp 取得了显著成就，并对业界产生深远影响。Google 不仅重新设计了其内部安全架构，为数万用户提供了网络访问控制(NAC)，而且在 2014—2018 年，在一系列 USENIX 中通过 6 篇文章公开发布了关于 BeyondCorp 项目的文档。

关于 BeyondCorp 的记录文档十分完整、透彻，对业界产生了深远影响。对业界而言，Google 推广“零信任”这一概念非常重要。推荐各位安全专家详细阅读关于 BeyondCorp 的原始记录文档——本书仅提供简要阐述。基本上，Google 历经多年创建并实施了复杂的大规模零信任系统。换言之，Google 创建了“抛弃企业网络特权的新模型”。访问控制策略仅取决于设备和用户的安全凭证(Credential)，而不考虑用户的网络位置……所有对企业资源的访问都应基于设备的安全态势和用户安全凭证执行完整的身份验证、授权和加密。”[1]

Google 零信任旅程最终取得的成效是，公司网络不再承认固有的信任。所有访问都基于可靠的底层设备和身份数据源承认的身份、设备和身份验证结果。实际上，Google 将网络中固有的信任替换为对设备的信任——Google 拥有真正的零信任网络，无论用户在 Google 办公室还是在远程场所办公，都能通过 BeyondCorp 系统访问所有内部应用程序。Google 还选择只允许托管设备(Managed Device)访问内部应用系统，非托管设备(Unmanaged Device)和自携设备(BYOD)无权访问内部应用程序。还要注意，BeyondCorp 项目仅关注用户到服务器的访问控制，而并未涉及服务器到服务器的访问控制。

BeyondCorp 方案的设计决策对项目产生诸多影响，特别是，项目实施效果非常依赖于设备清单的完整性和质量，为支持这一点，BeyondCorp 建立了复杂的设备清单数据库。数据库依赖于存储在每个设备的可信平台模块(Trusted Platform Module，TPM)中的证书(Certificate)作为信任根(Root of Trust)。BeyondCorp 方案还部署了提供单点登录(SSO)功能的集中式身份系统(Centralized Identity System)，集中式身份系统签发短期访问令牌。BeyondCorp 项目的身份管理系统使用用户的组和角色信息，为策略决策点提供身份上下文。BeyondCorp 项目的身份系统与人力资源流程关联，因此，用户信息是可靠的且实时更新的。BeyondCorp 项目基础架构组件如图 4-1 所示。

1 “BeyondCorp：企业安全的新方法”；2014 年 12 月，第 39 卷，第 6 期。

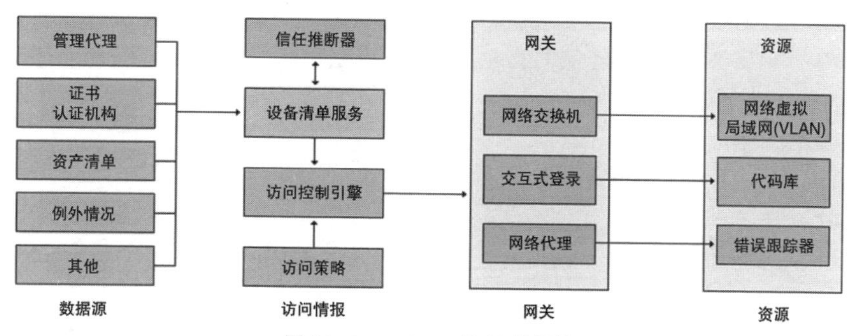

图 4-1　BeyondCorp 基础架构组件

接下来分析 BeyondCorp 项目所涉及的关键元素。首先，逻辑数据源对应于第 3 章中描述的外部数据源，资源对应于第 3 章中的资源(NIST 称为企业资源)。Google 采取了将数据源和资源结合起来的混合方法。实际上，图中的访问情报(Access Intelligence)组件构成了策略决策点(Policy Decision Point，PDP)，网关构成了策略执行点(Policy Enforcement Point，PEP)——图中的访问控制引擎(Access Control Engine)在技术上也是 PEP 的一部分。图中的资源还可以充当应用程序 PEP，强制执行细粒度访问控制策略——具体策略取决于应用程序的重要程度。图 4-2 描述了这个重叠视图，将图 4-1 与本书第 3 章中介绍的零信任架构组件结合起来。[1]

BeyondCorp 项目使用访问代理(由网关和部分访问控制引擎组成)充当 PEP，能对远程用户和本地用户执行全局访问。BeyondCorp 零信任系统利用多个数据源建立信任级别，在访问代理内执行动态访问。这种动态访问正是动态行为的示例，与 NIST 的宗旨高度一致。例如，系统应使用组成员关系和设备属性的策略。Google 发布的文档描述了访问控制引擎(Access Control Engine)基于每个访问请求做出决策的原则。这是两个令人感兴趣的领域之一，BeyondCorp 系统模糊了零信任架构模型中逻辑上不同的组件之间的界限(这是常见的，稍后讨论软件定义边界时，也会讨论有关模糊界限的内容)。

1 “BeyondCorp：Google 设计部署”，2016 年春季第 41 卷，第 1 期。

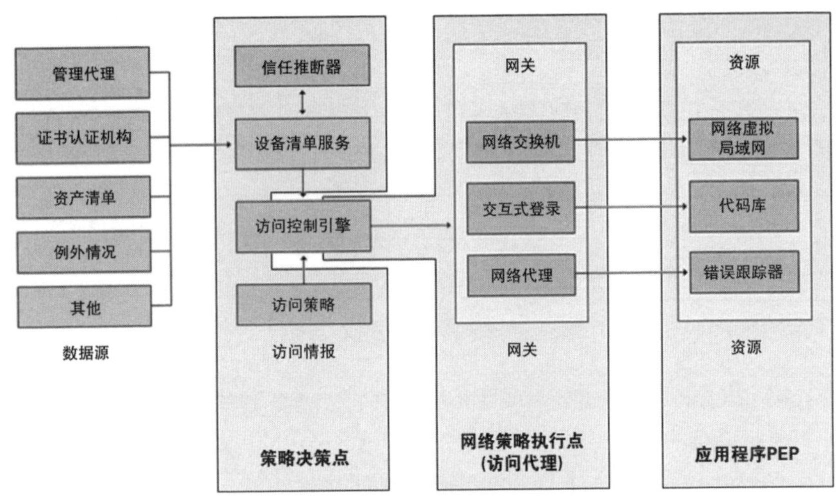

图 4-2　BeyondCorp 基础架构组件注释

尽管Google的文档中没有指定应用程序PEP与访问策略或数据源(如IAM)的绑定程度，但 Google 描述了在前端提供粗粒度的强制访问代理(Access Proxy)，在后端(资源内)执行强制授权的实施原则。值得注意的是，Google 的本地网络访问控制系统使用基于设备证书的动态 VLAN 分配，用于区分托管设备和非托管设备。尽管这种本地网络访问控制措施是粗粒度的，但也是将基于 802.1x 的网络访问控制(NAC)集成到零信任网络的有效方法。[1]

BeyondCorp 项目将基于飞地的模型(Enclave-based Model)与基于资源的模型(Resource-based Model)相结合。访问代理(Access Proxy)通过 HTTP 数据包头将安全元数据传送到主体正在访问的资源。通过 HTTP 数据包头传送安全元数据的优势在于：不需要或者无法处理安全元数据的资源都能忽略安全元数据。通过HTTP数据包头传送安全元数据的方法减少了在Google的数百个应用程序中部署访问代理所需的工作量，大多数应用程序都能在不必执行变更的情况下实现安全元数据处理，同时，可选择性地使用安全元数据提高某些应用程序的安全水平。注意，通过 HTTP 数据包头传送安全元数据的方法实际是将控制消息混合到数据层(Data Plane)中。这是明智的设计选择，对 BeyondCorp 架构而言意义重大，作为一个典型示例，证明了概念上的零信任部署模型能够通过在

1 第 7 章将讨论 NAC 和 802.1x。

多个不同的实施架构中执行部署策略调整，以实现满足组织安全需求的零信息部署架构。

Google 团队坦率地承认 BeyondCorp 架构部署过程是复杂的、综合的，历经多年部署和组织转型才得以实现。Google 的组织和网络的庞大规模和复杂性是导致部署过程漫长且复杂的原因之一。另一方面，BeyondCorp 架构的执行团队是先锋型独立团队——在整个实施过程中，需要持续探索新的架构、学习新的知识、回顾并改正所犯的错误，并在不断迭代更新中前进。对于安全行业的安全专家们而言，好消息是 Google 分享了很多关于 BeyondCorp 项目的实施经验，本书的目标是创建商业和开源工具、技术、平台以及方法的生态系统，以帮助企业基于更加结构化、可预测和可重复的方法构建零信任系统，快速获得与 Google 类似的收益。

这一目标引出了一个显而易见的问题：任何组织都可以部署 BeyondCorp 吗？答案是“或许可以”。显然，BeyondCorp 是 Google 的内部应用程序和平台，不能用于销售或重用。Google 发表的文章解释了 BeyondCorp 如何深度集成为 Google 企业架构、技术基础架构和 HR 流程的一部分。因此，如果组织面临的问题是“组织可以部署 BeyondCorp 平台吗？”答案是否定的。但如果问题是“组织可以部署能提供与 BeyondCorp 类似功能的安全系统吗？”答案则是“可以”。

行业中已经存在许多商业和开源的零信任解决方案可供企业选择，解决方案旨在通过零信任项目为企业提供收益。本书的首要目标是指导企业为实施零信任项目提案做好充分准备。

事实上，Google 已将 BeyondCorp 的部分元素(而不是整个平台)商业化，只包括部分元素，并且通过集成身份感知代理(Identity-Aware Proxy)和 BeyondCorp 企业服务，作为 Google 云平台(Google Cloud Platform，GCP)的一部分提供商业化零信任功能。预计 Google 将持续创新，并在其商业服务中增加新功能，因此，企业可将 BeyondCorp 的商业化元素作为组织零信任项目评价的一部分予以考虑。

如果组织对 Google 团队的细节和构思过程感兴趣，且希望研习比本书介绍更深入的内容，建议阅读 BeyondCorp 的原创文章。接下来，本书将从不同角度讨论另一个内部企业零信任实现案例。

4.2 PagerDuty 的零信任网络

关于 PagerDuty 示例的探讨在零信任网络书籍中首次公开，[1]并与 BeyondCorp 示例形成鲜明对比。首先，与 BeyondCorp 项目专注于用户到服务器场景相比，PagerDuty 项目的网络专注于保护服务器到服务器的访问。其次，PagerDuty 项目需要保护运行在多个公有云平台的资源之间的访问，而不是保护对企业网络中运行的资源的访问。由于不同的云平台提供不同的安全功能(参差不齐)，PagerDuty 项目的零信任系统作为规范化层(Normalization Layer)，简化了访问控制措施。规范化为企业内的零信任系统提供了积极效果，通过跨多个异构和混合环境的统一策略模型简化运营和配置。

PagerDuty 系统在很大程度上依赖于组织的配置管理系统(Configuration Management System)，配置管理系统在组织的零信任项目提案启动前已经就位，自动控制组织的虚拟服务器。配置管理系统是组织所有资源“可信源(Source of Truth)”的重要基础，并且是自动化平台。

实际上，PagerDuty 架构组合了策略决策点(Policy Decision Point)和控制通道(Control Channel)。值得注意的是，PagerDuty 架构与 BeyondCorp 架构存在明显差异，BeyondCorp 架构结合了严格的设备管理系统和身份识别系统作为可信源。服务器到服务器(Server-to-Sever)零信任系统需要可靠的配置管理数据库(或依赖于网络发现功能)获取已授权的资源目录。相反，用户到服务器(User-to-Server)系统通常将身份管理作为授权系统。

PagerDuty 模型基于组织配置管理和自动化系统[2]，采用中央 PDP。PagerDuty 模型部署一组分布式 PEP，在主机中使用本地基于 IP 列表的防火墙规则，为组织提供跨多云平台实施的统一访问控制机制。PagerDuty 模型本质上是第 3 章讨论的微分段部署模型(Microsegmentation Deployment Model)。在 PagerDuty 架构中，内置的基于主机的本地防火墙，在组织配置管理系统(PDP)的指挥下充当 PEP 的角色。PagerDuty 平台在网络中所有服务器之间使用 IPsec 连接，以保护网络隐私。

微分段部署模型和架构在 PagerDuty 架构中运转良好，但与新构建的复杂系统预期的情况类似，PagerDuty 策略模型也可能存在某些微小瑕疵。NIST 没

1 Evan Gilman 和 Doug Barth，零信任网络(O'Reilly，2017 年)。
2 最初 PagerDuty 使用 Chef，但后来将 Chef 替换为独立系统。

有分享关于 PagerDuty 策略模型的具体细节，但本质上 PagerDuty 策略模型为每台服务器分配控制访问规则的角色，并且特定角色中的所有服务器都具有类似的配置。为每台服务器分配控制访问规则的角色这一方法对服务器到服务器环境是有意义的，与服务器到用户设备之间的访问控制不同，这是因为服务器通常部署在固定的物理位置，并且完全由企业管理并控制。也就是说，运行良好的系统——尤其是由 Chef 等自动化配置系统驱动的系统——将对每台服务器的访问页面、系统配置和网络访问拥有完全控制权限。这些系统与用户设备形成鲜明对比；用户设备通常是移动的，运行在不受信任的网络和环境中，并且常常是任意和独特配置的“荒野”(自携设备[BYOD]导致用户到服务器的访问控制措施更具挑战性)。

本书支持 PagerDuty 项目的创新，并感谢 Evan 和 Doug 在书中的分享。PagerDuty 是个成功的项目提案，与 BeyondCorp 项目相比，PagerDuty 项目在决策设计和问题领域形成鲜明对比，两者的区别聚焦于服务器到服务器用例。PagerDuty 架构采用基于配置管理系统的策略定义方法，通过 PDP 强制执行的防火墙规则集中读取、评价和呈现策略。使用目标资源元数据作为策略输入是一种常见(推荐)的模式，第 17 章将深入探讨相关内容。

4.3 软件定义边界和零信任

软件定义边界(Software-Defined Perimeter，SDP)是一种开放式安全架构，最初由云安全联盟于 2014 年发布，并通过相关出版物发布了补充内容。[1]虽然 SDP 架构概念本身是全新的，但 SDN 架构由充分验证过的安全元素组成。事实上，编写初始 SDP 规范的团队借鉴了美国情报界通过分类分级(高度隔离)保护网络的经验。

SDP 架构旨在解决企业安全的诸多问题，与 BeyondCorp 项目的目标和本书已经介绍过的零信任原则存在类似之处：“SDP 架构要求在端点(End Point)获得对受保护服务器的网络访问权之前，首先执行身份验证和授权。然后，SDP 架构要求在请求系统和应用程序基础架构之间实时创建加密连接。[2]”SDP 提供

1 本书的作者之一 Jason 目前担任云安全联盟 SDP 零信任工作组的联合主席。Jason 于 2015 年加入该工作组。

2 软件定义边界规范 1.0(Software-Defined Perimeter Specification 1.0)，云安全联盟，2014 年。

许多潜在用途，包括基于身份驱动的网络访问控制、网络微分段和安全远程访问(相关完整列表，请参阅软件定义边界架构指南[1])。

SDP 架构提供多种部署模型(以及多种可用的商业实施方案)。SDP 部署模型在很大程度上与第 3 章中描述的零信任模型以及零信任概念一致。图 4-3 所示的高级 SDP 概念模型描述了客户端到网关 SDP 部署模型，与本章讨论的内容关联性极强。[2]

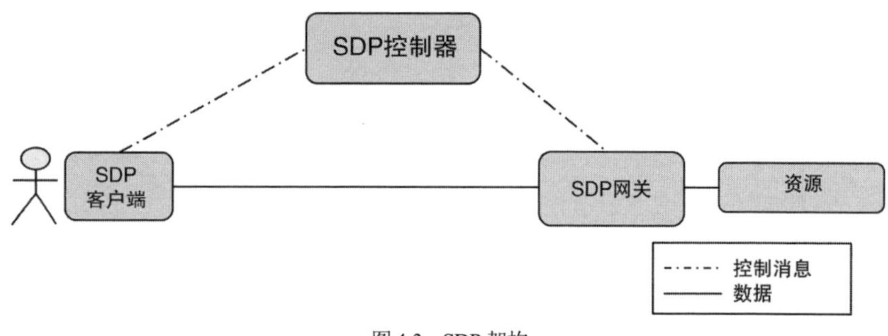

图 4-3　SDP 架构

SDP 架构需要两个安全组件，是应包含在每个零信任部署架构中的组件——交互 TLS 通信[3]和单包授权(Single-Packet Authorization)。接下来讨论相关内容。

4.3.1　交互 TLS 通信

交互 TLS 通信(Mutual TLS Communication)也称为 mTLS 通信，是一种要求客户端(连接发起方)和服务器(连接接受方)相互验证证书的方法。与标准 TLS 通信(例如，浏览器到 Web 服务器的 TLS 连接)相比，mTLS 通信提供了显著的安全改进措施。在标准 TLS 通信中，仅在客户端验证服务器的证书，且不执行相互验证。

mTLS 通信极大地提高了系统的安全水平，可从根本上消除中间人攻击

1 软件定义边界架构指南(Software-Defined Perimeter Architecture Guide)，云安全联盟，2019 年。

2 有关所有 SDP 部署模型的介绍，请参阅软件定义边界架构指南(Software-Defined Perimeter Architecture Guide)。阅读本书的安全专家们需要关注以下事项。首先，与零信任架构类似，SDP 架构依赖于不同的控制机制和数据通道。SDP 控制器可视为零信任架构的策略决策点(PDP)，SDP 网关可视为策略执行点(PEP)。图 4-3 所示的 SDP 模型与第 3 章中介绍的基于飞地的零信任模型类似；NIST 零信任团队在创建架构文档时采用了 SDP 架构的概念和方法。

3 SDP 明确指出，通过 IKE 使用 IPSec 执行交互身份验证也是可接受的。

(Man-In-The-Middle Attack)的可能性，甚至在不可信的网络中实现了安全通信。当然，mTLS 通信依赖于为通信双方建立相互信任的基础——通信双方都信任的证书认证机构(Certificate Authority，CA)。mTLS 等执行的交互身份验证应作为安全通信的基础元素存在于零信任实施过程中。

4.3.2　单包授权

TCP/IP 是一种基础开放网络协议，旨在促进分布式计算节点之间的连接和可靠通信。为实现连接，TCP/IP 提供了良好的服务；但由于种种原因，TCP/IP 的核心功能不包括安全功能。[1]令人感兴趣的是，关于网络安全的讨论大多数集中在是否执行加密，而不是另一个安全缺陷——“连接后身份验证(Connect Before Authenticate)”模型。

基于 TCP/IP 的设计原理，能与其他设备交换 IP 网络数据包的设备，只需要通过侦听设备的开放端口，都可建立 TCP 连接。连接是通过著名的 TCP 三次握手(Three-way Handshake)实现的。从安全角度看，应理解连接的建立仅单纯发生在网络层，而没有执行身份识别、身份验证或授权，这一点十分重要。TCP 连接模式的优势在于，TCP 连接允许拥有浏览器的人员，在不必预先注册或许可的情况下，能轻松连接到公共 Web 服务器，并获取网页服务。对于公共 Web 服务器，TCP 连接是一种完美的方法；但对于私有应用程序，TCP 连接是一种糟糕的方法；而对于能够通过网络入口点大范围访问企业网络的组织而言，TCP 连接是一种骇人的方法。然而，TCP 连接正是企业 VPN 使用开放端口的运营方式，通过 TCP 可执行恶意连接并利用漏洞执行攻击。可悲的是，TCP 连接并不是理论上的漏洞。攻击方一次又一次成功地实现了利用 TCP 连接漏洞的攻击；在很大程度上，TCP 连接漏洞可利用 TCP 连接的开放性，可成功地破解企业网络。

软件定义边界(SDP)通过巧妙地利用基于共享密钥的一次性口令(One-Time Password)算法清除了 TCP 连接漏洞。这种利用基于共享密钥的一次性口令的算

1 为对 Internet 的历史及其安全挑战开展细致的分析，本书推荐安全专家们阅读华盛顿邮报的电子书《受威胁的网络：网络如何成为危险的地方(How the Web Became a Perilous Place)》(特别是第 I 部分)。在 20 世纪 60 年代和 70 年代，发明 Internet 协议的天才们和具有献身精神的专家们用非常有限的技术创造了令人惊讶的、值得高度赞扬的事物。考虑到当时有限的计算能力，建立在完备加密技术体系上的通信技术是不太可能的，即使在 50 年后的今天，密钥分发问题也不具备完善的、通用的解决方案。

法称为单包授权(Single-Packet Authorization，SPA)。本质上，系统使用由算法生成的一次性口令(One-time Password，OTP)，并将当前口令嵌入从客户端发送到服务器的初始网络数据包中。SDP 规范指出应在 TCP 连接建立后使用 SPA 数据包，而 SPA 供应商的开源实施方案是在 TCP 连接之前使用 UDP 数据包。商业 SDP 实施方案支持采用任何一种方法。

多数情况下，使用 SPA 的效果都是显著的，尤其是使用基于 UDP 的 SPA 的情况下，服务器对未经授权的客户端都是不可见的。客户端不能提供有效的基于 HMAC 算法加密的一次性口令(HMAC-based One-Time Password，HOTP)，就无法建立 TCP 连接，并且不会收到关于服务器侦听端口的连接确认。拥有共享密钥(Shared Key)的授权客户端能生成有效的 HOTP，服务器将允许建立 TCP 连接(当然，随后是建立 mTLS 连接)。SPA 还提供更多优点，即服务器评价和拒绝未经授权的客户端的计算量很小。SPA 涉及的计算量与在建立 TCP 和 TLS 连接后检查身份验证的计算量相比，评价 UDP 数据包中的 64 位 HOTP 需要消耗的服务器资源更少。这是一个额外优点，为受 SPA 保护的服务器提供更强的抵御 DDoS 攻击的能力。

最后记住，虽然 SPA 是杰出的第一道防线，但只是深度防御的第一层。SPA 用于证明客户端拥有共享密钥，SDP 系统仍然需要在允许访问受保护的资源之前，通过证书验证和身份验证建立交互 TLS 连接。

SDP 是一种能支持零信任原则的完备架构。也就是说，组织可通过基于 SDP 架构的解决方案实现零信任原则。尽管 SDP(作为规范)的适用范围有限，但仍有一些商用 SDP 实施方案填补了空白，提供了企业级平台。接下来，本书将探讨企业如何在零信任旅程中实施 SDP。

4.4　SDP 案例研究

本案例的研究将探讨一家美国跨国企业如何利用 SDP 架构实现其零信任旅程。这家自 20 世纪 70 年代开始经营的公司提供面向消费者的服务，在全球拥有 14 000 多名员工。企业 CISO 对传统的安全基础架构感到失望，并在 BeyondCorp 的激励下，启动了一项战略性的零信任项目提案，目标是更好地保护敏感客户数据，降低成本，并帮助企业能够利用新的数字平台开展媒体和客户服务。

企业的基础架构由 2 个主要数据中心(美国和欧洲各一个)、除总部外的 4 个美国分支机构、8 个国际区域分支机构和全球 700 多个零售点组成。组织为总部办公室的大约 2 000 名员工，所有 12 个地区分支机构的另外 2 000 名用户，以及在零售点的大约 10 000 名兼职员工提供支持。组织一直采用 IaaS 云平台，运行在 IaaS 中的几十个内部应用程序都从本地迁移而来，目前持续运行在云端的生产环境中。

企业最初的 IT 基础架构存在许多缺陷，组织打算通过战略性地实施零信任方案解决问题。然而值得注意的是，组织虽然采用渐进方式实施零信任项目，但付出的努力在短期内便可通过零信任项目获得价值。事实上，企业的部分有效性评价标准是所选供应商的安全平台应能够快速集成到企业现有的基础架构中，并能顺利支持企业向零信任架构的过渡。例如，企业正处于从本地 Active Directory 迁移到基于云平台的 SAML 身份提供方的早期阶段，需要供应商的 SDP 平台同时支持本地和云平台中的身份提供方。

零信任项目提案和愿景的关键是让所有人员都移到“网外(Off Net)”，并跨越企业异构的基础架构部署一组分布式 SDP 网关(PEP)。安全团队评价了许多不同零信任供应商和解决方案的有效性，并选择了基于飞地的模型的企业级 SDP 实施方案。

企业零信任项目的初始阶段是对企业陈旧且令人烦恼的虚拟私有网络(VPN)实施战术性更换。更换 VPN 可能导致连通性问题，并将导致来自两组用户的投诉——第一组是大约 750 名普通公司用户，需要远程访问公司办公室网络和主数据中心的资源；第二组是大约 250 名研发人员，需要通过 SSH、RDP 和数据库访问部署在 IaaS 云平台中的研发、测试和生产资源。企业在通过实施零信任平台更换 VPN 的初始阶段采用了简单且开放的策略，尽管如此，零信任平台仍然通过改善用户体验、提高连接效率取得了短期可见的收益，令企业安全和网络团队对零信任平台充满信心。零信任实施方案为研发团队提供了对多个 IaaS 账户和位置的并发访问能力，同时提升了安全保障能力。

成功完成战术性 VPN 更换项目后，安全团队开始使用基于云端的身份提供方的组成员身份限制公司用户的网络访问权限。安全团队设计了若干基本角色，包括普通员工、IT 人员、财务人员、网络管理员和数据库管理员。所有员工都能访问标准服务(如 DNS、打印和文件共享)，而其他服务则需要对每个角色授予特定资源的访问权限。接下来，组织开始从企业网络中移除地区分支机构的2000名工作人员，从而实现地区人员的所有访问都由零信任策略所控制。从本质上讲，组织将移除部署在12个分支机构中的所有网络和安全软件、硬件和线缆，取而代之的是商业宽带Internet和Wi-Fi。因为组织的绝大多数生产系统都位于美国东北部的数据中心，公司用户需要连接数据中心的安全通道访问业务应用程序，所以组织能利用已就位的安全软件执行数据中心内用户上网流量的IDS和SWG功能。实施项目还提供了更多收益，即每年将基础架构和通信成本降低50多万美元。

组织为每个分支机构部署本地SDP网关(零信任PEP)，为用户提供受策略控制的本地文件共享访问功能。通过SDP系统架构，用户可直接通过本地PEP安全地连接到文件共享。SDP架构能将办公用户文件共享的流量完全保留在本地网络中。

与所有组织类似，本案例中的这家公司也受到2020年初COVID-19大流行的严重影响。组织在全球拥有10 000多名兼职员工的700多家全球零售店都不得不暂时关闭。在COVID-19爆发之前，公司的零售点员工通过店内本地无线网络连接点到点(Site-to-Site)的VPN，从而实现从每个零售点到企业主数据中心的访问连接，并访问集中式应用程序服务器。安全和网络团队迅速将SDP客户端部署到所有零售店员工的设备中，这些设备包括公司管理设备和BYOD设备。兼职员工能立即在家开始工作，通过快速切换到提供虚拟客户服务的方式支持组织。组织获得的收益是，在实施SDP方案后停用了700多个点到点VPN，因为现在所有用户都通过安全的SDP通道访问公司资源。停用点到点的VPN将为组织降低运营成本，这也是实施零信任方案的另一个附加优势。

企业零信任旅程的下一步是开始在Linux服务器中部署SDP客户端，使用微分段部署模型在服务器环境中实现更有效的访问控制措施。

总体而言，通过软件定义边界(Software-Defined Perimeter)架构实施零信任，组织在安全水平和财务方面都获得了明显且引人注目的优势。组织的企业环境更加安全，因为所有用户都是“网外(Off Net)”的，在企业网络的入口点屏蔽未经授权的用户。企业全职用户也将不受疫情影响，因为几乎所有企业用户都在使用零信任解决方案，从网络的角度看，用户始终处于“远程”访问状态。

4.5　零信任与企业

尽管本章介绍的BeyondCorp项目和PagerDuty项目都是企业内部研发的零信任平台，但本书希望明确的是，大多数企业(特别是在当今的零信任安全行业)都遵循在软件定义边界(SDP)案例研究中采取的方法，也就是说，组织授权并使用商业化软件，而不是像Google的PagerDuty项目那样采用自主实施的方式。PagerDuty项目的核心业务和技术围绕运营复杂的、动态的网络展开，Google作为成熟的、利润丰厚的和技术先进的组织，本身具备很强的自主部署能力。最重要的是，BeyondCorp项目和PagerDuty项目都是在商业零信任平台出现之前开始的零信任旅程。

当今的世界已发生了改变，参与撰写本书的安全专家们每天都与小型、中型和大型企业密切合作，讨论如何运用零信任方法——企业几乎无一例外地将商业化或开源的安全解决方案作为零信任平台的核心，而不是构建企业自己的平台。行业中存在各类可选择的产品，能提供基于本地的、云平台或混合部署的模型；企业应具备评价平台有效性的能力，并从同类解决方案中选择最佳方案。

注意，本书并不是分析、评价供应商或开源产品有效性的合适工具。随着供应商推出新产品和进行技术创新，产品和平台将不断变化。但本书将为组织提供运用零信任原则的坚实基础，引导组织正确理解在环境中如何部署适合的工具，帮助组织梳理零信任项目需求。最终，将帮助企业做出正确决策。

4.6　本章小结

本章探讨了三个不同的零信任实施案例，每个案例都提供了零信任的独特视角。Google内部的BeyondCorp项目在保护企业的同时，也为分享经验付出了巨大努力。BeyondCorp项目的经验对行业产生了深远而积极的影响。PagerDuty项目研究提供了关于以服务和网络为中心的组织如何应对服务器到服务器安全挑战的另一个视角。最后介绍的软件定义边界(SDP)是一种基于零信任原则的开放式架构。本章在描述SDP的工作原理后，介绍了实施案例，描述跨国企业如何使用SDP架构获得安全和运营优势。三个案例都提供了实践指导和富有远见的思路，展示了零信任安全如何成为不同类型组织的组成部分。相信，三个案例都会成为组织继续其零信任旅程的灵感来源。

第 II 部分

零信任和企业架构组件

本书第 I 部分主要介绍零信任的历史和背景，对比具有代表性的企业架构和零信任架构，并探讨了三个不同的零信任案例。本书第 I 部分从零信任的角度审视 IT 和安全基础架构的主要功能领域。接下来将讨论零信任目标和功能，并探索将功能和目标融入新的零信任世界的方法。

本书开展零信任目标和功能分析时，将从企业内部如何采用零信任的角度思考零信任的目标和功能；将识别组织内可能成为障碍的技术和非技术约束，并思考如何克服障碍。此外，应确保企业真正理解零信任对网络、管理系统和基础架构的影响，为零信任旅程做好充分准备。

第5章

身份和访问管理

身份和访问管理(Identity and Access Management，IAM)涉及信息安全的多个领域，是用于控制访问的技术和业务流程，实现在正确的时间向正确的人员提供正确的访问权限。任何情况下，零信任计划(Zero Trust Program)成功的关键在于身份和可正常运转的身份管理计划。零信任计划的核心提供了以身份为中心的安全方法，因此，在任何零信任计划中对身份的理解和管理都极其重要。然而，组织不应该受到不合理标准的约束，也不应该在开始零信任旅程之前就要求身份和访问管理团队及其系统提供完美的安全解决方案。

身份管理系统应作为身份(人员实体和非人员实体)信息的权威来源，并用作其他技术集成和业务流程的“基石(Keystone)”。然而，要实现这一点并不容易，因为当今的企业非常复杂，可能并没有单一的、集中的身份系统。没关系，不应该将企业的复杂性视为采用零信任的障碍。事实是，零信任的本质是重叠系统(Overlay System)，可用于帮助弥合多个身份系统之间的鸿沟，稍后将讨论这一点。首先，本章将回顾 IAM 的主要组成部分，这是贯穿本书零信任议题的基础。

5.1 回顾 IAM

虽然身份管理系统之间存在一定差异，但都是基于各个企业及企业选用的技术集的独特组合，大部分身份管理系统具有一定的共同元素，如图 5-1 所示。为了充分理解 IAM 计划，本书将研习并介绍相关知识域。[1]

1 注意，有些组织将其称为ICAM，即身份、凭证和访问管理(Identity, Credential, and Access Management)。

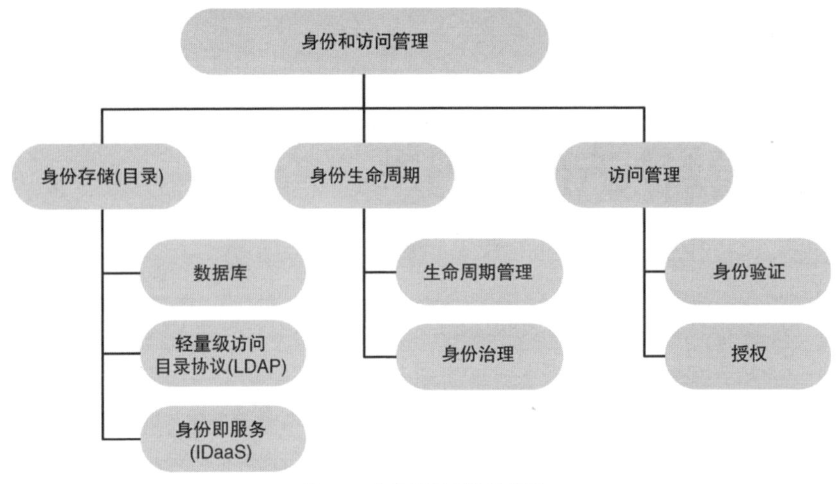

图 5-1　身份管理系统的范围

5.1.1　身份存储(目录)

身份存储(Identity Store)是身份管理系统的核心元素，通常称为目录(更正式的表述是目录服务)。从逻辑上讲，目录服务存储相关实体[1]的权威信息的属性；属性用于描述实体，并提供实体的有效数据，以供需要实体信息的人工和自动化消费者使用。

20 世纪 80 年代末，开始正式使用目录(Directory)，部分原因是企业采用基于 PC 的局域网。目录的存在是为了验证用户的网络访问权限，作为用户信息的可搜索的和权威的列表。用户信息涵盖安全凭证(Credential)，使得目录成为集中控制、集中管理用户身份的验证来源。

公平地说，现代 IAM 生态系统都是从核心目录功能发展起来的。与许多领域相同，随着目录技术的逐步成熟，目录也变得更加符合标准。目录的标准化流程从 X.500 规范开始，用于存储实体信息，并通过目录访问协议(Directory Access Protocol，DAP)执行初始连接。DAP 并不基于 TCP/IP 网络且客户端过于复杂，限制了 DAP 在各个领域的普及。为清除 DAP 的局限性，行业创建了 DAP 的“轻量级”版本：轻量级目录访问协议(Lightweight Directory Access

1 目录存储着实体和属性。记住，实体可以是人员用户，也可以是非人员实体，如服务器或服务；非人员实体也需要执行身份验证并接收授权。第 3 章已经简要讨论了这一要点。

Protocol，LDAP)，本书稍后将讨论 LDAP。

在过去几十年中，目录及其围绕目录的身份管理系统的功能和范围都有了明显提升。现在的目录支持多种不同且复杂的场景，包括元目录(Meta Directory)和联合目录(Federated Directory)，用于将多个不同的目录绑定在一起。接下来介绍目前使用的三种主要目录类型。

1. 数据库

从技术角度看，数据库能够提供通过网络访问的集中式身份存储。然而，出于多种原因，大多数现代企业都避免将原始数据库用于目录。允许远程应用程序数据库访问用户信息(尤其是安全凭证)并不是安全的设计方式；即便设计为只读权限，也不是常规做法。

最终看来，即使是基于标准的目录也依赖于底层数据库。但是，原始数据库访问和用于与目录交互的标准化协议及 API 之间存在显著差异。应避免使用与标准化协议和 API 存在差异的自定义身份存储数据库；如果已建立存在差异的数据库，则存在差异的自定义身份存储作为零信任项目提案(Zero Trust Initiative)的一部分也应予以停用。

2. LDAP

LDAP 是一份通过定义一组消息(即 API)以规范如何使用网络与目录服务交互的协议。LDAP 是国际 Internet 工程任务组(Internet Engineering Task Force，IETF)通过一系列 RFC 正式颁布的成熟标准。最初于 1997 年发布的 LDAP v3 就是非常成功的标准，从某种意义上讲，许多目录提供商(包括开源和商业)都支持该协议，并且来自不同服务商的组件能完美地实现互操作。

LDAP 为目录中一组实体的操作提供了简单的 API，并且 LDAP 也常用于验证用户的安全凭证(口令)。目前，LDAP 广泛部署，在身份、安全、应用程序和基础架构服务商等方面都获得了普遍支持。例如，Microsoft 的 Active Directory 支持 LDAP API，已成为业界认可的目录之一。

虽然支持 LDAP 的目录和应用程序将在很长一段时间内保持成功运转，但相信以后会有更新的、基于标准的身份验证和授权的协议取代 LDAP。特别是 LDAP 需要直接 API 调用目录，而现代协议支持更适合现今分布式环境的、基于令牌(Token-based)的间接机制。话虽如此，很可能企业将继续使用一套或多套基于 LDAP 的目录，并且企业的零信任平台应能在不需要更改的情况下与基于 LDAP 的目录服务交互。LDAP 只要能满足企业的功能需求，在后续使用的过程中，则不会产生任何实质上的缺陷。

3. 身份即服务

在向基于云服务的转变过程中，业界出现了新的身份管理服务商类型，从而形成了成功且快速增长的行业细分市场，称为身份即服务(Identity-as-a-Service，IDaaS)。身份管理服务商提供基于云环境的目录服务，帮助组织从操作本地目录服务器解放出来，提供更现代的基于 Web 的 UI，并向终端用户提供更友好的功能，如单点登录(Single Sign On，SSO)和越来越多的无口令(Passwordless)身份验证。

身份即服务通常提供较新的 API(如 SAML)和较旧的 API(如 LDAP 和 RADIUS)。随着基于云环境的安全服务的接受度和成熟度不断提高，基于云端的目录服务已经做好了持续增长的准备。注意，许多情况下，身份管理服务商提供本地软件(代理)执行特定功能，包括联合或数据复制，以及与传统目录和身份验证方案的集成。

最终，组织都将拥有一套或多套身份存储。零信任系统应与组织的身份存储集成，并接受组织需要跨多个不同身份存储实施标准化和规范化的现实。在保护第三方访问权限时尤其如此，第三方拥有自己的身份存储。本章稍后讨论身份验证时，将进一步探讨相关内容。在此之前，首先讨论身份生命周期(Identity Lifecycle)——IAM 的另一个重要部分。

5.1.2　身份生命周期

身份具有独特的生命周期。身份一经创建将存在一段时间；随着时间的推移，身份可能扮演不同角色，直至销毁为止。组织需要具备技术工具和业务/IT 流程来管理和控制身份生命周期。IAM 称之为生命周期管理(Lifecycle Management)和身份治理(Identity Governance)，是零信任项目提案(Zero Trust Initiative)的间接组成部分。

身份生命周期管理

当谈论人员用户时，通常将身份生命周期称为“加入(Joiner)、调动(Mover)、离开(Leaver)”[1]。人员实体(用户)通常会经历图 5-2 所示的生命周期。包括调配“与生俱来的权利”——特权，当用户(加入人员)首次添加到公司目录时，特权管理将提供自动分配的访问权限。当然，用户通常会获得特权之外的访问权限，额外获得的权限应根据角色执行分配工作程序。组织向用户分配重要权限时应保持谨慎，尤其在使用现有用户权限作为新用户权限模板时容易犯错(导致“Sally 看上去与 Jimmy 相似”的问题)。使用现有用户权限作为新用户权限模板时的错误将导致用户拥有超过必要的访问权限，可能产生安全和法律法规监管合规方面的问题。本书将在后续章节讨论，成功的身份管理计划(Identity Management Program)将通过角色和身份治理避免用户拥有超过必要的访问权限。

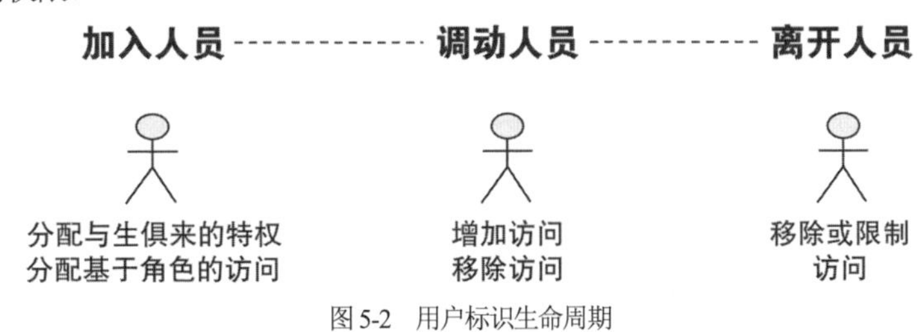

图 5-2　用户标识生命周期

用户在组织中横向或跨层级调动时，访问权限将随之变化，因为需要为调动人员的新角色授予相应的访问权限。添加访问权限很简单，存在明显的触发因素，用户需要访问权限才能完成新工作。删除访问权限则更微妙，因为通常存在过渡期，用户同时需要全新的和旧有的访问权限。由于过渡期可能跨越数周或数月，因此，企业需要制定合理的业务流程来跟踪和管理过渡期的访问权限(通常是身份管理计划的一部分)。

处于生命周期最后阶段的用户称为离开人员(Leaver)。组织启动生命周期的最后阶段可能存在多种原因，包括已规划自愿离开(转职或退休)或非自愿离开(立即终止)。许多情况下，离开的用户可能在身份管理系统中存在一段时间。例如，管理人员需要访问离职员工的电子邮件。某些情况下，离职用户可能存

1 通常，更倾向于称员工为“加入 (Joining)”和“离开(Leaving)”的人员，而不是“已创建(Created)”和“已销毁(Destroyed)”的人员。

在于系统中，并保留较长时间的访问权限(例如，能够访问个人工资单、保险或税务记录)，甚至无限期保留(例如，学生转入其他教育机构而成为本校校友)。

理想情况下，身份管理系统需要根据生命周期中的事件自动管理用户访问的分配(Assignment)、调配(Provisioning)和取消调配(Deprovisioning)。大多数组织在人力资源和薪酬方面的身份生命周期都管理得很好。然而，涉及 IT 流程的身份生命周期管理往往在成熟度和有效性方面有待提升。例如，员工在离开组织后继续领取工资的情况很少见。然而，用户离开组织后依然保留 IT 系统(尤其是 SaaS 应用程序)访问权限的情形则非常常见。

管理非人员账户(如服务账户)需要启动其他类型的尽职流程，因为服务账户管理通常与外部或人力资源驱动的触发因素(如招聘或解雇)脱节。服务账户(Service Account)只是为服务器或基础架构代码使用而创建的账户，而不是为人员用户创建的。[1]非人员访问机制不仅包括账户，还包括其他访问控制机制(Access Control Mechanism，ACM)，如 API 密钥或证书。

服务账户与普通用户账户相同，具有与其关联的特权和角色，组织应主动管理服务账户。与用户账户相同，服务账户应只具有与之关联的最小权限集。实施最小特权原则对于服务账户通常是更大的挑战，因为服务账户经常执行系统级操作，并且可能没有足够强大的模型限制服务账户在目标系统中的权限。通常，授予服务账户完全的管理权限，要么是必要的，要么是因为需要快速解决问题而授予(如，员工经常说的：“别担心……稍后会撤销”)。服务账户凭证通常是共享的，以明文形式存储，且很少轮换。明确的结论是，服务账户应包括在身份治理流程中(就像用户账户一样)，应使用零信任系统强制执行服务账户的访问策略。注意，特权访问管理(Privileged Access Management，PAM)解决方案通常具有服务账户保管库(Account Vault)和服务，帮助解决与服务账户相关的问题。本书后面的章节将介绍 PAM。

5.1.3　身份治理

作为本书前面已讨论过的身份生命周期的一部分，决定“谁应该访问什么”的策略(或规则)称为身份治理(Identity Governance)，是 IAM 计划(IAM Program)传统范围的一部分。治理往往由法律法规和安全需求所驱动，通常具有更强的

1 在服务账户或脚本中重用用户安全凭证是非常糟糕的想法。

合规驱动因素。许多情况下，监管合规要求都涉及财务应用程序和控制措施，公众公司和上市公司尤其如此。

市场服务商已经创建了身份治理产品，帮助企业满足监管合规要求，企业通常将服务商的解决方案作为其身份治理项目提案的一部分部署。当然，并非所有组织都有正式的身份治理计划——规模较小或不受监管管辖的企业可能不需要身份治理计划。但是，身份治理作为身份生命周期流程的一部分，所有组织都应隐含地或明确地做出关于“特定身份应具有哪些访问权限”的决策。最终，决策将通过执行底层软件系统权限变更体现出来。例如，执行目录中用户属性或组成员身份的变更，或者执行应用程序中用户账户的创建、删除或授权的变更。

访问控制决策可能由调配系统(Provisioning System)自动执行，也可能通过手动的 IT 和业务流程实现。无论是自动执行还是手动流程，身份管理策略都需要与零信任策略保持一致。下面将解释授权这一主题以及各层之间的关系。

5.1.4　访问管理

访问管理是身份管理的核心，由两个主要组成部分构成。第一，实体证明其身份的方法，即身份验证(Authentication)；第二，定义和表示特定实体允许执行的一组操作的模型，即授权(Authorization)。接下来依次讨论这两个组成部分。

5.1.5　身份验证

本节将简要介绍常见的身份验证协议、机制、标准和趋势。目的是为了探索身份验证协议、机制、标准和趋势在零信任部署中的关系。为清晰起见，先从若干基本定义开始。

- 用户名/口令(Username/Password)：比较简单的身份验证，已在行业中使用数十年。属于验证用户所知(Something You Know)这一原则。
- 多因素身份验证(Multi-Factor Authentication，MFA)：在身份验证过程中使用一项以上的身份验证因素。通常使用物理令牌、智能手机应用程序或生物识别机制，属于验证用户所有(Something You Have)，或者用户生物特征(Something You Are)这一原则。

- 递升式身份验证(Step-up Authentication)：在发生特定事件或触发条件后，提示用户执行其他形式的身份验证的流程。例如，可能在已通过身份验证的用户试图访问高价值资源时触发。这针对已通过身份验证的用户，是经常使用的 MFA 验证形式。
- 无口令身份验证(Passwordless Authentication)：是一项通用原则，是指使用口令以外的因素履行初始身份验证机制。本书提倡并鼓励使用无口令身份验证方式，因为无口令身份验证可规避与常见的弱口令、口令窃取和口令重用有关的风险。与无口令身份验证相关的解决方案通常运用于 MFA 相关章节列出的各类机制。

现在讨论几种目前常用的身份验证协议和机制。

1. LDAP

本书之前介绍过 LDAP 技术。LDAP 是一种 API，既可用于目录交互，也可用于用户身份验证。从身份验证的角度看，LDAP API 的常用功能包括对基于用户名和口令的身份验证的本地支持。LDAP API 确实包含扩展机制，该机制可以通过挑战-响应(Challenge-Response)机制添加其他身份验证类型。LDAP API 经常使用扩展机制，但因为扩展机制是非标准化的，在实施方面具有一定的依赖性。

2. RADIUS

RADIUS 是另一个年代久远的身份验证协议，其年代感清楚地写在名字中；RADIUS 是远程用户拨号认证服务(Remote Authentication Dial-In User Service)的首字母缩写。RADIUS 最初是为了提供身份验证、授权和计账(Authentication, Authorization, Accounting，AAA)而创建的，本质是现代身份管理计划的前身。虽然 AAA 一词在当今没有普遍使用，但 AAA 的相关技术主题显然是当今主流身份和安全项目提案(Identity and Security Initiatives)的重要部分。

尽管年代久远，但 RADIUS 依然在实践中大量使用。作为 IETF 官方标准(RFC)的一部分，RADIUS 得到了许多服务商的支持，并在各服务商的组件之间支持良好的互操作性。RADIUS 与 LDAP 类似，具有简单的模型，其中 RADIUS 客户端(通常称为“网络访问服务器”)直接与 RADIUS 服务器交互，代表主体(通常是用户)执行身份验证工作程序。RADIUS 返回接受或拒绝状态信息(可能在启用 MFA 的附加身份验证之后)。RADIUS 可用于通过扩展协议提供身份上下文，但并未在实践中普遍使用。

然而，RADIUS 确实支持基于标准的身份验证机制，而不仅是用户名和口令，而且支持基于标准的身份验证机制延长了 RADIUS 的使用寿命。目前，许多身份提供方可提供 RADIUS API 或网关，支持将较旧的应用程序或者基础架构集成到较新的平台中。通过集成的方法，较旧的系统能通过由 RADIUS 调用的现代身份平台，支持较新的 MFA 或无口令身份验证方法。

3. SAML

安全声明标记语言(Security Assertion Markup Language，SAML)的发展源于业界的愿景和需求，即提供一种可靠、可信且可互操作的方式，允许用户单点登录(Single Sign On，SSO)Web 应用程序，特别是来自不同提供商的 Web 应用程序。更正式的表述是，SAML 定义了 XML 表征和基于 HTTP 的协议，Web 应用程序(SAML 称为“服务提供商”)使用来自独立身份提供方(IdP)的用户身份验证和属性信息。也就是说，除了验证用户身份，SAML 的响应数据(也称为声明)还包含由 Web 应用程序请求并由身份提供方提供的相关用户的附加信息。

SAML 作为标准而言，取得了巨大成功，普遍适用于身份提供方、SaaS 模型和私有 Web 应用程序，为身份即服务提供商的 SSO 功能提供了巨大的市场价值。SAML 作为一种简单且可靠的标准，在 Web 应用程序和 IdP 之间建立了易于配置的信任关系，这是网络效应(Network Effect)的良好示例，SAML 标准的价值随着支持方的参与而增加。随着开源工具包和插件使用的普及，Web 应用程序没有理由不支持 SAML。同样，零信任解决方案应采用支持 SAML 的身份提供方，并支持使用 SAML 作为身份验证机制。

SAML 提供支持属性、组成员身份和角色作为 SAML 响应中“声明”的能力。这进一步增强了将 SAML 与零信任环境结合使用的价值，原因就是 SAML 所提供的声明显然是零信任策略(本质是 RBAC 和 ABAC 访问控制模型)使用的身份上下文的主要来源。

4. OAuth2

OAuth2 是 IETF 定义的标准，[1]旨在设计一种机制，为研发人员提供建立授

1 OAuth2 在 RFC 6749 和 6750 中定义。

权的协议，以便第三方应用程序可以代表用户访问 Web 应用程序中的一组有限功能或资源。例如，用户不必共享用户名和口令即可授权照片打印服务访问照片共享网站的私人照片。OAuth2 更正式的表述是，客户端从受信任的令牌服务(通常是 IdP)获取安全令牌并将令牌传输至可信方以供使用的方式。注意，令牌的传输基于用户授予的权限。

从技术角度看，OAuth2 是一种授权协议，而不是身份验证协议。接下来讨论的 OpenID Connect 是构建在 OAuth2 上的身份验证协议的示例。

5. OpenID Connect (OIDC)

OIDC 构建在 OAuth2 之上，使用 JSON Web 令牌(JSON Web Token，JWT)[1]作为令牌。OIDC 的设计目的是在 OAuth 授权的基础上添加身份验证能力，且常用于 Web 应用程序，以使用底层 OAuth 框架(基于可互操作的 REST 格式)提供身份验证和授权服务。OIDC 令牌包含相关用户的可信声明，用于目标应用程序(信任方)中。

6. 基于证书的身份验证

从企业身份管理的角度看，证书(Certificate)及证书的支持系统通常用于验证用户和设备的身份——通过有效证书确定实体。在安全实践中，对于用户设备而言，有效的证书意味着特定用户设备中安装合法且最新的证书，证书由组织的自有证书认证机构(即组织的公钥基础架构的一部分)所颁发，且用户能通过安装有效且最新的证书的方式登录桌面或移动操作系统(即用户的账户可访问操作系统中受本地密钥管理系统保护的证书)。非用户设备(如服务器或物联网设备)也都拥有自己的身份验证机制，通过安装企业颁发的证书，执行身份验证工作程序。最后，物理身份识别卡也包含企业颁发的证书，用户输入 PIN 即可访问证书，并将物理身份识别卡作为多因素身份验证(MFA)的一种形式。常见的示例是美国政府和美国国防部门使用的 CAC(Common Access Card，普通访问卡)和 PIV(Personal Identity Verification，个人身份验证)卡。

7. FIDO2

FIDO2 是一种新兴标准，通过 FIDO 通用身份验证框架(Universal Authentication Framework，UAF)和客户端到身份验证方协议的两个变体(CTAP1

1 JWT 是 RFC 7519 定义的开放标准框架，用于安全地定义双方之间的声明。

和 CTAP2)将“无口令”体验带给最终用户社区。FIDO2 通过基于 PKI 的协议，支持浏览器、移动设备和硬件作为身份验证的手段。

8. 移动技术和生物识别技术

虽然不是身份验证标准，但现代身份验证方法越来越多地利用用户友好和/或基于移动设备的技术执行用户身份验证。终端用户对移动设备提供的指纹识别或面部识别等技术感到满意，而生成一次性口令(One Time Password，OTP)的移动应用程序已经普遍取代基于硬件的令牌。

MFA 是零信任的重要组成部分，而移动设备是可靠的且用户接收度较好的双因素实施方式。事实是，鉴于面向消费者应用程序(Consumer-facing Application)所提供的易用性(如非接触支付)，最终用户期望企业 IT 系统具有与面向客户应用程序相同的易用性。

然而，企业 IT 系统想要实现与面向消费者应用程序类似的易用性并非那么容易和简单，因为企业 IT 系统正在解决比信用卡交易单一身份验证和授权更复杂的问题。企业安全系统通常需要在数分钟或数小时内验证用户身份，并授权用户对业务或技术应用程序的访问。通常，企业 IT 系统还受到复杂网络拓扑结构的阻碍，并存在诸多限制。话虽如此，现代身份验证标准和技术的确能提供访问的安全性和易用性，企业已经开始关注对新型身份验证技术的接受度和使用的优先级，并逐步避免使用简单的口令技术。零信任安全架构实施的动态和全局特点，以及丰富的集成功能，正在帮助企业加速采用新型身份验证技术。

5.1.6　授权

授权(Authorization)是访问管理的最终目标，授权最终负责将策略模型(技术或业务策略)映射到执行点。执行点正确执行策略后，身份管理系统将提供与实体相关的授权特征(角色和属性)，并制定合理的治理策略和流程，以确保正确授权。

当然，只有 IT 组件正确执行策略时，与主体相关的属性才有意义。例如，不能仅因为 Sally 在名为“宇航员”的目录组中，就意味着她真的是一名宇航员。[1]同样，Sally 在目录组 ABC123 中的成员身份也没有内在意义。这两种情

1 但是，本书鼓励组织在企业活动目录中尝试将用户属性与安全策略的相互关联。如果这种关联性有效，欢迎安全专家们分享；如果能够成功重现测试结果，将是一件令人非常感兴趣的事情。

况下，重要的是 IT、应用程序和安全系统的其余组件如何解释 Sally 的身份信息，及其身份信息如何影响 Sally 的账户设置和访问权限。如图 5-3 所示，实践中，授权往往发生在多个级别。

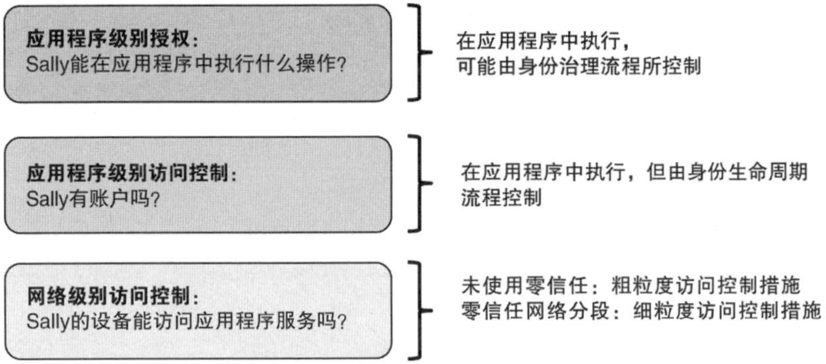

应用程序级别授权：
Sally能在应用程序中执行什么操作？

在应用程序中执行，
可能由身份治理流程所控制

应用程序级别访问控制：
Sally有账户吗？

在应用程序中执行，但由身份生命周期流程控制

网络级别访问控制：
Sally的设备能访问应用程序服务吗？

未使用零信任：粗粒度访问控制措施
零信任网络分段：细粒度访问控制措施

图 5-3 访问控制级别

图 5-3 的顶部是应用程序级授权模型(Application Level Authorization Model)，控制组织用户(在本例中是 Sally)在应用程序中可执行的操作。Sally 在应用程序中执行的操作通常基于与 Sally 账户关联的角色或权限。[1]注意，虽然将“应用程序”视为业务应用程序(如财务管理系统)最简单，但如果所讨论的应用程序更具技术性(如源代码存储库或数据库系统，甚至是完全不同的服务类型)，则图 5-3 所示的应用程序级授权模型同样适用，例如，通过 SSH 登录到服务器。一般而言，比较成熟的组织拥有一套身份治理流程和对应工具，用于验证和实施应用程序级别的授权。成熟度不高的组织通常基于简单的或预定义的应用程序角色，以更传统的方式实现应用程序级别的授权。

图中的中间层是应用程序账户级别——通过特定用户是否存在应用程序账户来控制对应用程序的访问。图中的中间层要求用户访问应用程序时出示有效用户凭证。也就是说，只有通过身份验证后才能执行访问请求。注意，许多访问控制措施解决方案都工作在图中所示的中间层，包括单点登录(Single Sign On，SSO)和特权访问管理(Privileged Access Management，PAM)解决方案。

1 相对而言，拥有具体化授权模型的应用程序数量较少。即使在 XACML 等标准下，应用程序级别授权模型在传统应用程序架构中也没有获得显著的市场吸引力。有趣的是，零信任提供的要素之一是具体化的网络授权模型。与应用程序相比，网络基础架构的授权模型非常贫乏，零信任这一方法通过更丰富的策略模型取代网络基础架构的授权模型。后续章节将深入讨论相关问题。

前两层代表身份管理的传统范围和限制，与底层的网络级访问控制明显分离。在没有零信任的情况下，安全或网络团队通常只能以静态、粗粒度的方式实施访问控制措施，例如，将用户分配到由数百或数千台主机组成的整个虚拟局域网(VLAN)，通过 MPLS 或点对点 VPN 等广域网远程连接整个网络，或使用用户 VPN 技术允许远程用户获取完全网络访问权限。通过零信任，网络层能够基于角色和属性实施细粒度的访问控制措施；在传统安全系统中，角色和属性仅能在应用层可用且有效。

本节最后将简要讨论一下基于角色的访问控制(Role-Based Access Control，RBAC)和基于属性的访问控制(Attribute-Based Access Control，ABAC)。RBAC 和 ABAC 两个术语描述了基于身份相关属性的访问控制的常规方法，基于身份的属性通常来自身份管理系统(从技术角度看，角色可能视为一种特殊类型的属性，因此可将 RBAC 视为 ABAC 的一部分)。ABAC 的“控制”部分是指组织定义访问策略的能力，访问策略应说明允许身份访问特定资源的逻辑条件。

如果 ABAC 定义访问策略的能力听上去很熟悉，那么零信任所执行的正是基于属性的策略。本书认为零信任架构是实现基于属性的访问控制的最有效方法。ABAC 只是概念，需要在具体架构中实现，零信任平台为组织提供了丰富的实施清单，阐述了如何实现基于属性的访问控制策略。ABAC 策略模型的范围、性能和有效程度是任何零信任项目提案的核心内容。接下来将展开更多讨论。

5.2 零信任与 IAM

现在已经回顾了 IAM 及其组件，接下来将审视 IAM 对零信任的重要性。回顾一下，零信任的 PDP 使用 IAM 系统验证实体身份，并将其作为制定决策的上下文(角色和属性)来源。正如之前所讨论的，幸运的是，行业专家们已经创建了各种标准化的身份验证 API 和协议。

各种标准化的身份验证 API 和协议已在实践中普遍使用，因此，组织能通过身份提供方与零信任平台实现互操作。零信任平台除了使用企业现有的 IAM 系统执行用户身份验证外，还应能够从 IAM 系统获取身份上下文，以便 PDP 能做出访问决策。身份提供方和零信任平台执行互操作的方式再次强调了零信任系统的需求——支持标准协议(特别是 LDAP 和 SAML)。

注意，支持标准协议的原则是正确的，与所选择的零信任部署模型无关。在所有情况下，零信任系统都应与身份系统集成——这也是零信任安全方法比传统方法更有效的核心所在。

通过简单对比零信任与传统方法，不仅可以说明身份集成和零信任，而且可以概括说明零信任的整体价值。

5.2.1　身份验证、授权和零信任集成

图 5-4 描述了用户访问某个应用程序的三种场景。在所有情况下，用户都应拥有应用程序账户，执行身份验证工作程序，且拥有一组可在应用程序中执行某些活动的特权。例如，网站内容管理系统(Content Management System，CMS)的用户有能力编辑页面，但不能将编辑后的页面提交到生产环境中。然而，从安全和集成的角度看，有趣之处在于图 5-4 描述的三种场景之间的区别。

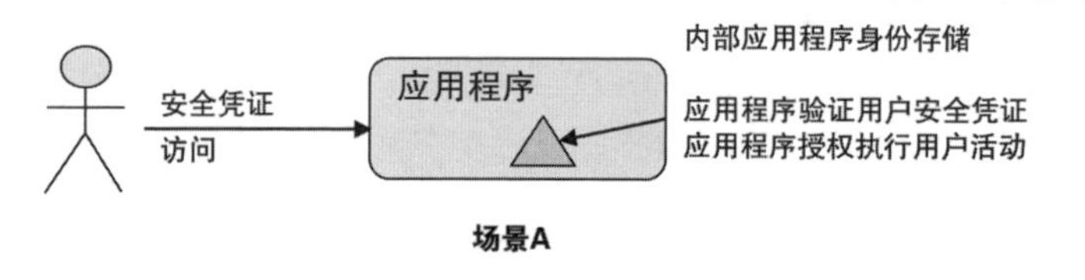

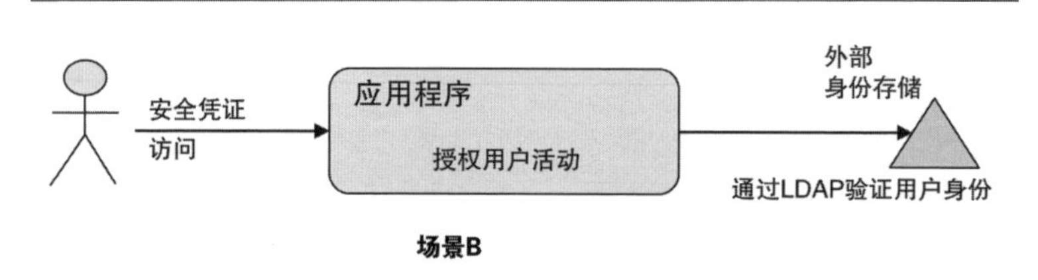

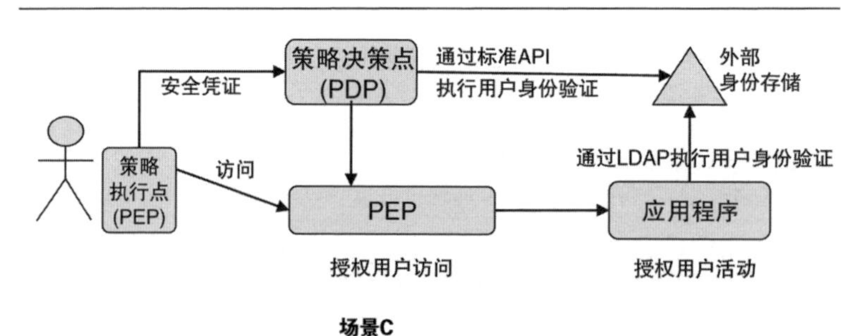

图 5-4　身份验证、授权和零信任

场景 A 显示了一类典型的自洽(Self-contained)应用程序，拥有内部身份和安全凭证存储。应用程序中直接执行用户身份验证，并分配执行权限。虽然场景 A 显示的应用程序确实有效，而且有无数应用程序是以此方式构建的，但场景 A 显示的应用程序存在许多缺点。单独自洽的身份系统定义为“竖井(Silo)”。场景 A 显示的应用程序的自定义代码不仅经常出现可利用的安全漏洞，人员调动或人员离开的生命周期管理事件还可能忽略这些自定义代码，导致账户仍然处于活动而非闲置或孤立状态。场景 A 显示的应用程序可能不使用加密网络协议，还可能不支持 MFA。

场景 B 中的应用程序得到一定程度的改进。由于使用了外部的、基于 LDAP 的身份系统，避免了竖井问题，并自动集成到组织的集中身份治理和生命周期流程中。LDAP 系统还可支持 MFA，从而提高身份验证强度。但是，与场景 A 相同，场景 B 的应用程序可能使用未加密的网络协议。而且，与场景 A 相同，场景 B 的应用程序(以及在同一主机中运行的其他服务)对网络中的所有用户都是可见的。作为重要的应用程序，组织的 Web CMS 是对攻击方具有吸引力的目标——想象一下将恶意代码注入组织官方网站的后果！

场景 C 描述了零信任安全框架中的应用程序。虽然应用程序仍然使用 LDAP 对用户执行身份验证工作程序，但现在由 PEP 执行对应用程序的网络访问保护。用于确保只有经过授权的用户才能通过网络访问特定主机，使攻击方更难实施攻击。此外，不仅授权用户可以远程访问应用程序，而且用户设备和保护应用程序的 PEP 之间的网络流量也会加密。零信任系统可根据需求通过策略和用户上下文强制执行 MFA。而且，根据身份和零信任系统的功能，用户甚至可以经由 SSO 自动通过身份验证进入应用程序。

5.2.2 增强传统系统的身份验证

零信任系统令人着迷且独特的能力是可以扩展身份验证系统的范围和价值，而身份验证系统的范围通常是有限的。因为零信任系统与身份系统集成在一起，并且可以在网络层强制执行策略，所以零信任提供了一套用于身份验证系统的新方法，如图 5-5 中描述的“遗留(Legacy)”应用程序。

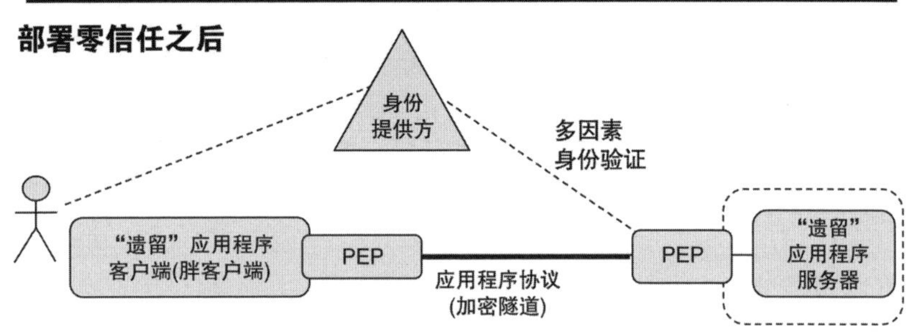

图 5-5　部署零信任架构的前后——遗留应用程序身份验证

在“之前”状态下，用户通过胖客户端访问核心业务应用程序，胖客户端使用未加密的应用程序特定协议。尽管此流量通过标准 TCP/IP 网络传输，并源自标准的企业管理设备，但核心应用程序流量不使用现代应用程序协议(如 HTTPS)，因此，现代工具和安全系统(如依赖 HTTP 头的工具和安全系统)无法访问。然而，应用程序尽管对安全工具“不开放”，仍会发送未加密的敏感业务数据。此外，组织无法修改此应用程序以保证其兼容 Web 或 SAML。[1]遗留程序存在的安全问题，导致难以满足强制实施 MFA 和加密网络流量的安全和法律法规监管合规要求。

在“零信任”状态下，组织建立了现代身份验证系统。现代身份验证系统充当初始用户登录和实施 MFA 的权威身份来源。虽然遗留应用程序没有从身份或主身份验证的角度连接到应用程序，但零信任 PEP 可以拦截用户对该应用程序的访问，并在允许用户访问继续之前调用 IDP 强制执行 MFA。采用零信任方法对企业有几个显著好处。首先是满足执行 MFA 和加密的需求。其次是确保在整个企业中始终使用相同的 IDP，从而提供更简单的用户体验并降低运营复杂性。而且，零信任解决方案支持实现所有上述安全目标，不必对应用程

1 可能有许多合理的原因，例如，不受组织控制的闭源应用程序(Closed-source Application)、利用旧有技术的内部应用程序。

序服务器或客户端执行任何修改。

前面的示例虽然简单，但的确说明了即使 IT 基础架构中的某些元素无法改变，仍可获得收益。特别是，零信任架构作为对现有网络的覆盖具有独特优势，带来价值的同时最大限度地减少了破坏性改造。接下来将讨论零信任系统帮助组织推进 IAM 计划的方式。

5.2.3　零信任作为改进 IAM 的催化剂

零信任项目为组织提供了绝佳机会，可用于逐步改善或显著改变身份系统。如果处理得当，零信任项目可以让组织简化和理顺现有身份系统，或迁移到更现代、更有效的系统。

例如，许多大型组织都有多个不兼容的目录用于身份验证和用户属性。不兼容的目录可能是随着时间的推移独立发展起来的，可能是为各种有独特需求的部门独立研发的，也可能是收购导致的结果。

不兼容的目录可能不限于单个基础架构中的目录，还可能包括云环境的目录、客户身份系统，甚至业务合作伙伴身份。身份提供方可能希望将所有目录合并为“通过某个目录管理所有目录”；需要实施的项目可能包括合并不兼容的目录，但不应作为零信任项目的入门(Gating)因素，原因有以下两点。

首先，许多情况下，不同的身份系统有不同的需求集，各个需求集有时相互冲突，因此，单一身份系统不太可能满足所有需求。需求集之间的差异可能表现为技术平台或集成需求，甚至是像支持本地语言这种简单(但很重要)的需求。

其次，组织不应仅将零信任项目视为替换某些过时技术的催化剂(后续章节将研究替换过时技术的方法)，还需要将其视为规范不同系统的机制。如果零信任项目执行情况良好，将类似于均质层(Homogenizing Layer)一样隐藏潜在的复杂性，将类似于皑皑白雪覆盖崎岖的地面。

并不是说零信任计划能够弥补(或神奇地修复)已完全损坏的身份系统。然而，大多数组织的身份团队都是由睿智且专注的专业团队管理，安全专家们在复杂的工具和大量工作中不断探索前行。如果零信任运用得当，将有助于简化和优化身份运营，并降低整体身份程序的复杂性，却不必实施大规模或破坏性的改造。

5.3 本章小结

身份管理系统的范围很广。身份管理系统往往是复杂和动态的，且经常是杂乱无章的，每天都在处理“加入、调动、离开”流程，以及处理所有例外情况。身份管理系统的复杂性不可避免，身份系统本质是作为组织、人员及角色的软件和流程模型提供服务。从身份管理的角度看，企业有必要创建专门的团队管理身份系统，有必要建立围绕身份系统的服务商与顾问生态系统。

身份生命周期(包括身份治理)最终负责确定“谁有权访问什么”(即授权)，但通常依赖于手动或自动 IT 系统调配账户信息，[1]这是实施应用程序级访问控制的方式。零信任系统添加了强制执行的网络级访问控制策略。为此，零信任系统应能够在身份验证时及之后，定期检索身份属性并将其作为零信任系统的策略模型输入。

零信任团队需要有意识地实施管理，通过“组织设计”与身份管理团队紧密结合。零信任系统基于来自身份系统的数据强制执行访问规则(其中一些规则源自身份团队)。与任何系统间的集成一样，零信任系统依赖有文档记录且稳定的 API、数据库架构、版本控制和变更管理等。是的，这是一项工作，但不应视为一项艰巨任务。IAM 流程存在于组织内部，涉及人员入转调离。安全团队有责任高效地支持组织内部的人员管理流程，在提高安全水平的同时最大限度地提高用户生产效率。

身份是零信任的核心，一系列成熟和新兴的标准可有效地整合身份要素。了解组织 IAM 系统的工作方式将是零信任项目提案的必要组成部分，因为组织将使用 IAM 执行身份验证和身份属性管理。身份管理计划(技术、人员和流程)对于组织的零信任项目提案非常有价值，即使组织的 IAM 相对不成熟也同样如此——组织的 IAM 环境可能不完美(但也不应是“凌乱不堪”的)。最终，无论组织 IAM 平台的基础如何，组织都应该接受零信任。

1 自动调配流程是 IAM 固有的“混乱”部分，通常需要运行适配器或自定义数据库，以便使用调配引擎加载应用程序。近些年，业界在自动调配领域取得了一些进展，IETF 标准 SCIM 系统可用于跨域身份管理。

第6章

网络基础架构

网络以及构成网络的硬件和软件基础架构显然将受到组织向零信任迁移的影响。零信任带来的优势和价值很大一部分是能在网络级别强制实施身份和上下文感知(Context-aware)策略，将通常分开的流程连接起来。因此，企业网络基础架构、运营和潜在的网络拓扑结构将受到向零信任迁移的影响。安全和网络架构师需要意识到相关影响，并能为向零信任迁移而执行变更规划。很少有企业会从一张白纸开始，而规划零信任的安全架构师为理解组织当前的环境，需要与 IT 同行协作。

现有的基础架构组件应掌握并影响企业的零信任架构和需求，同时不施加过多约束。也就是说，由于采用零信任，管理团队、运营和流程可能需要改变。应接受相关变化，而不是与变革抗争。组织应意识到，知易行难，有时文化方面的转变比技术方面的转变更困难。

即使采用“以此类推”的方式部署零信任(例如用零信任远程访问解决方案替换 VPN)，在组织或政治方面也可能具有挑战性。第 19 章将探讨零信任部署的一些非技术相关内容，而本章将重点讨论零信任对主要网络基础架构组件的影响。常用网络基础架构组件包括防火墙、DNS 和广域网。本章还将简要介绍一些次要领域：Web 应用程序防火墙(Web Application Firewall)、API 网关(API Gateway)和负载均衡器(Load Balancer)/应用程序交付控制器(Application Delivery Controller)等。关于其他网络元素(如 NAC 和 VPN)，还有许多需要研究的，本书将在专门章节中讨论相关内容。最后注意，除了第 7 章中对 NAC 的讨论，本书在很大程度上略过对网络硬件和交换或路由的讨论。

6.1　网络防火墙

当然，网络防火墙(Network Firewall)历来是网络安全基础架构的基石，充当原始网络的“策略执行点(Policy Enforcement Point)”。防火墙将在零信任网络中继续存在，但角色将改变。本书认为，将是两种结果之一，如图 6-1 所示。

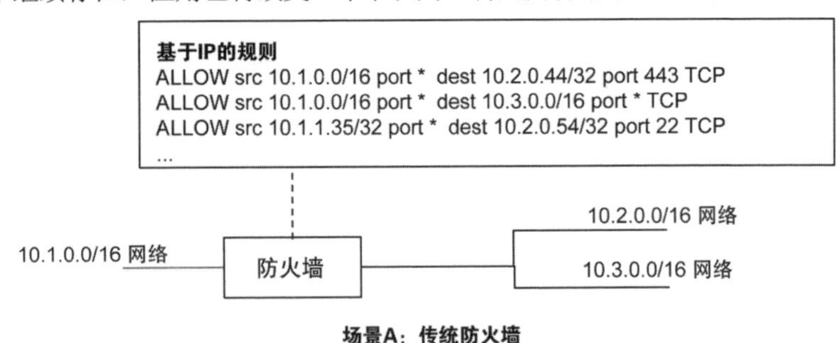

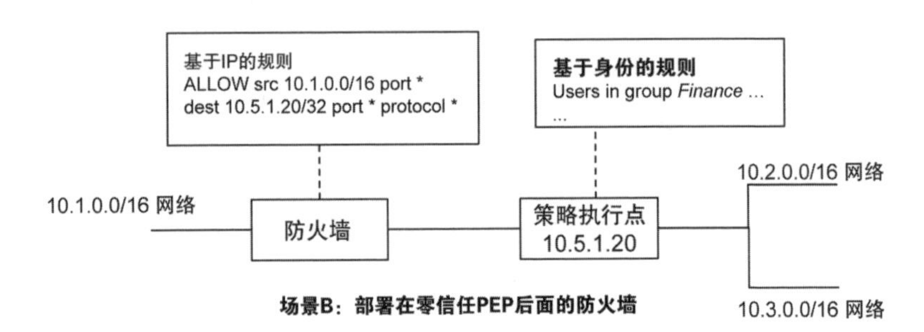

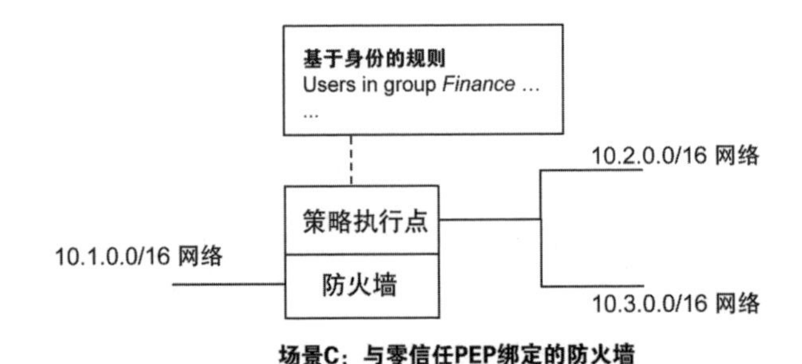

图 6-1　防火墙和零信任

图 6-1 中的场景 A 显示了传统防火墙的简化视图，强制执行以 IP 为中心(IP-centric)的访问规则。传统防火墙只有非常有限的词汇表用于表达规则，使用

经典的防火墙五元组：源 IP、源端口、目的 IP、目的端口和协议。传统防火墙有限的(应该说是贫乏的)词汇只允许基于本地 IP 地址定义访问规则，而不是基于身份或上下文定义规则，并且通常会导致过度特权的网络访问。当然，由于 IP 地址不是身份，因此 IP 地址也不是唯一的。除非源设备和防火墙位于同一网络中，否则传入的 IP 地址很可能不是唯一的。大多数情况下，IP 地址会跨越网络或子网边界执行转换(重映射和共享)，导致防火墙不太可能对访问控制做出任何基于身份或上下文感知的决策。

当然，零信任旨在通过在网络层启用身份和上下文感知策略执行点，来解决传统防火墙存在的问题。零信任方案将导致两种结果。一种情况如场景 B 所示，防火墙规则将变得简单，因为防火墙有效地将所有控制权交给 PEP。因为 PEP 通常解密加密隧道，所以可获取隧道原点处实体的信息，强制执行以身份为中心的规则。

另一种情况如场景 C 所示，PEP 与传统防火墙合并。当零信任服务商同时是组织的(下一代)防火墙服务商时可能出现合并的情况。从表面看，场景 B 和场景 C 提供了基本相同的功能。当组织根据策略模型、运营和可管理等方面评价特定服务商的能力时，会出现差异。场景 C 通常是下一代防火墙(Next-Generation Firewall，NGFW)服务商采取的方法，某些情况下，服务商已将零信任的 PEP 功能添加到防火墙堆栈中(下一章将介绍 NGFW)。

零信任系统需要充当防火墙——毕竟，防火墙是网络执行点。零信任系统将简化防火墙配置，减少规则，降低持续管理和维护的工作量。某些情况下，组织可减少防火墙的规模、复杂性和成本，因为零信任已将执行工作从防火墙转移到 PEP。也就是说，组织过去通过防火墙执行的访问控制，现在可通过 PEP 执行的零信任策略更轻松、更有效地实现。

6.2　域名系统

域名系统(Domain Name System，DNS)是组织网络基础架构中极其重要的一部分，也是常见的难题。当然，DNS 是将域名和主机名转换为 IP 地址的系统，而 IP 地址最终是计算机相互通信的方式。标准 DNS 不提供任何加密或隐私，当用户是远程用户时，DNS 可能导致一些棘手的问题。

6.2.1　公共 DNS 服务器

公共 DNS(Public DNS)以简单的分层方式工作，设备的标准网络通常配置为查询其所在局域网中的 DNS 服务器。公共 DNS 服务器通常充当递归服务器，将未缓存的查询请求中继到一组外部递归、根、顶级域和权威服务器(Authoritative Server)等。公共 DNS 服务器存在一些安全问题，包括机密性问题(本章后面讨论)，以及 DNS 基础架构的安全问题(不在本书讨论的范围内，但 IETF 正在制定一些可期待的标准)。最后注意，公共 DNS 记录在 Internet 中公开提供给任何未经身份验证的用户。

6.2.2　私有 DNS 服务器

另一方面，私有 DNS(Private DNS)是与众不同的难题。如前所述，私有 DNS 是导致许多挫折和模因的根源。根本原因是私有 DNS 服务器及其内容是私有的，仅可用于有限的范围。部分私有内容通过仅允许本地网络访问的私有 DNS 服务器隐式实现，因此仅限制对该网络中实际存在的用户的访问。私有内容的另一个方面是，通常情况下，私有 DNS 查询返回私有(非 Internet 路由)IP 地址，私有 IP 地址只能通过私有网络访问。

本地设备通常分配本地(私有)DNS 服务器作为主机名解析请求的初始起点。为解析公共 DNS 记录，服务器将返回缓存响应，或递归查询配置的外部公用 DNS 服务器(服务器将返回可公开路由的 IP 地址)。如果需要解析私有 DNS 记录(例如，server1234.internal.company.com)，只需要引用本地数据库，并返回服务器的私有 IP 地址。

大多数组织都有复杂的各类区域和网络，DNS 的复杂程度会迅速升级。例如，具有三个通过 LAN 连接的内部域的组织，应确保 DNS 服务器复制其内容，或者所有 DNS 服务器都允许设备向其发出 DNS 请求。显然，私有 DNS 服务器返回的内部 IP 地址在网络中也应该是能够访问的。

目前只讨论了本地用户，当用户远离目标服务器时，事情变得更加复杂。当然，常见的情况是，许多居家办公的用户需要访问基于 IaaS 的企业私有资源。这种情况下，IT 和安全团队面临的挑战是用户对位于不同域和隔离域(例如，分布式地理位置)的私有服务器的访问需求。

传统的远程访问解决方案功能有限，通常支持将所有 DNS 流量通过全隧道(Full Tunneling)传输发送至内部服务器，或基于域名(搜索域)执行分割隧道(Split Tunneling)传输。在全隧道传输模式下，所有 DNS 查询流量都发送至远程 DNS 服务器；在分割隧道传输模式下，部分 DNS 流量定向到本地(LAN)DNS 服务器。当然，零信任解决方案也应解决传统远程访问解决方案存在的问题，不同平台以不同的方式实现。部分零信任平台要求将内部服务器记录发布到公共 DNS 中，从而将外部用户指向应用程序的外部代理。这通常是云路由零信任系统采用的一种方法，且倾向于相对静态的方式。其他零信任模型可能采用更复杂的方法，例如，通过基于搜索域的 PEP 将客户端 DNS 请求流量传输至私有 DNS 服务器，消除私有服务器使用公共 DNS 记录的需求，并允许动态解析主机，对于虚拟或云环境至关重要。

远程访问解决方案是非常复杂的话题，并且解决远程访问相关问题没有标准的零信任解决方案——严重依赖于平台架构。但远程解决方案也存在重大风险，组织应该向潜在服务商提出相关问题，确保组织的网络架构保持一致。零信任安全平台应该能够根据策略自动解析(并提供)在私有主机中运行的服务。由于当今许多环境都是动态的——不断创建、更新和销毁服务，因此零信任解决方案应支持敏捷的 DevOps 风格的项目提案，而不是产生分歧。

6.2.3　持续监测 DNS 的安全态势

持续监测 DNS 流量是企业普遍使用的安全功能，也应该是零信任系统的一部分。解析已知不安全域的 DNS 请求是恶意活动的明显标志，应由适当的执行点快速检测和响应。持续监测 DNS 流量是零信任平台高价值和低风险(High-value and Low-risk)组件的功能。结论是，组织的零信任架构应涵盖 DNS 持续监测功能，同样应该涵盖 DNS 过滤或阻断功能，并且在理想情况下能够通过调整用户访问权限快速响应已知的恶意 DNS 请求。如果组织的零信任解决方案通过加密隧道发送 DNS 流量，应关注企业持续监测加密 DNS 流量的方式和位置，并考虑可能受到的影响。

在结束对 DNS 的讨论之前，简单介绍一下 DNS 的加密用法。标准 DNS 是一种使用 UDP 的未加密协议——请求和响应都以明文传输，因此本地或居间网络中的观察方(恶意和善意)都可以获取信息。然而，基础架构安全仍在不断发展，一些正在执行中的规范(以及一些开源方法)以各种方式将加密引入 DNS。IETF 通过若干 RFC 引领此项工作，相关 RFC 解决了 DNS 安全的不同方面，包括指定 DNS over TLS/DTLS(DoT)和 DNS over HTTPS[1](DoH)的标准，二者都加密了 DNS 流量。两种方法的工作方式各不相同，但后者(基于 HTTPS 的 DNS)在行业中存在争议。[2]

对于安全架构师而言，重要的是需要了解组织的安全系统对使用 DNS 查询执行持续监测或过滤功能的方式，并理解当使用加密 DNS 时会以何种方式影响安全的可见性和控制功能。组织应该考虑采用 DoT，因为 DoT 提供了安全功能，且能在现有的企业 DNS 体制中连续执行工作(尽管 DoT 可能影响刚讨论的 DNS 持续监测)。

零信任系统提高了 DNS 的安全能力；例如，如前所述，在零信任策略的驱动下，支持通过加密隧道发送 DNS 请求。此方案将提供加密 DNS，并实现 DNS 持续监测和过滤能力。根据目前的标准，安全和 IT 应避免用户使用 DoH，因为 DoH 可能导致攻击方以危险的方式绕过企业的 DNS 控制措施。

6.3　广域网

自 20 世纪 80 年代以来，广域网(Wide Area Network，WAN)一直是企业的骨干网络，连接地理位置分散的企业站点，广域网基础技术逐渐从电路交换(Circuit-switched)网络转向包交换(Packet-switched)网络。广域网主要提供可靠性和高效的网络连接，而不提供安全性。广域网流量通常通过运营商或网络服务商提供的私有路由，没有实施额外的加密手段。也就是说，流量在传输过程中不是公开可见的，但网络服务提供商以及任何其他合法(或非法)访问网络的居间设备都可以访问广域网。[3]需要注意，广域网本身通常不提供网络流量加密。

同样，访问控制也不在广域网范围内，广域网用于连接分布式企业网络，而不是提供基于防火墙规则或策略的访问控制模型。当然，使用广域网的企业需要在服务提供商广域网路由器后面的边界部署和配置网络防火墙。企业还需

1 RFC 8310 中的 DNS over TLS 和 RFC 8484 中的 DNS over HTTPS 都可通过 www.ietf.org/获取。

2 本书鼓励安全专家们掌握 DNS over HTTPS 对企业安全可能产生负面影响的一些方式，因此 DNS over HTTPS 可能无法达到提高安全能力的目标。相关文章的链接，请参见附录 A。

3 当然，如今通过 Internet 的流量也是如此。

要决定是否以及如何通过加密应用程序协议或其他方式加密通过广域网的流量。

在过去十年左右，软件定义广域网(Software-Defined Wide Area Network，SD-WAN)应运而生，实施软件定义广域网的前提是 Internet 服务提供商(ISP)的网络具有足够的带宽、可靠性和低延迟。软件定义广域网确实降低了成本，因为传统的广域网可能非常昂贵(而 ISP 调配的网络速度很慢)。软件定义广域网通常为确保数据隐私和完整性，在远程节点之间覆盖加密隧道，如 IPSec。软件定义广域网还经常在节点之间提供多条路由(网络路径)，确保网络服务质量。节点之间的多条路由与零信任方案结合时会产生一些影响，稍后将讨论相关内容。软件定义广域网与传统广域网相同，提供分布式位置之间的网络连接，但不提供内置的安全模型或强制执行访问策略。

当企业设计和部署零信任系统时，自然会发现自己对广域网的依赖程度降低(而更多地依赖从用户设备发起的加密连接)。并不是说广域网将消失，只是存在两个因素导致其重要性降低。首先，零信任系统“不关注”底层网络——零信任认为底层网络是不安全，因此需要加密所有流量。其次，在当今世界，Internet 连接无处不在、价格低廉且足够快速可靠，足以用于关键业务的企业通信。[1]

虽然大多数零信任部署可能不会立即改变广域网基础架构，但至少会开启减少或替换广域网的机会，网络、IT 和安全团队需要沟通相关事项。改变往往会带来复杂性，零信任也不例外。回顾一下，零信任系统通常跨居间网络建立加密隧道，最常见的加密隧道位于用户代理 PEP 和部署在受保护资源前的 PEP 之间。根据零信任架构的设计，加密隧道对网络居间设备是不透明的。虽然加密隧道提供了数据隐私和完整性的优势，但也会对合法网络居间设备执行其任务的能力产生负面影响(这将是本书始终认同的主题)。SD-WAN 通常依赖网络流量元数据(如端口和协议)做出网络路由和优先级决策(流量整形)，以满足服务质量目标。加密隧道对合法网络居间设备的负面影响通常可得到部分补偿，但需要零信任和网络团队之间的协调。

总之，采用零信任很可能影响企业对广域网的依赖性，零信任通常可通过降低成本或带宽消耗使企业受益，某些情况下，零信任甚至能替代广域网。但

1 包括 5G 在内的无线蜂窝通信的迅猛发展和应用场景的不断普及将加速这一趋势。

由于零信任网络流量通常覆盖在现有广域网之上，企业需要注意广域网使用网络流量元数据的方式，以及可能受到的影响。

6.4 负载均衡器、应用程序交付控制器和 API 网关

负载均衡器、应用程序交付控制器(Application Delivery Controller，ADC)和 API 网关是网络和 IT 基础架构普遍部署的组件。共同用于为应用程序提供更好的性能、可扩展性和韧性，并在服务提供方和服务使用方之间形成抽象层。IT 基础架构组件可能很复杂，通常可以通过多种技术方法实现目标。例如，即使是简单的负载均衡器也可以使用一种或多种技术(例如轮询、随机或基于负载量)将工作负载分配至服务器。ADC 和 API 网关部署在后端服务器前侧，执行特定的网络、内容优化和 API 整合功能，以减轻服务器的工作负载。网络、内容优化和 API 整合功能包括 SSL 终止(SSL Termination)、内容缓存(Content Caching)、连接复用(Connection Multiplexing)、流量整形(Traffic Shaping)以及微服务抽象或整合等功能。总之，负载均衡器、ADC 和 API 网关仅提供网络和应用程序功能，虽然有助于提高可用性，但通常不会将其视为安全设备。

网络和 IT 基础架构组件提供的功能很有价值，并且将继续存在于零信任系统中。然而，需要注意网络拓扑的改变以及零信任系统中隧道加密产生的潜在影响。加密流量可能对居间设备组件变得不透明——这完全取决于 PEP 的位置以及 PEP 执行策略的方式。总体而言，如果负载均衡器、ADC 或 API 网关位于 PEP 之后，应能与基于飞地和云路由的部署模型很好地协同工作。基于资源和微分段的模型可能干扰网络和 IT 基础架构组件，因为这两个模型可能与拥有网络居间设备的需求冲突。

关键是了解组织使用零信任系统的方式，并通过网络、应用程序、IT 和安全团队与同行交流相关经验。请记住，并非所有应用程序和服务都应包含在零信任系统中。很可能是 Web 应用程序服务器(包括负载均衡器和 ADC)已提供了公开可用的应用程序，该应用程序的设计目标是对未经身份验证和匿名用户是可见且可访问的。例如，组织的网站或 SaaS 应用程序可能属于此类。

与之相反，API 服务可能需要从 Internet 访问，但可能会受益于零信任

PEP 的保护，具体取决于访问模型和授权访问 API 的客户端系统的类型。

最后需要指明的是，尽管有些服务是供公众和未经身份验证的用户使用的(如网站)，但在同一主机上运行其他服务，仍然需要重新验证身份才能予以授权，并且应包括在组织的零信任范围内。例如，面向公众的 Web 服务器(或负载均衡器硬件)具有管理接口，如 SSH。对管理接口的访问应仅限于授权用户，并对未经授权的用户隐藏起来——在这方面，零信任是完美的解决方案。

6.5　Web 应用程序防火墙

Web 应用程序防火墙(Web Application Firewall，WAF)是部署在 Web 服务器前端的安全组件，通过解析、持续监测和保护 HTTP 通信，来保护 Web 服务器。WAF 这个术语可能存在误导性，因为 WAF 不是网络防火墙，而是安全代理。从技术角度看，WAF 是反向代理，通过入口方向的 HTTP 流量检测以预防 SQL 注入或跨站点脚本等攻击。

WAF 用于保护面向公众的 Web 服务器，当然，这是鉴于攻击方几乎肯定会定期探测、扫描和攻击企业的 Web 服务器的场景。很明显，企业有必要投资 WAF 等安全解决方案。不过，有趣的是，WAF 也用于保护内部用户可访问的内部应用程序。在保护内部 Web 服务器时，WAF 能够防御恶意内部人员，防止已失陷的设备造成危害。从零信任的角度看，本书赞同为内部应用程序提供额外安全能力。

当然，零信任系统无法消除攻击，但可减少已失陷机器的攻击面。因此，对于假设的内部 Web 应用程序，有效的零信任系统将仅允许具有合法业务需求的用户或 Web 应用程序账户的访问。如果 10%的用户使用此应用程序，零信任系统将消除对剩余 90%设备的攻击能力。就 WAF 而言，由于 10%的授权用户可能会感染恶意软件，进而试图攻击应用程序，因此，在内部零信任仍然大有可为。

6.6　本章小结

应该清楚的是，网络基础架构的元素或多或少会受到零信任的影响。尽管零信任旅程不会影响网络中的一切，但至少，所有网络元素都需要经过审慎的分析和讨论。也就是说，作为零信任架构师和领导者，需要主动了解组织的企业网络，以及提供安全性、连通性、可用性和可靠性等的各类功能组件的部署方式。

由于零信任系统充当底层网络之上的加密覆盖层，因此需要协调、配合和理解网络基础架构的组件。并不是说零信任项目必然具有破坏性，也不能因为可能存在的破坏性阻止组织开始零信任旅程。行业中存在能够以增量方式轻松部署零信任的示例和场景。但是，企业零信任架构将对大部分网络和网络应用程序产生影响，并且需要组织对基础架构元素开展全面的影响分析。本章以及第Ⅱ部分的其余章节将提供成功完成影响分析的上下文和解释。

第7章

网络访问控制

本章将网络访问控制(Network Access Control，NAC)解决方案与第6章中介绍的防火墙、DNS和负载均衡器解决方案分开讨论的原因有两个。首先，NAC解决方案代表了早期(和正在实施的)部署零信任原则的尝试，可在网络级别强制实施以身份为中心的访问策略。其次，随着组织部署现代零信任架构，NAC部署通常会受到影响。零信任削弱NAC既定的价值和重要性，能提供更有效的、服务范围更全面的和更具能力的网络访问控制解决方案。

7.1 网络访问控制简介

当今业界所指的NAC由多种功能和网络协议组成，NAC的功能和协议与识别和验证用户设备、对用户执行身份验证以及实施策略(指定允许用户访问哪些网络资源)相关。商业NAC解决方案通常需要开展设备探查(Device Discovery)工作程序，并可检查设备态势，如防病毒保护级别、系统补丁级别和设备配置等。NAC系统能强制执行策略，例如，将故障设备隔离到仅用于修复的网段中。一旦满足策略，计算机就能在NAC系统定义的策略范围内访问网络资源和Internet。

NAC是值得称赞的，上述功能实际代表了零信任原则的子集。那么，为什么对NAC持批评态度，认为其未来是有限的呢？问题不在于NAC的目标，而在于NAC系统的架构方式。

具体地说，NAC的方法(以及NAC使用的网络协议802.1x)通常要求组织拥有并运营用于所有用户和所有服务器的网络硬件基础架构。因此，NAC解决方案对于连接到个人或第三方网络的远程用户，或者正在访问云中运行的资源的远程用户没有用处。因为 NAC 系统在网络 2 层运行，所以是基于硬件的，不适用于云环境或远程用户。

也许 NAC 可用于本地用户访问本地资源的场景，尽管在实践中，NAC 倾向于仅为虚拟局域网(VLAN)提供粗粒度的用户分配，而虚拟局域网本身通常有几十个(甚至数百个)可用服务。这与零信任目标不一致。而且，重要的是要注意，NAC 解决方案不支持网络流量加密或远程访问。[1]NAC 解决方案还有值得单独讨论的方面——访客网络访问。本章后面将讨论访客网络访问，但接下来将首先探讨 802.1x 协议——所有传统 NAC 解决方案都使用的协议。

802.1x 是 IEEE 和 IETF 联合定义的开放协议，802.1x 明确了一种用于授权连接到局域网设备的网络身份验证机制。简而言之，NAC 系统授权设备访问网络，并允许(或阻止)设备在局域网中获得 IP 地址。NAC 系统与网络硬件(交换机)配合使用，如图 7-1 所示。

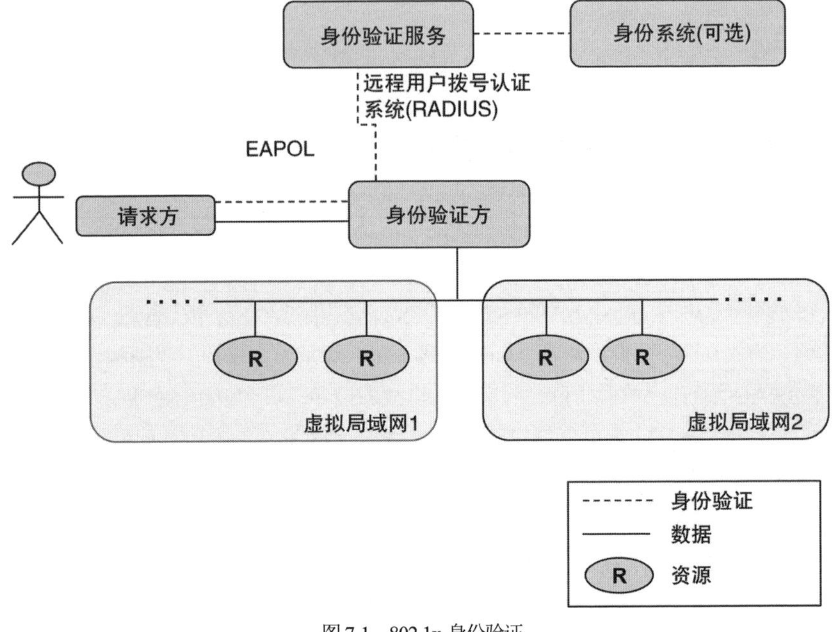

图 7-1　802.1x 身份验证

1 许多 NAC 服务商的产品组合中也提供支持网络流量加密或远程访问的产品，但集成程度各不相同。

如图所示，用户的设备(称为请求方)使用基于局域网的扩展认证协议(EAPOL，EAP Over Lan)中的可扩展身份验证协议(Extensible Authentication Protocol，EAP)，将凭据或证书信息传递到身份验证方。当请求方第一次连接到网络交换机时，会将请求方设置为“未经授权”，且只允许 EAP 流量通过——不允许 UDP、TCP 和 ICMP 流量通过。[1]根据设计意图，[2] EAP 是一种非常基本的协议，在 IP 层之下的第 2 层运行。因此，EAP 实际是一种只能在本地子网(广播域)中访问且无法路由的本地网络协议。[3]身份验证方使用身份验证服务验证用户的安全凭证，通常使用 RADIUS 协议。基于 802.1x 构建的产品可能支持根据身份系统验证的用户安全凭证或基于证书的身份验证。

如果用户的安全凭证有效，则身份验证会将请求方的网络交换机设置为“已授权”状态，设备获得 IP 地址并开始发送 UDP、ICMP 和 TCP 流量。最重要的是，身份验证方在网络交换机中设置，将设备分配到网段(虚拟局域网或 VLAN)。

802.1x 协议的含义是，请求方和身份验证方应位于同一网络广播域中，即使用相同的物理网络介质(以太网或 Wi-Fi)。此外，802.1x 协议应使用企业拥有和运营的网络硬件，并且网络硬件应遍布整个基础架构。结果表明，NAC 对远程用户或访问云资源的用户根本没有用处。在上述两种情况下，用户访问的服务都运行在由企业以外的组织运营的网络基础架构中。此类情况越来越普遍，因此代表了 NAC 有效性的重大限制。

一旦将用户的设备分配到某个 VLAN，许多 NAC 解决方案就不再涉及访问控制(除了定期重新实施身份验证)。控制 VLAN 内的用户或设备访问是组织防火墙(或下一代防火墙)的责任，然而防火墙有自己的访问策略模型。注意，一些高级 NAC 服务商确实具有附加功能(在 802.1x 范围之外)并支持与其他安全组件的集成。

最后，802.1x 仅支持将用户分配到 VLAN 的粗粒度访问控制，通常在同一网段中可以看到几十个甚至更多的服务或对等设备。而且，由于每台设备每次都只能分配到一个 VLAN 中，因此 NAC 可能导致网络访问权限过多的问题长

1 事实上，如果授权顺序使用 DHCP，请求方甚至没有分配 IP 地址。

2 参见 https://tools.ietf.org/html/rfc3748 的第 1.3 节。

3 某些 NAC 即服务(NAC-as-a-Service)提供商通过本地代理捕获流量，从而有效地路由该流量，而本地代理又将流量传递到基于云端的验证方。

期存在。虽然企业可以通过使用防火墙访问控制列表(ACL)增强 NAC 的访问控制功能，但防火墙 ACL 往往是静态的、以 IP 为中心的，因此，与零信任目标并不一致。

7.2 零信任与网络访问控制

NAC 将设备按照粗粒度的访问控制分配到网络中，导致用户对整个 VLAN 中的所有端口和协议拥有过多网络访问权限，与零信任的最小特权原则不兼容。并不是说 NAC 解决方案无法成为企业零信任架构的一部分。事实上，本书前面介绍了 NAC 在 BeyondCorp 基础架构中的作用，本书剩余章节探索将 NAC 融入企业零信任架构的场景。但是，在决定如何将 NAC 涵盖在零信任架构之前，建议企业仔细查看服务商的 NAC 解决方案以及如何满足企业的零信任需求。NAC 服务商已经意识到 802.1x 的局限性，部分 NAC 服务商在产品组合中增加了 802.1x 协议以外的功能，以克服 802.1x 的局限性。例如，部分 NAC 服务商还提供终端检测功能和远程访问功能，甚至将 NAC 作为基于云的服务提供网络访问控制功能。

还应注意，企业网络通常存在较多不支持 802.1x 的设备(例如，打印机、VOIP 电话或物联网设备)。NAC 解决方案通常会基于 MAC 地址为不支持 802.1x 的设备提供 VLAN 分配，但 NAC 解决方案仅限于本地网络访问控制，并且通常很难管理。第 16 章将讨论如何在零信任环境下处理不支持 802.1x 的设备。

任何情况下，在使用零信任架构的同时，也可保留 NAC(特别是已部署的 NAC)的功能，并能专门用于访客网络访问和设备探查。接下来探讨访客网络(Guest Network)的访问控制。

7.2.1 非托管访客网络访问

访客网络访问在某种程度上可在零信任网络中变得不再是问题。在此首先定义访客网络，以便为分析提供相同的理解：

访客网络是使用非托管设备为非员工用户提供 Internet 访问的流程和控制措施。

访客网络提供了 Internet 接入，并可能包括一些可供访客访问的附加设备，例如无线会议室 A/V (音频与视频)系统或打印机，但访客用户和供其使用的设备应与企业的员工网络隔离。

注意，如今访客网络几乎完全是基于无线(Wi-Fi)而不是有线的，因此本书的讨论仅针对无线网络。许多访客网络受静态 Wi-Fi 口令保护，通常由独立的扁平网段组成。因此，网络上的设备都可以对所有其他设备实施对等访问。在某些环境中，类似对等访问具有足够的安全性——例如，将访客网络的无线接入点(Wireless Access Point，WAP)与公司网络隔离是一种合理的方法，并且组织不必担心访客对敏感资产的访问或恶意行为。

企业可选择在几乎没有持续监测或管理的情况下运行访客网络，也可选择投资完善的访客网络持续监测或管理功能。其中的关键点是，根据定义，无持续监测或管理的访客网络不具备用户或设备身份验证功能——所有用户默认都是真实可信的，并且没有区分用户或设备类型。7.2.3 节将探讨此方法的含义。最后注意，如前所述，非托管访客网络访问是无线接入点(WAP)硬件的常见功能，WAP 不使用 802.1x 协议。

7.2.2　托管访客网络访问

托管访客网络访问是许多商业解决方案共有的功能，通常包括以下类型的功能：

- 访问注册门户，通常通过电子邮件或短信进行验证。
- 员工或赞助商请求访客访问的基本工作流程(提供临时网络访问)。

非托管和托管访客网络访问之间的主要区别在于后者需要使用身份验证实施自助身份识别(Self-identification)，并且通常仅在有限的时间段内授予访问权限。通常，托管访客网络系统要求客户或赞助商员工通过简单的门户执行自助注册，并且只允许有限时间(通常为 24 小时或更短)的访问。时间限制访问(Time-limiting Access)提供了额外的安全层，超出了近距离 Wi-Fi 固有的特性。托管访客网络门户和工作流是商业解决方案的常见功能。

7.2.3 关于托管与非托管访客网络的辩论

关于访客网络的安全问题虽然不完全属于 Lincoln-Douglas 的辩论领域，但行业存在不同的观点和方法，答案没有明确的对错，组织需要根据环境和风险状况自行做出决定。组织需要考虑与网络相关的多种功能。表 7-1 显示了大致从不安全到更安全的范围；对于表中所示的需要关注的权衡事项，即使在零信任网络中也需要关注。注意，在任何情况下，访客网络都应与员工或公司局域网隔离。

表 7-1　网络安全属性

网络安全	属性
无口令开放 Wi-Fi	未加密网络流量。 未提供用户身份验证或身份识别
提供口令保护的 Wi-Fi	加密网络流量。[1] 未提供用户身份验证或身份识别。 附带使用条款的专属门户(可选)
用户注册	时间限制网络访问。 用户自助身份识别和身份验证(通常基于电子邮件，不针对目录执行验证)
赞助商员工	提供时间限制的网络访问。 启用访问所需的经过验证的员工工作流程。 用户身份识别和身份验证。 提供使用条款
设备隔离	某些 Wi-Fi 网络支持通过路由器防火墙规则将设备彼此隔离，即使设备连接到同一无线接入点也同样如此。这是很好的做法，可防止好奇的用户(或恶意软件)在本地网络执行网络和端口扫描[2]
网络持续监测	网络持续监测服务可包括企业网络上常用的服务，包括 DNS 过滤或 IDS/IPS

组织及其安全团队需要对访客网络安全做出自己的决定，但从本书的角度

1 注意，虽然使用预共享密钥(Pre-shared Key)的 WPA 和 WPA2 的典型 Wi-Fi 标准会加密流量，确保没有口令的用户无法查看流量，但加密不会提供来自网络上其他授权用户的隐私。WPA3 已经解决了这一问题，但零信任始终要求在任何 L1 或 L2 网络级加密之上使用加密的应用程序协议。

2 有时，好奇心会提升安全性。有一次，当 Jason 在牙医诊所等女儿时，连接到牙医诊所的访客无线网络并执行网络扫描。可悲的是，Jason 发现诊所所有的办公室电脑和打印机都可以在网络上使用，端口都是开放的。幸运的是，这位牙医是 Jason 的邻居，于是 Jason 联系牙医，强烈建议牙医通过 IT 服务解决网络安全问题。在 Jason 大约在十个月后再次访问时，办公室设备完全无法访问。Jason 充当了一次白帽子！

看，只要访客网络与公司网络分离，受口令保护的 Wi-Fi 访客网络可能足以满足大多数企业环境的要求。如果可能的话，WPA3 优于 WPA2，设备隔离是值得提倡的优点，也是可选的方案。

当然，拥有零信任网络的企业应继续提供最优质的 Wi-Fi，并结合适合其环境的网络安全属性。零信任网络不会影响对访客网络的需求，也不会改变前面讨论的注意事项。

有趣的是，企业的访客网络可能至少与公共 Wi-Fi 网络(例如机场和咖啡馆)一样安全。正如本书讨论的那样，企业的零信任系统应允许企业的用户从访客网络访问企业资源。因此，应当允许组织的普通员工使用访客系统，就像远程访问一样。当然，相比而言，企业经常会为员工网络提供额外的安全或合规控制措施，或更多的带宽。因此，企业可能希望员工定期使用员工网络而不是访客网络。

7.2.4　员工自携设备(BYOD)

许多组织允许员工使用个人设备访问企业网络和企业管理的资源。个人设备可能包括个人智能手机或平板电脑，或者用户偏好使用的特定类型笔记本电脑设备或特定操作系统。组织可以采取不干涉的方式，允许用户从任何设备发起访问，或在设备上安装企业级许可，例如安装企业颁发的证书或设备管理软件。[1]

安全团队应决定是否(以及如何)允许员工使用自携设备(Bring Your Own Device，BYOD)访问企业资源。传统的 NAC 可能无法实现相关决策——取决于网络访问控制的严格程度，以及安全团队对于在用户设备上安装证书或管理软件的要求。表 7-2 中总结了不同的解决方案。注意，安全解决方案对于笔记本电脑和移动设备而言通常是一致的，尽管在操作系统和安全平台之间可能存在一些细微差异。

1 后者可能会引起争议，因为自携设备正处于用户生产、隐私和安全的交叉点。员工反对企业安全团队操纵员工的个人智能手机，同时(合法地)担心公司访问私人信息，如照片或浏览历史。这种担心导致一些员工选择费事的“双手机”生活。

表 7-2 自携设备配置比较

设备配置	NAC 配置	零信任配置
“纯”自携设备——未有任何安装或配置	具有 Internet 访问的访客网络。 通过 Wi-Fi 口令安全实施粗粒度(全网络)访问控制。 仅适用于本地用户	支持 Internet 访问的访客网络。 支持使用“无客户端”零信任访问。 同样适用于本地用户和远程用户
安装企业证书的自携设备	通过内置802.1x请求方访问员工网络(VLAN)。提供粗粒度的访问控制。仅适用于本地用户	与“纯自携设备”相同。通常，访问设备证书存储需要安装客户端软件
安装并配置软件的 BYOD (公司证书是可选的)	通过 802.1x(内置或已安装)访问员工网络(VLAN)。可以包括通过已安装的管理软件开展设备态势检查	安装的零信任客户端可提供细粒度网络访问控制。可以使用证书和设备态势检查实施有条件访问。同样适用于本地用户和远程用户

7.2.5 设备态势检查

最终，阻止所有未经授权的用户和/或设备的访问，隔离/限制对不兼容设备访问的授权，以及允许授权用户在已验证设备上执行有限的访问——不管底层如何实现，都是对 NAC 和零信任解决方案共同的要求，事实上也是安全的重要目标。本章试图解释基于 802.1x 的 NAC 解决方案的工作方式，并强调其无法与零信任原则保持一致的缺点。接下来将重新开始设备配置分析(Device Configuration Analysis)的话题。注意，这个功能不在 802.1x 标准的范围内，通常包含在 NAC 产品中。

NAC 解决方案通常提供可用于执行设备配置检查的能力，通常称为态势检查(Posture Check)。态势检查将检索设备信息(例如，操作系统补丁级别或是否存在最新的防病毒解决方案)与定义和实施策略的能力结合起来，该策略可确认基于特定设备配置文件时设备应能够访问哪些网络资源(如果有)。常见的示例是：如果设备不具有“最新”的安全性或 A/V 补丁，则只能访问 IT 帮助热线门户/自助服务门户的“IT 修复(IT Remediation)”VLAN。

执行设备安全态势检查并确保符合安全性要求是具有价值的目标。事实上，设备属性应作为任何零信任策略和实施模型的一部分包括在内。当然，这需要能够获取设备信息，表 7-3 显示了解决安全态势检查问题的不同方法。

表 7-3　使用 NAC 的设备态势方法

方法	含义
本机 802.1x 请求方	设备属性不是 802.1x 标准的组成部分，并且内置操作系统可能不提供相关功能
特定产品的 802.1x 请求方	许多 NAC 产品包括客户端代理(802.1x.请求方)，具有检索客户端设备属性的附加功能
附加设备代理(例如，MDM)	企业设备管理解决方案包括检索设备态势信息的能力，以供网络访问策略执行点使用。此方法通常需要通过 API 调用 NAC 身份验证服务器和 EDM 服务器之间的集成

最终，获取设备属性的能力只是一部分，最重要的是能够创建和实施动态策略模型并基于设备属性控制网络访问。第 17 章将深入讨论零信任策略模型。

7.2.6　设备探查和访问控制

将重点转回到网络，NAC 通常提供的最后一个功能是设备探查(Device Discovery)和可见性。显然，探查并报告企业网络上运行的设备的能力是网络和安全团队的核心需求，有许多不同类型的产品(而不仅是 NAC)可帮助实现设备探查和报告功能。NAC 提供了设备探查和报告功能，因为 NAC 是网络基础架构的一部分，并在连接到网络时在基础架构层探查新设备。探查能力是 NAC 工作方式的直接副产品，是执行身份验证和 VLAN 分配所需的能力。

理解网络上的内容(包括用户、设备和工作负载)是实施策略模型和实施访问控制的先决条件。任何零信任模型的关键部分都需要验证实体的身份，并且系统使用各种属性做出上下文访问决策。NAC 解决方案可以是零信任解决方案的一部分(适用于 BeyondCorp 等粗粒度网络分配，也适用于设备探查信息)，但不能为所有用户和所有资源提供动态、细粒度和通用的访问控制。

本节总结了安全和网络团队需要在企业(非访客)网络中完成的工作的相关内容，并比较了 NAC 与表 7-4 中的零信任方法。

表 7-4　企业网络中的设备安全方法

设备类型	部署 NAC	部署零信任
未授权设备	阻止所有网络访问：不允许访问 VLAN，不分配 IP 地址	阻止访问任何受保护的资源。可能会阻止 Internet 访问。设备在网络上，但无法访问任何内容。
已授权但未托管或不支持 802.1x 的设备	VLAN 分配(通常通过 MAC 地址分组)	访问控制基于设备类型(例如，MAC 地址分组)。比 VLAN 的粒度更细
已授权并托管或启用 802.1x 的设备	验证设备并分配给 VLAN(可能基于身份组)	验证，并使用细粒度和特定身份的访问控制

当然，使用设备 MAC 地址执行访问控制的另一个评论是“不太好，但总比没有好”，任何使用设备 MAC 地址执行访问控制的组织都需要清楚地理解相关的风险和威胁模型。对于物理访问网络的恶意参与方而言，篡改设备 MAC 地址并伪装为授权设备以获得访问权限并不困难。掌握使用设备 MAC 地址执行访问控制的风险，重要的是要开展思维实验(Thought Experiment)，确保如果发生恶意伪装 MAC 地址的情况，设备 (例如，打印机或 VOIP VLAN) 的访问权限非常有限。

7.3　本章小结

本章介绍了网络访问控制的功能领域，并解释了 802.1x 协议的工作原理。然后从零信任的角度研究了 NAC 解决方案，探索 NAC 解决方案解决访客网络访问的方法；即使在零信任网络中，NAC 解决方案仍然是必需的用例。最后考虑了 NAC 的其他方面，包括 BYOD、设备配置文件和设备探查。

当 NAC 解决方案能够提供访客网络访问控制功能时，NAC 解决方案可成为零信任环境的组成部分，但是基于 802.1x 的 NAC 功能不适用于零信任环境的核心组成部分。部分 NAC 服务商已经在 802.1x 之外开展了创新，并添加了零信任功能，企业应根据网络和架构需求仔细评价添加了零信任功能的 NAC 的有效性。

第8章

入侵检测和防御系统

企业安全平台显然需要防御和检测入侵的能力，本书将“入侵”简要定义为企业设备或网络上不必要的软件执行或不必要的人为活动。入侵检测系统(Intrusion Detection System，IDS)提供了检测、记录和警示可疑活动的能力，而入侵防御系统(Intrusion Prevention System，IPS)通过某种方式阻止或终止活动，增加了响应能力。入侵检测和防御系统(Intrusion Detection and Prevention System，IDPS[1])通常依靠特征码(模式匹配)和/或异常检测机制(通常使用统计分析或机器学习)识别不必要的活动。入侵检测和防御系统还经常与威胁情报系统(Threat Intelligence System)集成，获取更新的数据，为算法提供信息。上述解决方案通常既可作为独立解决方案使用，也可在多数下一代防火墙(Next-Generation Firewall，NGFW[2])中使用。

传统上，IDPS 在以下环境中的防护效果最佳：IDPS 可以放置在定义良好的网络的“关键节点(Choke Point)”，获取可见的流量，并执行有效的深度包检测。在零信任架构中，PEP 是执行上述功能的自然场所。事实上，安全专家们确信，现代 IDPS 一旦融入零信任体系，就能有效地成为 PEP。与企业安全生态系统中的其他元素一样，当 IDPS 可以使用和执行零信任策略时，将放大其价值和有效性，并作为 PDP 的事件来源，协助触发其他 PEP 采取行动，例如，发起对用户风险水平(Risk Level)或访问的变更。

最后一个介绍性说明是，本章刚刚讨论了基于网络的 IDPS(Network-based IDPS)；还有另外一类基于主机的 IDPS(Host-based IDPS)。接下来将对比两种

1 本章将整个类别称为 IDPS。如果重新讨论其中一个领域，本书将使用 IDS 或 IPS 的缩略词。

2 事实上，正如 10 章中说明的，在传统防火墙中添加 IDPS 是使服务商可靠地将其产品定位为“下一代”的关键功能之一。

IDPS，研究其主要功能，以及这两种 IDPS 如何受到零信任转变的影响。

8.1 IDPS 的类型

商用 IDPS 有两种通用部署方法，如表 8-1 所示，基于主机和基于网络部署这两种类型的 IDPS 在部署位置和方式上有所不同。注意，通常防御系统应涵盖检测功能；为了确保 IDPS 能够采取行动，应首先确保 IDPS 能够检测到不必要的(或者至少是非预期的)活动。

表 8-1　按部署模型划分的典型入侵检测和防御功能

功能类别	检测	防御
基于主机	文件完整性持续监测 进程行为分析 网络元数据分析 本地日志和事件分析 日志和事件转发 设备和用户行为持续监测 软件安装或下载持续监测 权限升级或 rootkit 检测	进程白名单 进程阻断 防御软件下载或安装 网络连接阻断
基于网络	DNS 持续监测 网络元数据分析 网络流量检测(深度包检测)	DNS 过滤 网络内容管制 网络连接阻断 可疑内容的沙箱“引爆”

如表 8-1 所示，安全解决方案可通过各种潜在的功能和机制，检测并响应非预期的活动。现代 IT 和信息安全如此具有挑战性的原因之一是安全解决方案的功能和机制复杂程度——可通过多种方式发现恶意活动，并且存在多种可选的防御方法。安全解决方案的功能和机制执行的某些操作(例如，网络连接阻断)已涵盖在零信任系统的功能范围内。其他操作(例如，基于主机的进程阻断或沙箱有效负载“引爆”)可能不在零信任系统的功能范围内。然而，企业的安全解决方案系统可通过充当零信任平台的数据或事件源提升价值。

本章已经介绍一些关于 IDPS 的背景知识，接下来探讨关于 IDPS 的两种部署模型，并讨论两种模型在组织向零信任平台过渡时的影响。

8.1.1　基于主机的系统

基于主机的入侵检测和防御系统(Host-based Intrusion Detection and Prevention System)利用运行在用户设备或服务器(资源)中的软件代理。基于主机的 IDPS 的优势是能深入检查操作系统中发生的事情，包括进程和网络活动，并能执行本地操作。许多零信任部署通常利用跨网络的加密流量隧道，基于主机的本地部署非常有效(稍后将进一步探讨相关内容)。

基于主机的 IDPS 系统的缺点之一是需要在大量潜在的设备上安装和管理软件，并且通常需要获得运行权限。代理还可能缩短移动设备的电池寿命，干扰合法的用户活动，并降低所有平台上的设备性能。就其影响最终用户体验的方式而言，后一个因素可能更关键。

话虽如此，安全专家出于各种原因(如第 3 章所述)还是建议组织在访问受保护资源的设备中部署某种代理。然而，IT 团队经常面临的挑战是代理数量的激增(以及代理之间的功能重叠)，特别是在终端用户设备中。代理数量和功能重叠是尚未解决的问题，因为代理通常以二进制文件的形式分发，具有独特的部署范围、依赖性和配置。服务商之间的代理整合和发布协调不太可能实现，企业不应期待实现不同代理的整合。与之相反，安全团队应接受现实，并采取审慎的方法部署代理。幸运的是，现代设备和操作系统通常提供足够的内存和处理能力支持运行多个代理，而不会出现严重的性能问题。[1]

8.1.2　基于网络的系统

基于网络的 IDS 和 IPS 部署在组织的网络中，用于监测(并可能修改)网络流量。当然，现代网络是分布式的和分段的，任何基于网络的 IDS/IPS 系统的范围和能力都完全取决于系统节点的部署位置以及访问网络流量的类型。例如，部署在员工局域网子网内的 IDS 可能检查该子网中设备之间的流量，或子网中的设备与远程资源之间的流量。连接分布式数据中心的广域网链路中的 IDS 可能检查数据中心之间的流量，但无法检查特定数据中心或网络中本地局域网的通信流量。

---

1 注意，物联网(IoT)和某些类型的非托管设备通常不支持安装软件代理。当然，基于网络的 IDPS 系统可与此类设备一起使用。本书第 16 章从零信任的角度探讨物联网设备和“物(Things)”。

网络IDPS可以通网络分流器、交换机调试端口(被动观察流量)或串联(观察通过节点传输的流量)部署。串联(On-line)部署方式的优点是能够更有效地阻断连接，响应检测到的威胁。串联方法是提供入侵检测和防御功能的NGFW受欢迎且市场份额持续增长的原因之一。

有些专家可能认为，理想情况下，组织应该为所有网络节点部署基于网络的IDPS，以便能够监测“全部”网络流量。然而，本书对此持反对意见，原因如下：

- 组织可能受到资本和运营预算的限制，无法跨整个网络部署基于网络的IDPS。
- 在部分企业环境中，许多用户和资源运行在第三方网络中，不受企业控制，用户在家或酒店网络中工作，访问可能部署在云环境(特别是IaaS)中的资源。传统的IDPS可能无法在远程或云环境中运行。
- 最后，加密网络协议的普及使得基于网络的IDPS难以像在未加密的网络中一样有效。

零信任环境使得最后一点尤为突出，并且通常使基于网络的IDS部署更具挑战性，因为零信任系统通常使用的加密隧道使得流量对网络居间设备基本上是不透明的。加密网络协议对基于网络的安全系统的影响是值得关注的话题，下一节将介绍相关内容。

8.2　网络流量分析与加密

显然，零信任系统改变了企业的安全架构和网络。零信任系统将改变不同IT和安全组件相互交互的方式，也会改变网络——可能需要通过改变网络分段和添加额外的加密层改变网络拓扑。组织了解网络的变化尤其重要，使用基于网络的IDS系统的组织更是如此。

现代应用程序协议应使用加密技术(最常见的是TLS)，因为加密技术能够确保来自网络节点或居间设备的消息的完整性和机密性。当然，加密流量的内容对试图执行安全功能的授权网络居间设备也是保密的。解决方案是让安全居间设备积极参与网络会话，通过终止加密链接并启动另一个加密链接执行流量检测。[1]

居间设备执行加密流量检查通常需要依赖于分发企业 PKI 生成的安全证书实现——基于加密 TLS 连接两端通用的信任根，本质上是合法的中间人(Man-In-The-Middle，MITM)攻击。

本书提到的实现中介设备执行加密流量检查的方法已经很成熟，事实上，许多安全产品都在使用企业 PKI 生成的安全证书检查加密的流量。但是，企业 PKI 生成的安全证书基于简单的使用模型，即使用一组静态证书执行单向身份验证，客户端在建立 TLS 连接时对服务器的安全证书执行身份验证，但服务器不在网络级别执行客户端身份验证。使用静态证书的单向身份验证对于服务器应该合法地接受来自客户端的连接，并在稍后的流程中在应用程序级别执行客户端身份验证的模型非常有用。使用静态证书的单向身份验证模型的简单性也是网络安全组件能够实现阻断功能的原因，因为安全组件只需要共享单个静态服务器安全证书即可检查加密流量。

但是，使用静态证书的单向身份验证模型可能不适用于零信任环境。许多零信任实施方案使用交互 TLS(也称为双向 TLS)在用户代理 PEP 和网络 PEP 之间通信。通过交互 TLS，用户代理 PEP 和网络 PEP 都可以互相验证对方的安全证书。交互 TLS 提高了安全性，因为合法的参与方不能在只有已失窃安全证书的情况下执行 MITM 攻击，而是需要两个通信组件各自的安全证书，这是不太可能发生的情况。一些零信任系统提供了更安全的方案，通信双方使用短期安全证书。改进的安全性使得在 PEP 之间运行的标准网络 IDPS 无法访问网络流量的加密部分。也就是说，即使 IDPS 可以访问用于加密应用程序协议的安全证书，也不能访问用于加密零信任隧道的证书。

下一节将深入讨论交互 TLS，但首先补充说明 TLS 的相关内容。业界正在过渡到 TLS v1.3(于 2018 年 8 月完成)，TLS v1.3 将改变 TLS 连接的某些安全功能，并使网络安全解决方案变得更加困难。具体而言，因为在 TLS v1.3 中 TLS 握手的部分已加密，从而降低了被动网络观察设备检测恶意活动的能力。如果安全专家们对更深入的分析感兴趣，本书建议阅读经过审慎考虑而编写的 IETF 文档，即“TLS 1.3 对运营网络安全实践的影响”。[2]重要的是，TLS v1.3 的变革

1 尽管技术上很简单，但涉及平衡安全与隐私和监管的复杂领域。例如，在许多国家，法律通常不允许解密员工某些类型的流量，例如，员工访问个人医疗保健网站的流量。

2 本白皮书可从以下网址获得：https://datatracker.ietf.org/doc/draft-ietf-opsec-ns-impact/。

正在实施中，组织应接受而不是抵触。[1]

8.3 零信任与 IDPS

现代安全基础架构需要 IDPS(广义定义)作为跨组织平台的一组通用功能。即使组织使用零信任安全架构，利用 IDPS 跨组织平台的通用功能仍然是重要的。但是，随着零信任方法的部署，IDS/IPS 的使用方式可能会发生变化。组织需要意识到 IDS/IPS 使用方式的变化，并愿意做出改变。例如，零信任将改变网络分段和网络流量加密模式，可能需要重新组织，增加基于主机的 IDS/IPS 的使用，或投资更多属于零信任系统的基于网络的 IDPS，如图 8-1 所示。

图 8-1 显示了 4 种不同的零信任部署模型，其中描述了基于网络的 IDPS(Network-based IDPS，NIDPS)和基于主机的 IDPS(Host-based IDPS，HIDPS)，以及加密隧道网络流量和隐式信任区。根据零信任部署模型，隧道流量可能屏蔽 NIDPS。可在图 8-1 的所示场景中看到这一点，其中 NIDPS 应是“零信任感知(Zero Trust-aware，ZT-a)”的，如果 NIDPS 能在 PEP 之间运行，则意味着 NIDP 是零信任系统的组成部分，并能解密隧道流量。标准的 NIDPS 可以继续运行，但仅限于场景 B 和 C，即在隐式信任区域内某个网段部署。

基于主机的 IDPS 将继续运行，不受加密网络流量的影响，因为基于主机的 IDPS 运行在主机中，因此可以访问 PEP“后面”的网络流量。虽然基于主机的 IDPS 能够在零信任环境中运行，但现实中，基于主机的系统甚至可通过松散地集成到零信任环境中提供更多价值。例如，如果零信任系统表明主机网络的风险评分较高，服务器中基于主机的系统可能会调整审查(Scrutiny)和告警(Alerting)级别。

1 TLS v1.3 的使用需要从被动网络流量持续监测(即部署串联设备)转向部署主动中间人 TLS 解密或基于主机的 IDPS。TLS v1.3 带来的转变可能降低网络性能，并需要增加对网络基础架构硬件和/或基于主机的 IDPS 解决方案的投资。

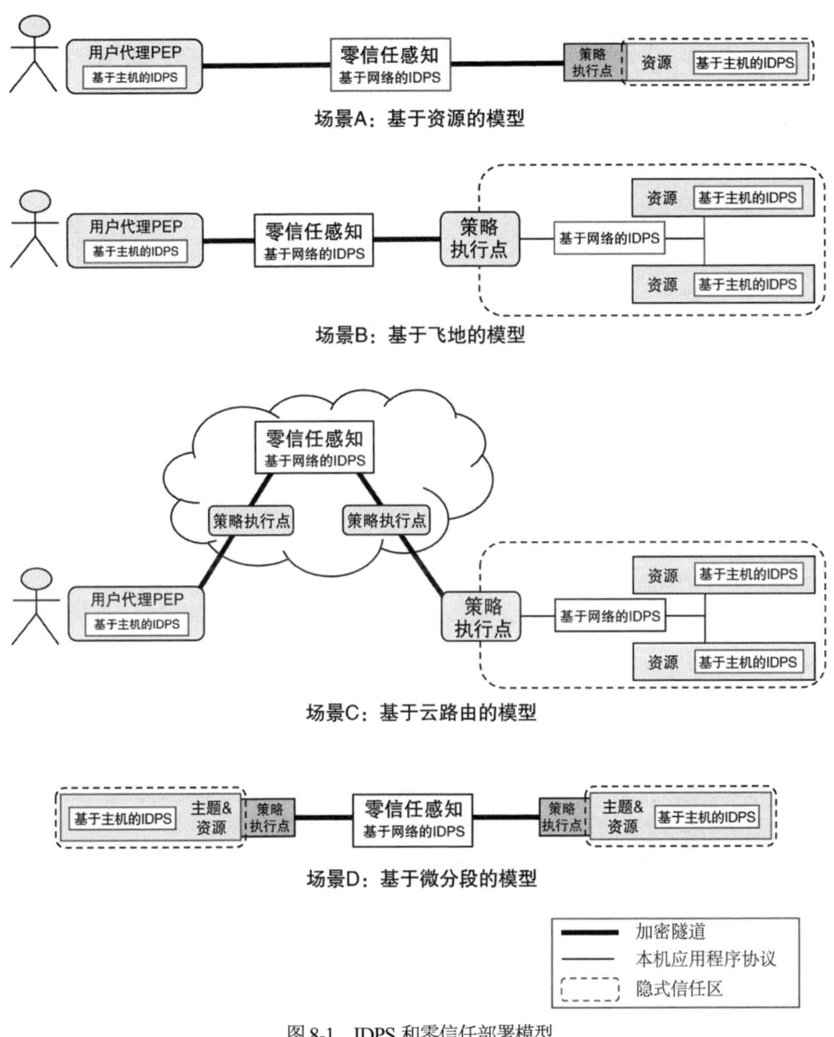

图 8-1　IDPS 和零信任部署模型

通常，IDPS 的功能能够“融入”组织的零信任平台，而不是作为独立的工具部署。在某种程度上，根据零信任系统的能力，组织可认为零信任系统实际上能扮演 IDPS 的角色。也就是说，IDPS 不是单独的功能，而是整个安全结构的固有部分。IDPS 可通过包含 IDPS 功能的零信任 PEP 实现，也可通过将位于 PEP “后面”的 IDPS 与零信任环境以某种程度集成实现。IDPS 为调整检测和执行操作的级别，应能够使用策略、资源元数据或身份上下文。

例如，与访问高价值资源的流量相比，访问低价值资源的网络流量可能不需要严格的分析级别(读取：资源密集型)。或者，本地用户通过公司管理的设备发起的访问可能比远程用户通过自携设备(BYOD)发起的访问更安全。IDPS 与零信任环境的集成可降低支持 IDPS 的基础架构的需求，从而减少 IDPS 易出现的一系列告警(误报)。与零信任的集成还使 IDPS 能够针对检测到的入侵活动采取多种响应行动。虽然 IDS 只能执行入侵告警通知，IPS 可阻止非授权网络访问尝试，但零信任系统涉及的范围更广，并可执行全局操作。例如，零信任系统可提示用户执行递升式身份验证(Step-up Authentication)，或在网络中的各个区域隔离用户设备。

接下来审视另一个领域——客户端安全产品(通常在单个程序中同时包含防病毒和 IDPS)是零信任安全架构的重要元素。但当客户端安全解决方案作为网络执行点与零信任策略模型结合时，可以提供更好的安全性(和更大的价值)。例如，组织可能需要定义访问策略，要求在允许客户端访问企业管理的资源之前，客户端设备中的防病毒特征库应是最新版本。客户端配置数据可以由客户端设备(Client Slide)或核心防病毒管理系统提供。这两种情况下，使用基于网络的策略执行点的零信任系统可以确保不合规的设备无法访问资源，例如，零信任系统的策略要求仅允许通过访问 IT 服务台或自助服务系统来更新防病毒特征库。由于零信任系统控制对公司资源的所有网络访问，因此无论用户的物理位置或访问的资源的类型和位置如何，都可以强制执行策略。

上述示例都是安全专家认为应正确看待的能力，不仅仅是体现 IDS 或 IPS 的功能，而是作为零信任系统的数据(输入)来源，作为零信任系统采取行动的潜在催化剂，以及作为策略执行机制。IDPS 与零信任系统的有效集成可提高安全水平和生产效率。例如，IDPS 与零信任系统的集成可协调整个网络中的策略执行，并删除不必要或冗余的执行点。

通过部署 IDPS 实现与零信任系统的集成功能没有单一的方法或单一的正确答案——完全取决于企业的安全基础架构、生态系统和零信任方法。企业存在多种不同的产品，缺少标准化的方法将各种产品联系在一起是个棘手的问题。好消息是，行业正在相关领域取得进展。例如，威胁情报界一直在研发和推广标准化和结构化的方式，通过 STIX 和 TAXII 规范表示和传输威胁情报信息。[1]想象如下场景，基于标准的威胁情报源，向零信任系统通知新检测到的恶意软件，该恶意软件利用特定桌面客户端操作系统版本中的漏洞，并针对特定应用程序类型发起攻击。标准的威胁情报可用于 IDPS 对目标应用程序的审查，并触发零信任 PEP 在授予任何访问权限之前强制安装客户端操作系统补丁。

安全专家对相关规范将支持的集成类型持乐观态度，可帮助组织从现有的 IT 和安全基础架构中获得更多价值，并在实现零信任的过程中取得更好的进展。

8.4　本章小结

本章介绍了入侵检测和防御系统(IDPS)背后的概念，包括 IDPS 系统通常执行的一系列功能。本章还比较了基于主机和基于网络的 IDPS 这两种主要类型，并讨论了加密网络协议对 IDPS 的影响。最后，本章从零信任部署模型的角度研究 IDPS，并讨论 IDPS 作为零信任策略执行点的潜力。

1 STIX 是结构化威胁情报交换(Structured Threat Intelligence Exchange)，TAXII 是可信的情报信息自动交换(Trusted Automated eXchange of Intelligence Information)。可访问 https://oasis-open.github.io/cti-documentation/ 了解更多信息。

第 9 章

虚拟私有网络

虚拟私有网络(Virtual Private Network，VPN)在 20 世纪 90 年代中期首次创建和部署，响应因 PC 设备(“便携式”或部署在家中的台式 PC 设备)广泛居家使用而产生的需求。当然，随着时间的推移，底层网络协议已经发展并更加标准化(和更加安全)，但核心概念仍然没变：在远程节点之间建立加密网络隧道，允许应用程序流量通过该隧道在不受信任的居间网络(Intermediary Network)中安全传输。

现今，术语 VPN 实际指三种通用的解决方案，如图 9-1 所示。

用户 VPN：通过居间设备屏蔽最终用户与 Internet 绑定的流量，保护隐私和安全。通常用于绕过服务提供商(ISP)或政府施加的限制。

企业 VPN：将远程用户连接到企业网络。这是本书的重点，也是受零信任影响最大的 VPN 类型。

站点到站点 VPN：这是企业创建广域网的方式之一。

VPN 需要两个协作组件，组件依赖共享秘密(Shared Secret)和/或共享信任根(Shared Root of Trust)[1]建立安全的加密隧道。以用户为中心的 VPN 和企业 VPN 在运行 VPN 客户端的用户服务和 VPN 服务器(有时称为 VPN 集中器或 VPN 网关)之间建立此隧道。注意，这种情况下，VPN 客户端可能单独安装软件，包括在用户的操作系统中，或者运行在浏览器中。

---

1 不同类型的 VPN 采用不同的方法，例如 TLS 与 IPSec。这种区别与本书的讨论无关。

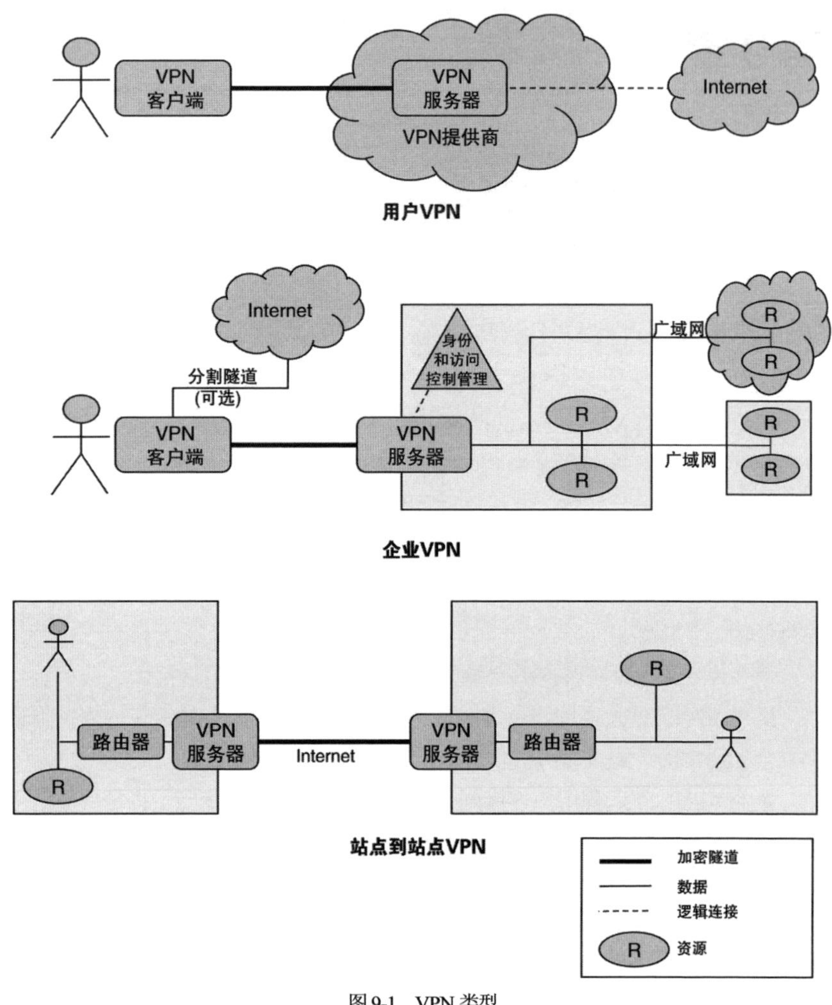

图 9-1　VPN 类型

对于前两种情况，部分或全部用户流量都通过加密隧道发送，以便在不受信任的居间网络(Intermediary Network)中保持隐私和完整性。一旦流量到达 VPN 服务器，就会从封装隧道中移出，并转发至预期目的地。对于客户 VPN，将流量发送到 Internet 的某个目的地，而企业 VPN 则将流量路由到内部公司网络的某个目的地。注意，许多企业 VPN 支持“分割隧道(Split Tunneling)”，其中只有企业网络绑定的流量通过隧道发送；其他流量直接在用户的设备上发送。

替代方案(全隧道)将所有用户的流量发送到企业。此替代方案增加了延迟(和带宽成本)，但可帮助企业为所有用户的流量部署安全功能。

站点到站点 VPN 的工作方式略有不同，在两个固定位置之间提供了安全的加密广域网隧道，有效地将两个固定位置转换为单一的逻辑 LAN。这种情况下，LAN 用户和设备将通过 VPN 链路路由部分流量到达远程目的地——对用户而言都是透明的；用户没有运行任何 VPN 软件，用户的流量只是到达目的地。

9.1 企业 VPN 和安全

接下来从 VPN 为企业提供的积极方面研究 VPN 方案。首先，VPN 方案为用户设备和企业网络之间的用户流量提供加密隧道。而且，VPN 通常配置为使用企业 IAM 实施用户身份验证，通常使用轻量级目录访问协议(LDAP)或远程用户拨号认证服务(RADIUS)。

企业 VPN 还可使用基本 IAM 属性(如组成员身份)将用户映射到 VPN 访问控制组。有些 VPN 可在初始连接时强制执行 MFA，有些 VPN 提供主机态势检查作为附加上下文，以实现一定程度的动态访问控制。

VPN 提供的相关安全功能都是积极的，应存在于零信任解决方案中。那么，安全专家对企业 VPN 持否定态度，并坚持认为应替换 VPN 的原因是什么呢？

下一节将从零信任的角度研究虚拟私有网络(VPN)，但即便从传统的角度看，企业 VPN 也存在许多缺点。例如，尽管 VPN 的规则可以设置为管理单一 IP 地址和端口的访问权限，但在日常实践中，VPN 的规则并不是设置为管理单一 IP 地址和端口的访问权限。对于网络和安全团队而言，为 VLAN 或完整子网分配的 VPN 访问权限要简单得多，可能与用户在本地获得的访问权限相同。[1]

现在，公平地说，完全可能使用 VPN 对最小范围的企业资源授予有限且集中的访问权限——最适于定义明确的，只需要访问一组已知的、固定的应用程序的用户或用户组。例如，远程工作团队正在使用内部应用程序分析保险索赔。远程用户可能只需要访问应用程序完成工作，或者第三方承包商只需要访问某个特定应用程序。这两种情况下，如果应用程序需要静态 IP 地址，则可以使用 VPN 授予有限的

1 安全专家发现，具有讽刺意味的是，在实际运营环境下存在一种误导，就是将授予本地用户过多网络访问权作为授予移动用户相同访问权的理由。

网络访问权限。然而，即使在使用静态 IP 地址的情况下(对于大多数用户通常并非如此)，VPN 仍存在其他 5 个缺陷。

第一，虽然 VPN 确实使用了企业 IAM 实施身份验证和组成员身份验证，但访问控制策略通常是基于身份的。例如，无论用户从哪个设备连接，一组用户凭据的访问权限始终相同。这将导致安全团队难以限制个人设备的访问，也难以防止滥用已失窃的安全凭证。

第二，从资源的角度看，VPN 的访问控制模型是非常系统化的——VPN 的配置通常是授予对固定子网或一组 IP 地址或主机名的访问权限。VPN 不是为动态解析目标资源和调整用户访问设计的。现今的 IT 环境往往是动态的，对于使用虚拟化资源或使用 DevOps 模型的组织而言更是如此。IT 环境的动态性导致组织为了让用户保持高效率而授予过宽的网络访问权限。

第三，如图 9-1 所示，VPN 将特定的网络模型强加给组织，图中的模型只支持企业网络的单一入口点。VPN 所支持的网络模型固化了基于边界的网络模型，在基于边界的网络模型中，所有企业资源应通过内部网络(局域网或广域网)连接。正如本书所讨论的，基于边界的网络模型代表了一种安全风险，而且在当今的分布式和基于云环境的世界中，在技术方面通常很难或不太可能实现安全性。这种网络模型意味着要么组织的网络不安全地开放，要么迫使用户断开连接并重连到不同的 VPN 服务器以访问特定资源。后者将对最终用户的访问造成影响和阻碍。[1]

第四，为了满足用户的连接需求，VPN 服务器应向 Internet 公开已开放的端口，使 VPN 服务器成为全球攻击方的攻击目标。遗憾的是，最近出现许多已对公众发布的 VPN 漏洞，其中一些漏洞可以导致未经授权的远程用户通过 VPN 服务器进入企业网络。从安全专家的角度看，在当今的威胁环境中，以向 Internet 公开 VPN 服务端口的方式暴露企业网络的“正门(Front Door)”是不合理的。

第五，VPN 只是远程访问工具，因此是区域竖井(Area Silo)。VPN 不能用于对本地用户实施访问控制。组织需要为本地用户部署和管理一套单独的网络和安全工具，会导致重复的费用开支、重复的工作和不一致的访问控制策略(很可能会为了避免降低用户的工作效率而分配过多的网络访问权限)。

1 企业 VPN 的分割隧道(Split Tunneling)功能在这里没有帮助，分割隧道只将企业范围内的流量(通过单独隧道发送)与 Internet 范围内的流量(非隧道)分开。

VPN 除了较差的最终用户体验、有限的带宽、丢弃连接和应用程序冲突外，还明显存在许多安全缺陷——这些问题正是组织认为应使用零信任取代 VPN 的原因。接下来将对比分析零信任方法和 VPN。

9.2 零信任与虚拟私有网络

从零信任的角度看，应该将 VPN 视为远程访问工具而不是安全工具。本书承认这是有争议的立场，企业已经通过 VPN 取得一些成功，但安全专家认为 VPN 存在太多缺陷，无法证明其继续使用的合理性。也就是说，即使是配置良好的 VPN 也会存在适当的零信任解决方案所不具备的限制。接下来探讨 VPN 为何存在限制。

零信任解决方案应根据用户、设备、网络、系统和目标等资源相关的上下文信息动态调整用户访问，应由集中的 PDP 驱动。零信任解决方案还应支持基于上下文和用户活动的递升式身份验证，支持远程身份在企业网络中拥有多个并发入口点的能力。并发入口点消除了从单一入口点(传统的基于边界的安全模型)访问所有分布式资源的需求。零信任模型本质上支持分布式 PEP，PEP 保护一组逻辑或物理相关的资源，如图 9-2 所示。由于用户直接访问 PEP，因此企业不必在分布式位置之间维护广域网连接。

现在重点强调零信任系统优于 VPN 的最后两种方式。首先，零信任系统应该对未经授权的用户隐藏企业网络入口点。也就是说，遵循最小特权原则，如果远程实体没有访问任何企业资源权限，就无法查看或连接到网络入口点。这本身就是在安全方面向前迈出的一大步。注意，零信任系统可通过两种方式对非授权实体隐藏网络入口点，一种是按照软件定义边界(Software-Defined Perimeter)[1]的方式获取网络入口点，另一种是将入口点从企业网络迁移到服务商的云托管平台(如云路由模型)。

1 实施单包授权，如第 4 章所述。

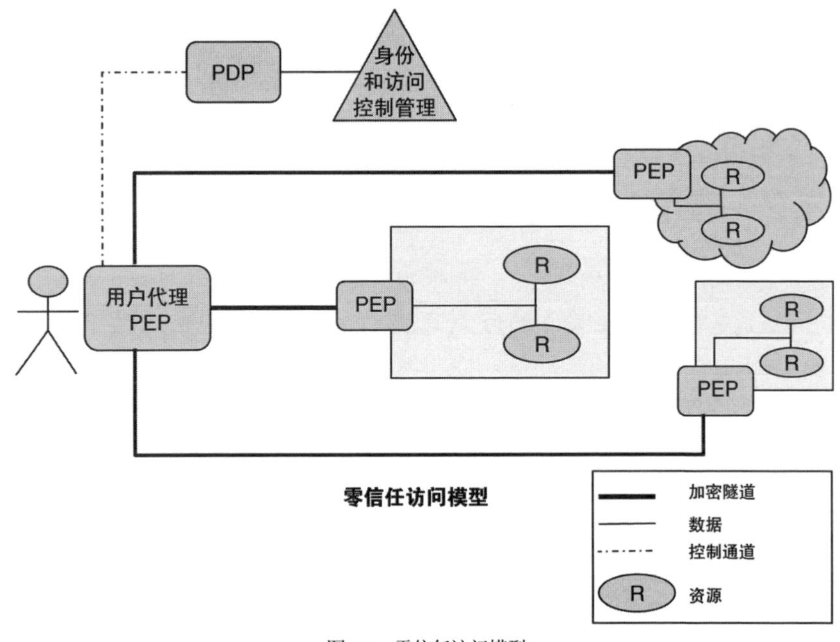

图 9-2　零信任访问模型

最后，也许也是最重要的，零信任为本地和远程用户提供单一的访问控制模型。VPN 是永久性的远程访问竖井，延长了作为独立解决方案所带来的麻烦和低效。零信任的统一访问控制模型简化了运营，为组织提供了集中化的平台，支持在该平台中定义和实施跨环境的访问控制策略。

在结束本章之前，简单总结一下不同的零信任部署模型实现远程访问的方式，因为各种部署模型可能存在差异。基于飞地的和云路由的模型都在其架构中提供了远程访问能力，并因此能替换 VPN。然而，基于资源的和微分段的零信任部署模型可能无法提供内置的远程访问功能。在重新评价潜在服务商和架构的有效性时，组织应了解需求和潜在差异，并准备一组适当的问题用于区分和评价不同零信任部署模型的有效性。

9.3　本章小结

VPN 为远程访问提供了过时且非常不安全的方法。组织随着向零信任的方向发展，应避免或更换 VPN。正如本章所解释的，VPN 是存在缺陷的解决方案，以至于即使部署良好、管理良好的 VPN 实现也存在一些重大缺陷。现在是组织向前迈进的时候，应使用一套更丰富、更有效的工具构建企业的访问控制模型。

采用零信任后，企业网络和安全基础架构不应包含远程访问解决方案(企业 VPN)。零信任应该只是访问解决方案，其部署方式基于统一的平台和策略模型，对远程和本地用户部署访问控制措施。而且，与 VPN 不同的是，零信任支持(而不是抵制)用户访问的资源的分布式特性。

第10章

下一代防火墙

本章将重点研究下一代防火墙(Next-Generation Firewall，NGFW)在零信任环境中的地位。实际上，本书已经在前几章中讨论了 NGFW 产品的大部分主要功能，包括核心防火墙(Core Firewall)、IDS/IPS 和 VPN 技术。因此，本章将讨论 NGFW 功能和平台在零信任世界中应扮演的角色，而不是直接分析其功能。

本章的目标是帮助组织了解 NGFW 解决方案应在何处以及如何成为零信任架构的一部分，以及确保 NGFW 能够很好地与企业组件的其余部分集成的方法。为此，本章首先考察市场类别。

10.1　历史与演变

企业网络防火墙首先提供一组非常集中的基本网络功能，即第6章介绍的经典五元组防火墙规则。传统防火墙，特别是从现今的角度看，显然更侧重于网络(允许或禁止网络数据包)，并没有身份的概念。随着时间的推移，成功的防火墙服务商不断创新，最终市场确定了“下一代(Next-Generation)”的名称。

从本质上讲，当今所有企业防火墙都属于“下一代”，通常包括 IDS/IPS、流量分析和恶意软件检测，用于威胁检测、URL 过滤和一定程度的应用程序感知/控制。与 NAC 细分市场一样，NGFW 领域的服务商开始了以身份为中心的安全旅程，而零信任理念开始渗透整个行业。当今，许多 NGFW 服务商提供零信任功能，在满足本书前面概述的原则方面取得了不同程度的成功。接下来从零信任的角度审视企业防火墙。

10.2 零信任与 NGFW

安全专家认为，对一些 NGFW 提供商给予肯定是公平合理的，因为这些服务商的确是启用和实施组织内部网络零信任原则的先驱。服务商的 NGFW 产品提供了一定程度的以身份为中心和细粒度的策略，但未满足企业的零信任原则。最重要的是，NGFW 仍然是防火墙，其控制范围是有限的。最重要的是，NGFW 并非能够为“所有资源、所有用户提供安全能力，而不必考虑物理位置”的平台——这根本不是 NGFW 的设计目标。NGFW 无法提供细粒度的远程访问控制，通常无法提供用户身份验证、加密或设备隔离(无用户代理 PEP)，并且 NGFW 的访问控制通常仅基于硬件。

当然，NGFW 服务商已经建立并扩展了平台，通过收购和有机功能(Organic Feature)研发，添加了远程访问和本书前面介绍的其他安全功能。虽然 NGFW 确实是成功的市场领域，而且一些 NGFW 服务商提供了可靠的零信任产品，但安全专家认为将 NGFW 领域将变为零信任的说法并不准确。行业中许多可信的零信任提供商并不是从 NGFW 开始的，其平台具有与 NGFW 服务商提供的零信任产品不同的架构。

重要的是要明白，本书并不会试图分析特定的服务商产品或架构——正如本书在介绍中所讨论的，企业安全需求是快速变化的目标，对特定服务商的评估既不准确也不公平。本书只是试图提供解释和框架，以便企业能够理解通常构成 NGFW 的功能组件，并从零信任架构的角度评估 NGFW 的功能组件。

零信任架构可能不包括归类为 NGFW 的产品。但零信任架构肯定会包括历来属于 NGFW 的一部分功能，例如 IDS/IPS 以及身份和应用程序感知策略执行模型。因此，NGFW 在零信任架构中的作用非常重要。本章将讨论两个方面：第一，在网络的组件之间加密网络流量的影响，第二，基于 NGFW 的解决方案的整体网络拓扑可能带来的影响。

10.2.1 网络流量加密：影响

零信任原则的重要含义之一是加密网络流量，无论是在本地应用程序协议(例如 HTTPS)内还是通过加密隧道路由。虽然前者适用于某些场景(例如 SaaS 应用程序)，但由于本书在第 3 章中讨论的各种原因，大多数零信任实现依赖于连接 PEP 的加密隧道。这意味着用户代理和网络 PEP 之间的通信对于任何中间网络组件都是不透明的。

如图 10-1 所示，在用户设备和 PEP 之间“加密”的网络流量具有多种含义。[1]在所有情况下，居间网络组件(中介设备)可在网络请求头级别继续执行核心防火墙功能，而不需要访问加密的有效负载数据。当网络流量从加密隧道中提取出来并使用本机应用程序协议传输时，所有需要访问有效载荷的功能都部署在 PEP 的“后面”。注意，根据定义，需要访问有效载荷的功能应部署在隐式信任区内，如图 10-1 的场景 A 所示。

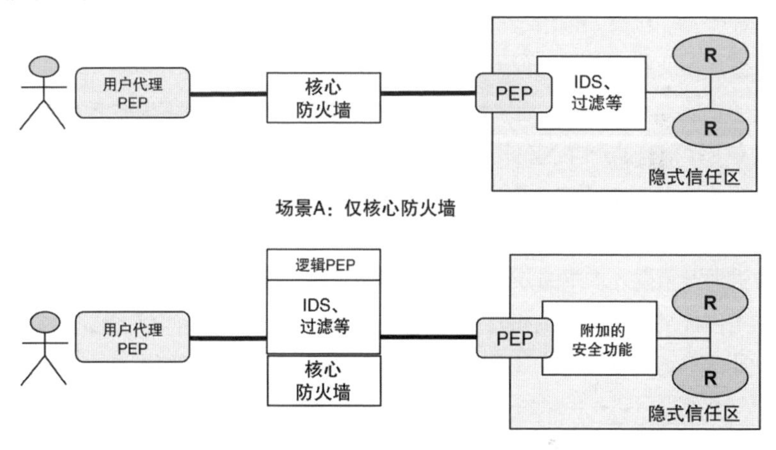

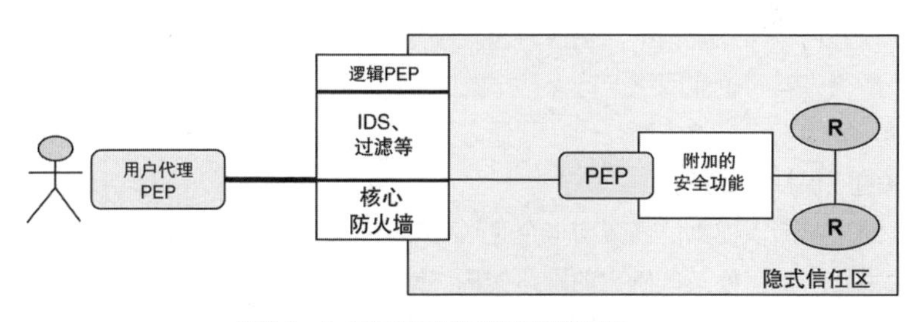

图 10-1　下一代防火墙部署场景

1 注意，此图描述了基于飞地的部署模型。类似的参数适用于其他零信任部署模型。

如果网络组件需要根据有效载荷执行分析或采取行动，则别无选择，只能如场景 B 中所述解密有效载荷。从安全专家的角度看，这意味着 NGFW 是逻辑上的零信任 PEP，如果需要 NGFW 访问加密密钥，则应将其视为零信任平台的一部分。逻辑 PEP(NGFW)执行一个或多个安全功能(例如，IDS 或 URL 过滤)，实现逻辑 PEP 执行的安全功能可能需要重新部署应用程序流量代理。场景 B 描述的情况是安全组件重新加密网络流量，将其发送到第二个 PEP，并通过另一个隧道进入隐式信任区。场景 B 需要 NGFW 执行大量处理，从而导致网络延迟增加，可能需要性能更强大(更昂贵)的设备。[1]

或者，如场景 C 所示，NGFW 可将应用程序流量发送到从属的 PEP 而不必重新加密。这在一定程度上减少了 NGFW 的工作负载，但也会导致隐式信任区的扩展，因此企业需要了解场景 C 对企业环境和网络的影响。在场景 B 和场景 C 中，现有的 PEP(或部署在其后的组件)可用于执行额外的强制安全功能。

应关注 NGFW 作为逻辑 PEP 和从属 PEP 所实施策略的潜在不一致性。如果安全组件由各自独立的服务商提供，或者具有不同的策略模型，关注策略的一致性尤其重要。本章的分析对比不是为了暗示与其他平台相比，NGFW 服务商的零信任平台在本质上更好或更有效。事实上，接下来将讨论企业需要额外权衡和考虑的事项。

10.2.2　网络架构

在任何零信任架构中，企业的团队应充分掌握全部网络拓扑的解决方案，以及解决方案与企业网络架构保持一致的方法。企业架构在某些方面不断发展，例如，采用基于云的资源，但在其他方面如可能已经存在多年的广域网链接是静态的或保持不变的。

这里重新审视零信任架构与企业网络架构的话题，因为一些基于 NGFW 的解决方案可能需要某些确定的网络架构，或者施加某些限制——可能会限制企业顺利实现零信任的能力。图 10-2 是零信任网络架构示例。

1 解释为 RAM、CPU 速度等。

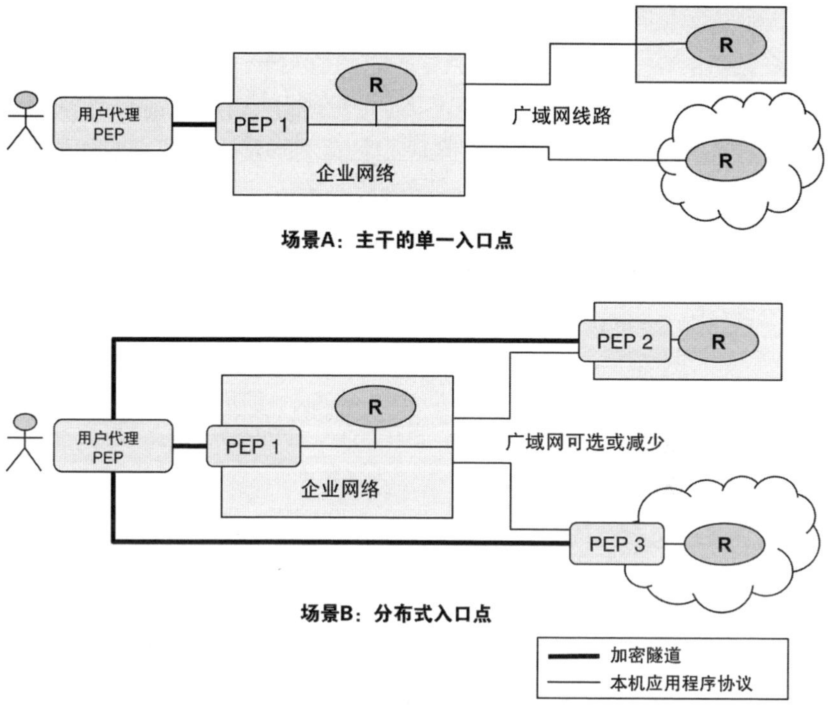

图 10-2　零信任网络架构

场景 A 展示了一种架构，该架构可能由基于 NGFW 的零信任平台实施，为远程用户提供访问企业网络的入口点。分布式资源(现在所有现代企业都在使用)需要广域网或主干网。广域网将在远程网络的入口点放置简单的防火墙，实施基本的网络访问控制列表(Access Control List，ACL)。

场景 A 所示方法的首要问题是固化了硬边界和软内网概念。因为 PEP1 是唯一执行零信任原则的点，所以场景 A 所示的架构没有达到企业零信任的目标。场景 A 所示的方法还存在两个问题。

首先，本质上需要将所有用户流量回传到 PEP1 入口点，广域网本身会造成额外的网络延迟。当然，广域网带宽会给组织带来成本。第二，场景 A 所示的方法可能导致策略精确性的损失——PEP1 距离偏远地区的资源太“远”，因此在实施细粒度或动态访问策略方面很难奏效。

对比场景 A 与场景 B，场景 B 中用户直接通过分布式入口点连接到授权的 PEP。场景 B 所示的方案不必将用户流量回传到 PEP1，从而减少延迟和广域网成本。组织可显著减少广域网使用，并可完全消除广域网，以简单的 Internet 连接取代广域网。场景 B 的方案还具有保持完整精确度的优势，所有人员都能够对本地资源实施细粒度、以身份为中心的动态策略。此外，由于 PEP2 和 PEP3 是完整的零信任执行点，因此，能够执行 API 调用并发现与 PEP 所保护的环境和资源相关的属性。

务必记住，实际架构可能与许多服务商所提供的架构有所不同，服务商应支持混杂或混合模型，企业无疑将具有独特的特征。安全专家鼓励企业提出有针对性的问题，并确保投入时间和精力，从本书讨论的角度了解企业现状和计划实施的网络拓扑。

10.3　本章小结

综上所述，安全专家们确信，零信任解决方案将对 NGFW 市场产生重大影响，此前充分定义和划分的市场界限变得越来越模糊。就像成熟的“企业防火墙”一样，当今多数企业防火墙都具备此前认为是“下一代”的功能，NGFW 服务商也增加了零信任功能。

安全专家们认为，未来企业将更加致力于部署符合零信任原则的网络安全解决方案。根据零信任原则的定义，企业的网络安全解决方案需要更宽广的视角和更完善的策略模型。部署符合零信任原则的网络安全解决方案符合组织需求——组织一直在寻求通过部署尽可能少的解决方案覆盖更多的领域；组织认识到，竖井式安全解决方案与零信任方法背道而驰。因此，组织应该确保所选的安全组件支持丰富的 API 和易于集成的能力(扩展的零信任的原则之一)。

从安全专家的角度看，关于零信任架构的关键决策取决于 PDP 可用的身份和上下文的来源，以及策略模型可以通过分布的企业资产应用于 PEP 的范围。目前还没有可用的商业化平台提供在用户、基础架构和用例中普遍适用的策略模型和 PEP 集。这也是将零信任定义为“旅程”的原因之一。

零信任旅程强调了明智抉择的重要性，确保企业选择的平台和工具能够很好地符合初始用例需求，并能与企业其他环境和 PEP 集成。企业可以选择使用 NGFW 服务商的平台作为零信任架构的核心部分，这是明智的决策。企业应确保了解服务商平台的限制(边界)，向服务商询问一些关于将其集成到企业生态系统中的棘手问题，并熟知架构方面的约束。企业会存在服务商平台之外的 PEP，但需要将 PEP 集成到服务商平台中；企业应确保所选的平台能在企业的环境中有效支持集成平台之外的 PEP。

第 11 章

安全运营

许多企业已经投资创建了安全运营中心(Security Operations Center，SOC)，通过将专注于解决威胁、漏洞和事故响应的人员、流程和技术集中在一起，组建物理或虚拟组织。本章介绍 SOC 应用程序的两个主要工具：安全信息与事件管理(Security Information and Event Management，SIEM)，以及安全编排和自动化响应(Security Orchestration, Automation, and Response，SOAR)。本章将从零信任的角度研究 SIEM 和 SOAR 工具，探讨通过 SIEM 和 SOAR 工具共同提高 SOC 日常运营的有效性和效率的方式。但在将 SIEM 和 SOAR 系统关联在一起之前，先讨论一下 SIEM 和 SOAR 工具存在的原因。

现代 IT 系统生成大量不同格式的、来自不同物理位置(Location)和机构的日志数据。IT 系统的日志用途各异，例如，执行故障排除或诊断的 IT 访问日志，持续的异常检测日志，以及用于取证或审计目的的长期归档日志。IT 系统的日志不仅提供了基础架构元素及其交互的完整信息，还允许安全运营中心(SOC)分析人员在整个 IT 环境中查看和合成事件。SIEM 工具已发展到能支持处理大量不同类型的日志数据，并已成为现代 SOC 不可或缺的组成部分。

当然，安全分析人员(Security Analyst)不仅仅是检查日志，在事故响应和事件管理方面也要耗费大量时间和精力。幸运的是，SOAR 工具提供了自动化(或至少是半自动化)的工作流，可以通过快速集成来支持 SOC 中各种工具必要的事故响应需求。由于 SOC 运营是组织安全计划(Organization's Security Program)的核心，SOAR 工具不断增长的能力将有助于 SOC 团队改进利用大量数据和安全事件的方式，帮助组织的 SOC 平台变得更加有效。

在实践中，SIEM 和 SOAR 越来越成为 SOC 两个不可分割的部分。事实是，

SIEM 和 SOAR 的价值只会随着组织采用零信任架构而继续增长，本章将解释 SIEM 和 SOAR 能够通过集成到零信任架构获益的方法和原因，因为身份上下文在整个安全生态系统中变得越来越普遍。

11.1　安全信息与事件管理

安全信息与事件管理(SIEM)工具提供了收集、聚合和规范化日志数据的机制，用于检测和评价组织内的安全事件。数十年来，IT 组织一直利用日志并聚合日志管理系统，而特定的市场领域(现在称为 SIEM)出现在 2005 年左右。SIEM 服务商在基本日志管理之外开展创新，研发一系列以安全为中心的功能，用于统一、规范化、聚合、关联和分析日志数据，将日志数据转化为安全信息和(理想情况下)可操作的事件。日志数据通常不仅来源于 IT 基础架构(服务器、防火墙等)，还来源于安全系统(例如，IDS/IPS、终端管理和身份验证系统等)。[1]

企业系统和网络会生成海量日志数据，分析人员往往无法处理如此多的数据。SIEM 帮助整理日志数据，并提供分析、筛选、可视化和其他工具，减少了误报数量。

从历史上看，SIEM 提供商一直采用本地部署模式，但最近已转向基于云平台的模式。这两种 SIEM 部署模型(在本地和云端)各有优缺点，但从零信任的角度看，两种部署模型的差异在很大程度上是无关的。本章后面讨论的集成场景、需求和优势是相同的。也就是说，不管企业的 SIEM 物理位置如何，都可通过集成到企业的零信任架构获得价值。

SIEM 除了聚合日志之外，还可以通过合成原始数据帮助映射组织的网络基础架构。合成原始数据可以使安全和 IT 团队受益，因为 SIEM 提供了网络中发生事件的上下文。这很有趣，因为 SIEM 开始提供有关组织中高价值(或至少是高利用率)资产的信息，可帮助组织更好地定义和规划零信任战略和架构，例如，对策略定义或 PEP 部署位置的影响。

实践已经证明 SIEM 非常有效，为安全分析人员提供数据聚合和辅助决策

---

1 安全专家注意到向 SIEM 提供数据的一些系统，包括防病毒系统、终端检测和响应(Endpoint Detection and Response，EDR)、用户和实体行为分析(User and Entity Behavior Analytics，UEBA)、移动设备管理(Mobile Device Management，MDM)和统一终端管理(Unified Endpoint Management，UEM)等。简而言之，任何企业 IT 系统日志都可以输入 SIEM 中。

功能；SIEM 平台的扩展功能可以提供结构化和事件驱动的方式，用于自动响应和处置检测到的事件。SIEM 平台的扩展功能已合并为一组称为 SOAR 的产品。

11.2　安全编排和自动化响应

SOAR(安全编排和自动化响应)通常与 SIEM 组合使用；事实是，有时 SOAR 和 SIEM 由同一个服务商作为集成平台的一部分提供。SOAR 使用 SIEM 报告的信息(检测到的事件或阈值告警)；SOAR 通过机器学习，提供用于自动执行一系列响应操作的模型和机制。

SOAR 与 SIEM 的组合使用很有帮助，因为当 SOAR 筛选 SIEM 发出的大量事件时，为事件提供了通用的上下文，并最终提供自动化的事件响应流程或工作流。SOAR 提供的集成自动化能力有助于减少环境中的误报数量，以便组织的安全团队能识别哪些是真正的事故(Incident)。

SOAR 的价值不仅仅是自动化，还包括逻辑分析以及对响应流(Response Flow)建模。SOAR 提供的工作流包含关于企业网络、系统、依赖关系以及使用方法的信息，而 SOAR 能够提供的信息往往只是高级分析师头脑中的“部落知识(Tribal Knowledge)”。SOAR 能将高级分析师头脑中的知识构建成自动化、可重复和可靠的平台，而平台永远不需要休息。SOAR 提供的编码化知识(Codified Knowledge)能够将 SOC 提升为人员、流程和技术的无缝集成。从零信任的角度看，实现零信任原则需要的不仅是独立的技术，零信任需要集成和协调，以及“引发”整个企业安全基础架构的变化。当与零信任平台连接时，SOAR 非常适于实现零信任所需的集成和协调。特别是，SOAR 通过提供可重复、可预测的自动化流程，帮助 SOC 实现其使命。大多数 SOAR 将识别决策模式并帮助管理整个事故响应生命周期(Incident Response Lifecycle)，同时将积极收集情报、做出反应并提供相关数据。此外，漏洞管理(Vulnerability Management)[1]和威胁情报是 SOC 的核心职责，SOAR 提供了良好的工作流程和事故响应模式来支持 SOC 的核心职责，也有助于 SOAR 解决方案的持续发展和学习。

SIEM 和 SOAR 提供的分析和操作是实现零信任系统有效性的重要组成部

1 漏洞管理通过适当的技术确保企业的网络和设备得到保护，并提供对设备状态的可见性。

分，SIEM 和 SOAR 同时作为 PDP 决策的附加上下文和催化剂。下一节将进一步探讨相关内容。

11.3 安全运营中心的零信任

SIEM 和 SOAR 仍将是企业安全的重要组成部分，事实上，随着组织采用零信任，SIEM 和 SOAR 的价值和重要性将增强。也就是说，随着企业走向零信任，企业应该期望(并要求)提高 SIEM/SOAR 的广度、深度和整体有效性。此外，由零信任集成系统实现的自动化学习将改进 PDP 为支持整个环境而做出的决策。接下来将探讨 SIEM 和 SOAR 与零信任系统结合的方式。

11.3.1 丰富的日志数据

SIEM 的主要功能之一是关联来自竖井系统的数据，例如将动态 IP 地址分配给用户，以及关联随后由该 IP 地址执行的网络活动。然而，SIEM 仅限于源系统提供的数据集，并且常受到底层技术限制和孤立的基础架构元素的阻碍。例如，跨网络边界的访问通常会触发网络地址转换(Network Address Translation，NAT)，很难或不太可能将特定 IP 地址执行的操作归因于特定用户。此外，许多情况下，日志由使用竖井式或非连接的身份管理系统生成，导致 SIEM 和安全分析团队很难跨越不同的日志源整合或消除用户身份的歧义。

零信任系统不仅消除了许多技术限制，还显著增加了 SIEM 接收数据的丰富性，从而提高了 SIEM 关联和检测安全相关事件的能力。由于 SIEM 本质是以身份为中心，零信任系统能够将详细的身份数据记录到 SIEM 中。丰富的日志数据将对 SIEM 和 SOC 工程师更有意义，提高了有效响应的能力。换句话说，零信任系统应该能够记录所有用户的所有网络访问，并使用有关身份、设备和整体上下文的信息来进一步丰富日志数据。无论用户位于何处，跨越多个中间网络边界，使用不同网络协议的类型，或者特定应用程序的身份系统引用特定用户的方法，日志信息都应该是准确的。

11.3.2 编排和自动化(触发器和事件)

企业的零信任系统需要高度自动化，并能大规模地检测和响应各类触发器

(Trigger)和事件。正如本书所讨论的，零信任策略模型的主要价值体现在零信任系统的动态性。SOAR 系统比零信任系统的适用范围更广，能够增强和提高零信任系统的有效性。事实是，通过一组相互关联事件、编排的 API 调用和触发器将 SOAR 和零信任结合，同时提升了两个系统的价值。

组件正在执行的功能详细信息取决于企业特定的架构和平台，通常，PDP 和 SOC 安全分析人员之间相互配合的工作流将通知并执行实时决策和操作。当然，组件之间的集成需要双向的 API 操作[1]，例如，交换更新的数据、触发刷新策略评价、以编程方式创建新策略或虚拟基础架构组件。

第 17 章将更深入地讨论零信任的编排和自动化组件，现在仅概述与本章讨论相关的内容。从零信任系统的角度看，存在四种主要类型的触发器，触发器是与外部系统(例如 SIEM 和 SOAR)交互的原生方式。其中三种触发器由零信任系统触发，第四种触发器由外部系统触发。

1. 身份验证触发器

对于用户，身份验证通常每天只发生一次或几次。对于服务(非人员实体[Non-personEntity，NPE])的身份验证可能不那么频繁。身份验证触发器将触发 PDP 的策略评价，这是 PDP 向 SIEM/SOAR 查询以获取更多用户或环境上下文的恰当时间点。

2. 资源访问触发器

当然，身份每天都会通过 PEP 多次访问资源。PEP 偶尔调用 SIEM/SOAR 以获取最新的上下文通常是恰当的，尤其是获取身份验证后一定时间段内可能发生变化的属性，例如基于观察到的活动的设备风险水平。PEP 不应该在每次访问时都重新评估，因此需要观察企业的零信任系统的触发方式。

3. 周期性(会话到期)触发器

许多零信任系统都有身份会话的概念，其生命周期自然是有限的(例如几小

---

1 严格地说，组件之间的集成可以通过 API、消息传递、配置文件如 YAML)或其他方式实现。组件之间的集成可以是同步的或异步的。有效的零信任平台应支持多种集成方式。为简单起见，本书将组件间的集成重新定义为同步 API 调用，但是，请评价企业特定平台功能的有效性，并为用例选择最适合的机制。译者注：YAML 不是标记语言，是用于表达数据序列化的格式。

时)。会话到期时，为获得额外的上下文零，信任系统通常会刷新身份分配策略，这也是 PDP 调用 SIEM/SOAR 的正常时间，类似于身份验证时间。

4. 外部触发器

最后，许多零信任系统支持入站 API。通过入站 API，外部组件可以触发事件并更新上下文信息。

当然，企业的 SIEM/SOAR 应同时支持一组相应的入站和出站 API，以便发挥零信任系统的最佳功效。企业在评价零信任系统有效性时，应寻找能够提供丰富活动的系统，支持验证各种类型的集成。

接下来将深入探讨三个零信任系统与 SIEM/SOAR 集成的示例，帮助企业具体化零信任编排和自动化实施方案。

附加上下文的零信任查询(属于身份验证触发器)

在第一个场景中，零信任系统在执行用户身份验证时调用 SIEM 的 API[1]，如图 11-1 所示。该集成场景旨在为 PDP 提供更多信息，以便更好地做出决策。

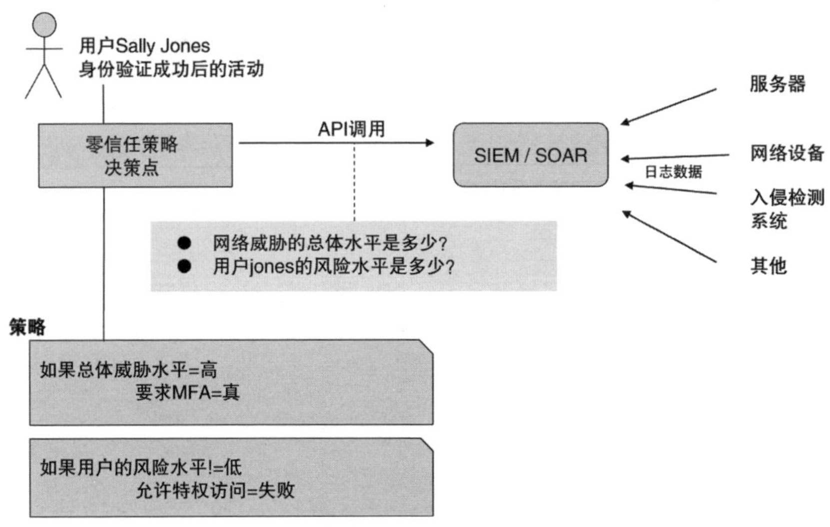

图 11-1　基于 SIEM/SOAR 的零信任系统决策

如图 11-1 的示例，零信任系统在 Sally 成功通过身份验证后立即采取下一

1 注意，这与本书前面讨论的将零信任日志数据提供给 SIEM 的基础功能不同。

步行动，执行零信任系统作为 PDP 角色的功能——根据相关上下文信息评价策略，并决定在此时间点应允许 Sally 访问哪些资源。如图 11-1 的示例，零信任系统通过 API 调用 SIEM 系统获取两个属性——网络的总体威胁水平以及与 Sally 相关的风险水平。

零信任系统通过策略评价从 SIEM 获取属性，并在零信任系统的实施范围内使用属性。如果 SIEM 表明整体网络威胁水平较高，则第一个策略要求执行 MFA。如果将相关用户标记为当前不具备低风险水平(可能基于设备态势或观察到的网络行为)，则第二个策略将阻止相关用户访问只有具备特权才能访问的资源。

前面的示例显示了 PDP 查询 SIEM/SOAR 以响应身份验证触发器。零信任系统还将受益于能够基于会话到期触发器以及资源访问触发器执行类似的查询。接下来讨论反向执行的 API 调用。

SIEM/SOAR 调用零信任系统(属于外部触发器)

此示例显示了 SOAR 系统通过调用 API 启动 PDP 流程的方式。SOAR 系统执行分析，确定服务器、用户设备或网络中是否存在问题，并确定是否需要采取相应的措施。[1]如图 11-2 所示的 API 调用可能包含特定用户或其他更多范围的信息(例如，网络的总体威胁水平)。

当然，对于如图 11-2 所示的场景，零信任系统应能够基于策略对 SOAR 的 API 调用做出适当的响应。例如，观察到 Sally 设备中异常行为后，零信任系统可能采取以下控制措施：

- 提示 Sally 在该设备上重新验证[2]
- 要求 Sally 执行 MFA
- 立即通过诸如网络隔离的控制措施，限制 Sally 的设备访问
- 警告 Sally

1 这可能是由安全运营中心的 SIEM 分析人员所触发的，也可能是 SOAR 的自动化响应。

2 安全团队在设计响应时，应该考虑企业的威胁模型和期望的用户体验。如果前提是 Sally 的设备存在恶意软件，那么有理由假设恶意软件可能是击键记录和屏幕捕获。因此，提示 Sally 在受感染的设备输入她的凭据或 OTP 可能是糟糕的选择，会进一步危及安全性。最好在单独的设备(例如智能手机)中提示使用 MFA，或者干脆隔离相应的设备。响应的严重性取决于对恶意活动的信任程度以及团队处理 SIEM 和 SOC 中的误报的经验。

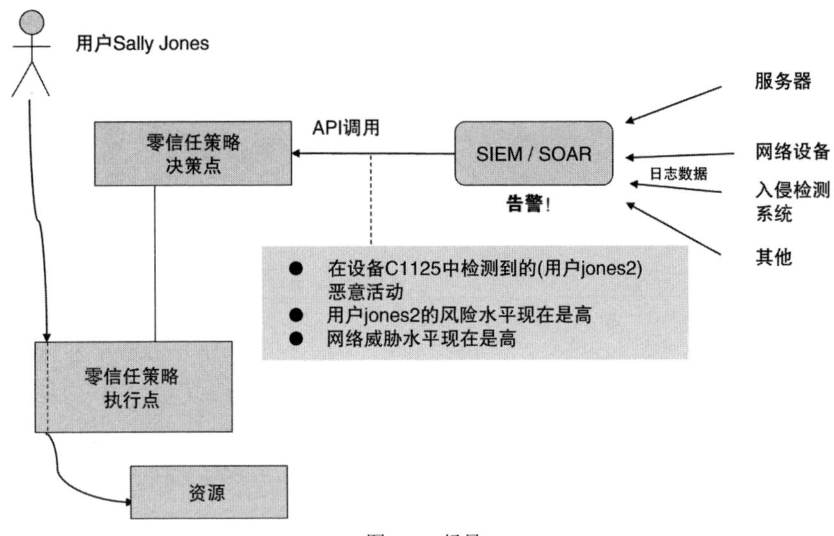

图 11-2　场景

间接集成(属于外部触发器)

最后一点是关于 SIEM 和零信任系统之间交互的说明。虽然图 11-2 的示例说明的交互比较简单，但在实际运营环境中的交互很复杂——需要将 SIEM/SOAR 配置为了解零信任系统需要哪些数据评价策略。交互的复杂性增加了系统的复杂性和运营开销，因为零信任系统和 SIEM/SOAR 系统之间存在对数据的双向依赖。如果零信任系统中的策略配置为“使用”来自 SIEM/SOAR 的新属性，那么 SIEM/SOAR 也需要变更配置，以便在零信任系统的 API 调用中包含新属性。对数据的双向依赖需要双方执行协调一致的变更，增加了运营复杂性。另一种更简单的方法是零信任系统向 SIEM/SOAR 请求所需的数据。这样，零信任策略变更时则不需要变更 SIEM 配置，只要 SIEM 包含所需的数据即可。SIEM 和零信任之间的交互模型如图 11-3 所示。

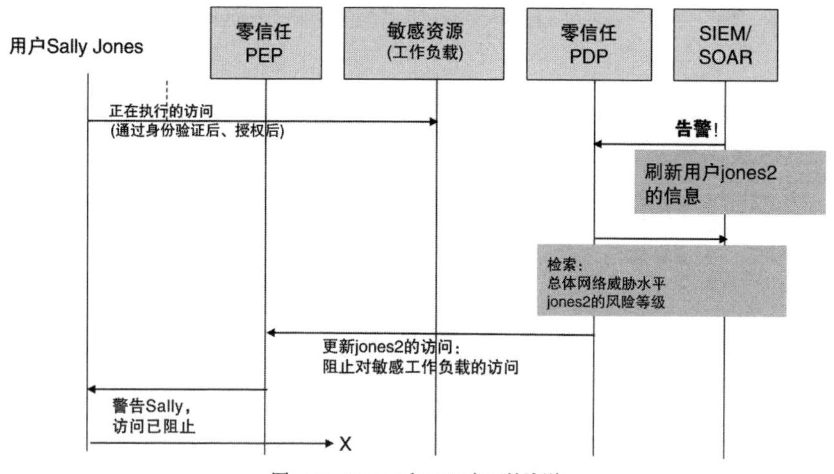

图 11-3　SOAR 和 PEP 交互的泳道

为简化起见，将图 11-3 描述为“泳道(Swim lane)”，Sally 已经通过了身份验证并获得授权访问敏感工作负载。然后，SOAR 系统注意到与 Sally 或其设备相关的异常活动，SOAR 对零信任 PDP 执行简单的 API 调用，告诉 PDP 发生了安全态势变化，零信任系统需要更新与 Sally(用户 jones2)相关的信息。基于 SOAR 对零信任系统的 API 调用，零信任系统随之做出反应——重新评价 Sally 的整体策略，从多个系统(包括 SOAR)检索关于 Sally 的更新信息。注意，是零信任系统而不是 SOAR 决定需要哪些信息。意味着 SOAR 不需要了解 PDP 评价策略时需要哪些数据元素。PDP 根据更新过的信息，决定 Sally 不再拥有访问敏感资源的权限，并将评价结果通知 PEP。对于图 11-3 的示例，安全团队还选择通过弹出消息或短信警告 Sally。

11.4　本章小结

SIEM 和 SOAR 工具已成为现代 SOC 不可或缺的元素，为安全分析人员提供宝贵的分析、可视化和响应能力。在零信任架构中将解决方案结合在一起执行实时和准实时分析和响应方面，SIEM 或 SOAR 能够发挥重要的作用。本书在此讨论的集成场景说明了在不同的时间根据不同的触发器将 SIEM 和 SOAR 系统组合在一起，从而提高安全性、响应效率和有效性的方法。本章提供的示例远非详尽无遗，零信任系统和 SIEM/SOAR 可通过其他许多方式集成，执行有价值和有吸引力的功能。观察企业的 SOC 团队应用现有的工具执行操作方法，并调试企业的零信任系统，以便向企业的平台提供身份和上下文丰富的数据。SOC 团队也许会想出很多集成 SIEM 和 SOAR 平台的方法。此外，组建 SOC 团队对企业的零信任旅程是有益的。

第12章

特权访问管理

特权访问管理(Privileged Access Management，PAM)是IT安全行业的领域之一，服务商提供控制，对特权用户(系统管理员)通过一组安全功能和流程访问系统或资源进行管理并提供报告。PAM可用于控制对任何系统的访问，但通常仅适用于高价值资源，例如，域控制器和生产服务器。当然，零信任安全的前提是“用于保护所有系统”，但高价值系统(通常也受PAM保护的系统)是初始零信任项目或范围的优先候选者。

PAM解决方案随着市场的成熟而不断发展和扩展，如今提供以口令保险库(Password Vaulting)、秘密共享(Secrets Sharing)和会话管理(Session Management)为中心的功能。虽然PAM通常通过企业身份提供方(Identity Provider)执行身份验证，并且经常使用组成员身份控制访问，但安全专家认为将解决方案归类为身份感知解决方案而非以身份为中心的解决方案是有意义的。了解身份感知解决方案与以身份为中心的解决方案的区别非常必要，因为PAM解决方案在某些方面可能像零信任系统，甚至可能提供一些类似PEP的能力，但不能单独视为零信任解决方案。下面首先探讨PAM通常提供的三个核心功能。

12.1 口令保险库

PAM解决方案一开始提供了口令保险库(Password Vaulting)的简单概念，而不是依靠管理员用户独立维护特权账户的口令，安全凭证存储在安全保管库中。保管库为口令提供安全存储和访问管理，并自动执行口令的生命周期管理，包括过期(Expiration)和轮换(Rotation)。PAM解决方案实现了所需的业务流程，包括用于“签出(Check Out)”口令以供使用的访问请求和批准流程(口令保险库的作用类似于口令图书馆，用户“签出”口令的方式与从图书馆借阅图书的方式相同)。在当今的实践中，安全凭证通常是短暂的，并且通常在指定期限到期后轮换。有时用户甚至从未看到口令；身份验证是自动重新执行的，PAM 系统会在幕后将安全凭证签入目标系统。

如今，口令保险库已从存储特权账户口令的简单过程演变为通过 API 提供口令以支持服务账户，并为账户提供口令管理。API 功能可帮助应用程序、脚本和服务账户避免以明文形式保存口令，或在容易泄露的位置保存口令。

在 PAM 环境中，口令保险库是很有价值的，是实现多个目标的手段。首先，口令保险库提供了访问安全凭证的最低特权模型，这显然是零信任环境的组成部分。其次，口令保险库有助于对敏感资源的访问执行强制业务流程。最后，口令保险库确保记录并审计对特权系统的访问，这在许多受监管的环境中都很重要。

12.2　秘密管理

随着时间的推移，PAM 解决方案从存储和管理相对简单的用户口令扩展到支持多种秘密管理功能。秘密不仅限于口令，还包括直接或间接保护系统所需的任何类型的信息。以下是可能存储在秘密共享解决方案中的口令以外的其他元素示例：

- 散列(Hash)
- 证书(Certificate)
- 云租户信息
- API 密钥
- 数据库存储信息
- 个人信息
- SSH 连接信息

上述信息的共同点是，需要可靠地存储敏感信息，允许经过身份验证和授权的身份访问敏感信息，并保持数据完整性(即，不可篡改)。秘密管理系统应以安全和可审计的方式支持用户和系统访问。

秘密管理除了技术优势外，还具备一些面向业务和流程的优势，特别是存储和获取秘密的工作流和流程。简单的事实就是具备受控制的位置和安全存储，帮助组织避免临时存储安全凭证，从而降低盗取或丢失安全凭证的风险。

最后，如前所述，通过 API 机制访问秘密管理物理位置的非人员实体，可用于在应用程序或服务器的引导过程中自动检索环境中的秘密。

12.3　特权会话管理

特权会话管理(Privileged Session Management，PSM)是 PAM 最重要的一个方面，但值得注意的是，PAM 通常不是零信任解决方案的原生部分。通常，促使组织规划预算并部署 PSM 解决方案的驱动因素并不是安全问题，而是法律法规监管合规要求和审计问题。PSM 解决方案的本质是拦截系统管理员对目标系统的访问，提供监测、记录和约束管理员通过特定协议(例如，RDP 和 SSH 等协议)访问的机制。

PSM 解决方案通常为企业提供两个主要功能。首先，PSM 为管理员访问提供密钥记录或会话记录，确保记录所有此类活动以供审计、合规和取证。其次，PSM 还可以提供“受监督(Supervised)”的管理员访问权限，支持其他人员实时查看管理员的访问权限，以此确保对高风险活动的监察。

PSM 还经常用于在特权系统中强制执行基于角色的访问，通过向用户提供适度足够的权限，支持执行必要的任务。PSM 执行基于角色的授权，可以是限制授予管理员账户权限，也可以是实际阻止某些命令在目标设备中执行实现。例如，假设 Windows 研发人员需要部署代码，然后在 IIS 服务器中重新启动特定站点，但应防止 Windows 研发人员执行 IISRESET 命令。PSM 可以确保授予特定角色最低限度的必要权限。另一个 Linux 系统的示例是会话管理系统(Session Management System)防止用户试图通过 SSH 命令横向移动。

总结一下本章对 PAM 的介绍，图 12-1 显示了部署 PAM 解决方案的方式，其中包含核心 PAM 策略服务器，一组运行在生产服务器(受保护的资源)中的分布式 PAM 代理。在此示例中，组织可能选用 PAM 解决方案作为其他方法的替代方案(例如，替代堡垒机设备[Jump Box])。

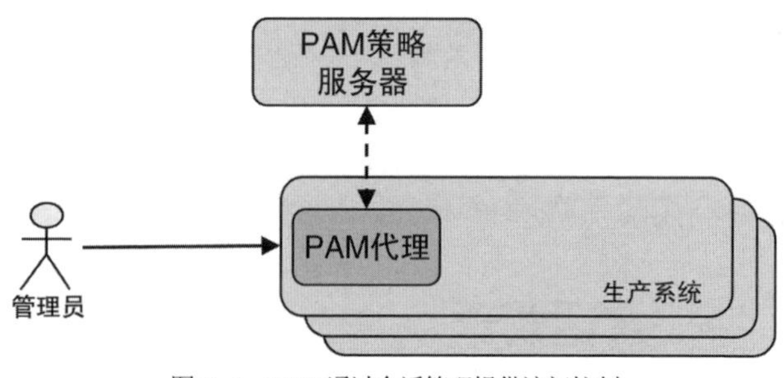

图 12-1　PAM 通过会话管理提供访问控制

在本示例中，代理从策略服务器接收信息，该服务器定义了特定用户在目标系统中拥有的执行权限。也就是说，当用户直接访问服务器时，代理控制允许用户登录，还能提供基于角色的访问控制(RBAC)以及对管理操作的控制。注意，安全专家更愿意使用与零信任一致的术语描述 PAM 组件，因为零信任与 PAM 组件之间在某些方面存在共性，也存在一些重要差异。下一节将探讨零信任与 PAM 组件之间的差异。

最后，展望未来(并从更宽泛的角度而不仅是零信任看)，无服务器计算(Server Less Computing)和 DevOps 风格的“不可变基础架构(Immutable Infrastructure)”的使用正在改变执行特权操作的管理方式，并使传统 PSM(在某种程度上，还包括口令保险库)变得不那么重要。随着组织这一理念上的改变，PSM 和口令保险库会发生变化，因此管理员实际上不必登录到生产系统手动执行任务。如果改变特权操作的管理方式实施得当，企业将获得效率更高且更可靠的结果，特权操作更多以“即代码(as Code)”方式驱动，通过手动执行任务的情况越来越少。注意，第 18 章的 DevOps 场景中将讨论特权操作管理方式的改变。

12.4　零信任与 PAM

现在，从传统 IT 和安全的角度探讨 PAM 的元素在零信任环境中存在的方式。请记住，虽然 PAM 的功能(保管箱、保密和会话记录)将持续在安全架构中发挥重要作用，在零信任环境中可能会有一些变化。

正如前面章节提到的，许多 PAM 解决方案已经具备内置的策略和访问模型，并能与身份提供程序集成，用于执行用户身份验证、基于角色的访问控制和基于属性的访问控制。PAM 在某种程度上与策略执行点一致。但是，首先探讨一下 PAM 口令保险库的“800 磅大猩猩”问题[1]。使用口令保险库的前提是在过度开放的网络中执行非零信任方法。在开放的网络中，用户可对所有服务器执行持续的网络访问，因此需要带有服务器口令混淆(Obfuscation)和轮换(Rotation)的保管库。这一前提不再适用于零信任！理论上，在零信任网络中，企业能够不再使用服务器特权访问的口令，而是依赖 PEP 强制执行与上下文和业务流程相关的零信任策略。目前，安全专家不建议企业在实践中取消服务器特权访问口令，但强调应关注采用零信任方案替代口令保险库的观点，并举例说明了零信任网络改变口令管理库价值主张的方式。不鼓励安全专家主动停用 PAM 保管库，但企业应该考虑在新的环境和项目中不再部署 PAM 保管库。请记住，PAM 中的其他功能(秘密管理和会话记录)将在零信任世界中保留。

接下来继续探索 PAM 与零信任的关系。最直接、最容易实现的方法是保护对 PAM 服务器本身的访问，方法是将其置于 PEP 之后，如图 12-2 所示。在此场景中，PAM 解决方案是零信任架构中受保护的资源。虽然简单明了，但通过防止未经授权的用户或设备访问 PAM，提高 PAM 的安全性是明智的且有价值的。这是一种有效的安全实践，因为获取 PAM 服务器权限，获取“王国的钥匙(Keys to the Kingdom)”，是恶意攻击方的本质目标。

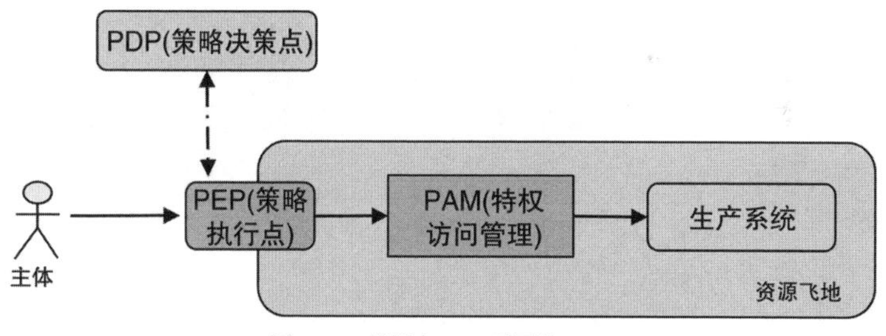

图 12-2 部署在 PEP 后面的 PAM

接下来探讨 PAM 更好地与零信任解决方案集成的方式，例如，通过应用身份上下文或辅助执行策略。

图 12-3 描述了一种可能的集成，显示了 PDP 与 PAM 信息或策略集成的方式，并能够合理运用 PAM 信息或策略，以便并入零信任策略模型。PDP 与 PAM 信息或策略的集成可能就像通过 PAM 通知 PDP 哪些高价值服务器需要更强的

1 译者注：“800-pound gorilla”是一句美国习语，用于形容某人或某组织十分强大，行事无须顾忌。

身份验证或设备状态检查一样简单。或者，可以是一种更复杂的集成，PDP 应用 PAM 定义的关于哪些管理员允许访问哪些服务器的策略，并转发给 PEP 执行。

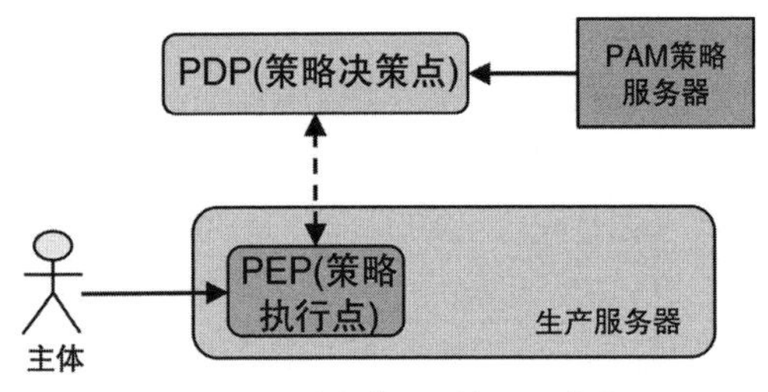

图 12-3　零信任情况下的 PAM 集成

图 12-4 所示的另一个场景描述了 PAM 执行来自 PDP 的信息，并利用 PDP 提供的信息部署有效的访问控制措施。PDP 提供的信息可用于有效决定是否允许访问目标系统的身份或设备属性。例如，大多数 PAM 解决方案都不具备内置的远程访问功能，而零信任解决方案则具备。PDP 可以向 PAM 提供用户的地理位置信息，然后 PAM 将 PDP 提供的信息作为决定是否允许访问的因素。

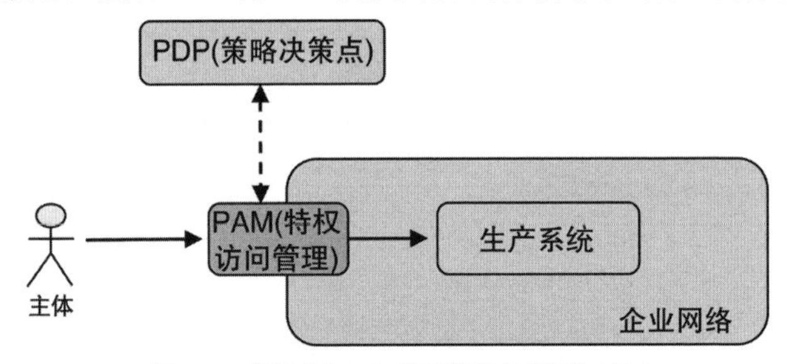

图 12-4　使用来自 PDP 的零信任上下文的 PAM

虽然最后两个示例比当下实际应用场景更具前瞻性，但安全专家确信，随着零信任平台的普及，PAM 的应用场景也将变得更加开放，并支持跨安全组件的集成。如果 PAM 服务商扩展到零信任领域，跨安全组件的集成可能会更快实现。

安全专家认为，跨安全组件的集成凸显了当今 PAM 解决方案更加注重身份感知而不是以身份为中心的方式。虽然 PAM 通常通过企业身份提供方执行用户身份验证，并且可以使用组成员身份确定访问策略，但这通常是 PAM 控制范围的限制。本章在图 12-3 和图 12-4 描述的前瞻性场景非常有吸引力，有助于将 PAM 解决方案带入动态和以身份为中心的零信任世界。

12.5　本章小结

PAM 提供了有价值的口令和访问管理功能，有助于满足安全(Security)、合规(Compliance)和审计(Audit)要求。虽然 PAM 也有助于实现最小特权原则的某些方面，并可以使用身份属性帮助管理访问，但 PAM 不能替代完整的零信任平台。不过，通过零信任平台集成 PAM 可以提高这两个系统的价值，拥有 PAM 的组织应该优先保护 PAM 服务器本身。企业还可以研究这两种解决方案交换信息的方式，以便共同做出更好的访问决策。

第13章

数 据 保 护

Forrester 将数据置于其零信任扩展(Zero Trust eXtended，ZTX)框架的中心有着充分理由：组织中最具有价值的就是应加以保护的数据。从零信任角度看，数据(通常是攻击方的主要目标)才是关键的企业资源，应由 PEP 与 PDP 集成，通过以身份和元数据为中心的策略模型保护。

大多数组织的数据量呈指数级增长，高价值数据在各种系统中定期存储、访问和处理，这些系统包括本地、云环境和移动设备。组织持续开展云迁移和数字化转型，数据量和复杂性只会持续增长。需要通过有效的数据生命周期和使用计划来有效地管理和保护这种增长。本章将讨论数据生命周期、数据保护和数据使用(包括标记和分类分级)，并最终讨论数据安全与零信任策略结合的方式。

13.1 数据类型和数据分类分级

数据通常分为两种不同的类型：结构化(Structured)和非结构化(Unstructured)。两者之间的区别很重要，会影响确保数据安全性或通过技术支持数据安全性的方式。

结构化数据是存储在某种类型数据库中的数据，通过特定机制(如 SQL)执行访问和创建操作。在数据库中存储数据的流程将由所选的数据库技术决定，但通常情况下，数据是以二进制格式存储的，并且在数据库系统中定义了访问控制。数据库通常采用已定义的模式，该模式约束允许的数据类型并分配元数据，如列名。例如，存储员工记录的数据库表可以定义一组列，如出生日期(日期类型)、街道地址(自由格式文本)和员工 ID(整数类型)。这就对存储在该表中的数据列执行了隐式的分类分级，提供了相关安全要求以及实现安全的指导方法。

非结构化数据是指通过任意方式创建并由用户或存储数据的技术格式化的数据。最重要的是，非结构化数据不适合任何预定义的模式，因此，无法整体或按字段自动定义安全要求和分类分级(Classification)。也就是说，由于文件本身是非结构化的，因此文件本身不提供有关其中包含的数据的信息。与“出生日期”数据库列示例不同，非结构化文件不明确表示其包含员工出生日期信息。此外，非结构化文件与数据库中的数据还存在其他安全差异。文件共享中存储的文件可能不允许通过创建文件的软件以外的任何方式加密或混淆。虽然文件允许以专有格式编写，但对文件的访问取决于对存储位置的控制，无论是网络文件共享还是基于 SaaS 的服务。

当然，数据的分类分级是连续的，非结构化数据可能涵盖某个级别的标签(Labeling)，并且具有约定或业务流程强加给非结构化数据的某种隐式结构。同样，无意或恶意滥用的结构化数据模式，也存在转变为有效的非结构化数据的可能性；例如，几乎没有规定会阻止使用“客户账户注释”字段存储社会保险号码。最终，通过数据模式的使用和操作约定，共同帮助组织实现数据安全的赋能特性：分类分级。

结构化和非结构化数据都需要一定级别的分类分级，以便告知数据安全系统处理数据的方式。分类分级是根据数据对组织的潜在影响识别数据相关风险水平的流程。FIPS 1991[1]年出版的颇具影响力的“联邦信息和信息系统安全分类标准(Standards for Security Categorization of Federal Information and Information Systems)”定义了以下级别。

- 低(Low)：机密性、完整性和可用性的损失，对业务功能(例如，营销或网站内容)的不利影响有限。
- 中(Moderate)：机密性、完整性和可用性的损失，对业务功能(例如，客户信息、价目表、业务方案或战略文档)产生严重不利影响。
- 高：机密性、完整性和可用性的损失，对业务功能(例如，源代码、银行安全凭证或签名安全凭证)造成严重或灾难性影响。

上述分类分级虽然是高级别的，但可用于影响零信任环境中的初始访问策

1 FIPS 1991 是美国国家标准与技术研究所的联邦信息处理标准的一部分，为确定数据泄露的影响提供了指南。

略。本书后面以及第 17 章将讨论分类分级及其对零信任的影响。

13.2 数据生命周期

数据像身份一样具有具体的生命周期。数据的生命周期从数据创建开始，持续到数据使用，最后以数据销毁结束。数据生命周期的各阶段都需要不同的安全方法和建议。

13.2.1 数据创建

可以通过多种方式创建数据；创建数据的方式决定数据是结构化的还是非结构化的。如图 13-1 所示，将数据创建为文件或数据库中的记录。此外，数据并不总是由个人或用户创建。应用程序或流程负责以结构化或非结构化格式创建数据。数据还包括多种类型，包括业务文件(如文档或电子表格)、机器生成的数据(如传感器数据或计算分析结果)或有价值的 IP(例如，源代码、设备设计、基因或生物制药数据)[1]。

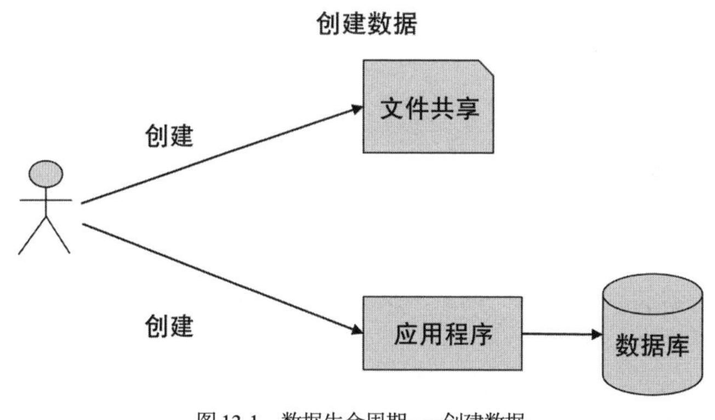

图 13-1　数据生命周期——创建数据

无论数据以哪种方式创建，元数据(Metadata)或标记(Tagging)都是支持分类分级策略所需的。有多种方法能够创建分类分级标记或标签(Label)：自动化的、基于用户或探查的解决方案。自动化数据分类分级(Automated Data Classification)是指软件通过多种手段对文档执行分析和分类分级，包括内容分析(Content

1 译者注：IP 是知识产权(Intellectual Property)。

Analysis)、文档物理位置(Document Location)、用户部门或相关应用程序及业务流程等。自动化分类分级通常在数据创建阶段执行。基于用户的分类分级(User-based Classification)要求首先确认数据的内容和主体。虽然用户可以成为提供标记和标签的有效机制，但存在不一致的风险，因为即使是经过培训的人员也可能会以不同的方式使用标记和标签。最后，探查工具(Discovery Tool)也用于执行数据分类分级，但探查工具与自动化分类分级解决方案的不同之处在于，探查工具分类分级通常在数据创建和存储后执行，根据探查的内容、物理位置和搜索规则提供标记和标签，但与自动分类分级工具不同，探查工具可能不清楚创建数据的身份、应用程序或流程。

13.2.2　数据使用

虽然所有数据均应受到保护，但在数据生命周期的下一阶段，当数据实际投入使用时，分类分级能够实现更有效的安全保护。在数据使用过程中应考虑数据生命周期的多个阶段：静止状态数据(Data-at-rest)、移动状态数据(Data-in-motion)和处理状态数据(Data-in-use)。各个阶段都将为数据管理和安全带来挑战和效益。

图 13-2 举例说明了当用户通过 Web 浏览器调用应用程序访问数据时，数据经历多个阶段的方式。在访问之前，数据为静止状态。使用阶段发生在创建数据并写入某种形式的持久存储(Persistent Storage)之后。为了保护静止状态数据，全盘或数据库表加密(或其他整体方法)提供了一定级别的安全保护，但重要的是要理解，这并不能保护作为资源的数据。加密整个磁盘或数据库表可防止物理或磁盘级别的数据访问，但不是授权模型的一部分。

继续图 13-2 的示例，当用户访问应用程序时，会出现两次移动状态数据。应用程序将调用存储位置以检索数据；这是第一个通过应用程序和存储之间的加密网络连接来保护移动状态数据的机会。用户设备和应用程序之间的网络是保护移动状态的第二个机会，移动状态数据应使用 HTTPS 或其他安全 TCP 通道。在许多方面，保护移动状态数据是保护数据的最简单阶段，可通过使用加密网络协议解决。事实是，无论移动状态数据的分类分级是什么，都应对所有移动状态数据实施网络协议加密。

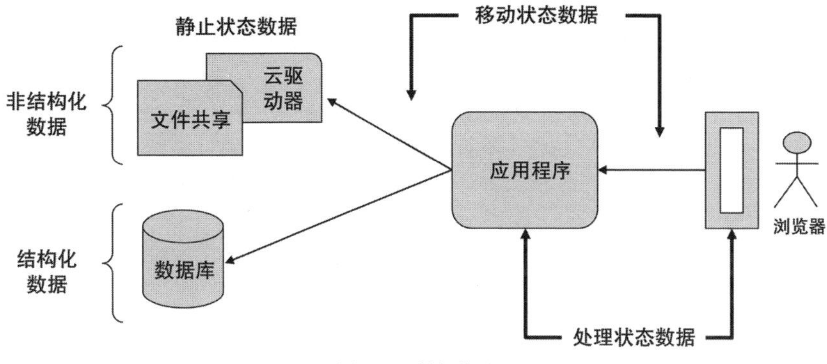

图 13-2　数据使用

最后，处理状态数据是指软件(例如，应用程序客户端、浏览器或应用程序服务器)主动保存在内存中的数据。处理状态数据通常是最难保护的数据状态。一旦应用程序将数据加载到内存中，执行数据保护可能非常困难。有一些数据安全技术，如内存加密(In-memory Encryption)、数据标记(Data Tokenization)或混淆(Obfuscation)，可用于保护处理状态数据。实施上述数据安全技术高度依赖于应用程序和技术架构。云访问安全代理(CASB)之类的解决方案能够对 SaaS 应用程序提供帮助，而为保护企业构建的应用程序涉及的处理状态数据，通常依赖于研发人员利用经过验证的设计模式、工具包或库的方式。

13.2.3　数据销毁

数据生命周期的最后阶段是数据销毁(Data Destruction)。组织，特别是受监管行业监督的组织或管理敏感数据的组织，需要定义和实施数据留存策略(Data Retention Policy)，决定在数据销毁之前的存储时长并在存储期间确保数据的可访问性。注意，不同的业务具有不同的数据销毁要求，导致组织管理数据“生命终结”策略具有挑战性，对于大型或涉及多个行业的企业尤其如此。

如今，越来越多的数据生命周期服务提供商将数据存储和留存策略执行作为一项服务(通常通过 SaaS 平台)提供。服务商的 SaaS 平台可以通过实施一致和简化的分类分级策略为企业提供帮助，降低企业传统的本地存储和管理程序的成本及工作量。

13.3 数据安全

数据安全在数据生命周期的不同阶段实现。如上一节所述，对于静止状态数据(通过全盘加密)和移动状态数据(通过加密传输)，可相对安全地保护数据。但更具挑战性和趣味性的阶段肯定是处理状态数据，数据防泄露(Data Loss Prevention，DLP)解决方案可帮助解决这一问题。

企业部署的 DLP 解决方案提供了一套围绕以下要素实施的技术控制措施。

- 设备控制措施：定义设备级别使用数据的方法(例如，防止打印、复制和粘贴的功能，或者是否启用设备的 USB 端口)。
- 内容感知控制措施：根据数据内容实施和调整数据库的安全控制措施。安全控制措施可能包括数据混淆(Data Obfuscation)。
- 强制加密：确保在驱动器或物理存储级别加密静止状态数据，目的是当设备丢失或失窃时，确保存储的数据不可访问。
- 数据探查(Data Discovery)：数据安全最重要的方面之一，探查解决方案为组织提供的方法不仅可以发现未知的敏感数据，还可自动执行分类分级。

DLP 解决方案具有实施访问控制策略的技术手段，并将与零信任环境保持相关性。当然，DLP 系统实施的实际策略应由组织定义、验证和策划。相关活动发生在称为数据访问治理(Data Access Governance，DAG)的信息安全领域内。

DAG 与 IAM 中的身份治理(Identity Governance)功能密切相关，并定义允许在何处以及以何种方式访问数据、由谁访问数据以及最终何时访问数据。在零信任环境中，使用 DAG 定义可访问数据的条件，理想情况下应直接与零信任策略绑定。DAG 提供了治理数据以及最终在整个组织中实施策略的功能和访问规则。

通过数据分类分级，数据治理可以有效地为访问策略提供保护机制：通过元数据标记进一步管理访问策略。元数据标记将作为零信任 RBAC 或 ABAC 策略的输入内容。

数字版权管理(Digital Rights Management，DRM)是另一种数据安全措施，为专有数据、与版权相关的数据或可能具有宝贵知识产权(Intellectual Property，IP)的其他任何业务数据的所有方提供控制措施。DRM 实施由数据所有方(Data Owner)定义的技术控制措施，并可以控制数据的短期和长期使用与访问方式。

一些 DRM 解决方案能与零信任平台结合，利用身份和设备属性等上下文。

虽然数字版权管理(DRM)专注于控制对数据的访问，但 DRM 通过其他传统的方法(例如，数据加密)、较新的方法(例如，数据标记[Data Tokenization])以及新兴技术(例如，同态加密[Homomorphic Cryptography])[1]都能实现数据混淆，并为在数据保护流程中支持零信任策略提供机会。将零信任集成到数据保护技术中可实现身份识别和上下文感知的数据访问策略，而不必关注使用何种方法执行混淆处理。下一节将进一步探讨数据保护技术与零信任架构的关系。

13.4　零信任与数据

第 3 章介绍了几个零信任部署模型，各个模型最终都提供 PEP 保护资源的方法。在每种部署模式所涉及的场景中，通常将资源自由地描述为数据、控制/修改数据的应用程序或事务。在所有情况下，零信任 PEP 通过执行策略保护资源。正如本书所讨论的，PDP 应使用上下文信息确认访问决策。数据的分类分级和元数据可用于零信任策略。因此，接下来将从零信任环境中的数据角度探讨 PDP 和 PEP。

如前所述，数据分类分级是通过对环境中的数据元素执行标签和标记(Tagging)实现的。如有可能，应将数据的标签和标记用作零信任策略的元素。零信任的策略基于角色、属性或其他身份数据授予访问权限，还应包括基于数据属性的访问决策。虽然数据的分类分级和策略直接源于组织需要遵守的监管合规要求，但安全系统强制实施的实际控制措施也应基于组织的风险模型和风险承受能力。

为扩展数据分类分级的概念，组织的审计和安全团队通常会定义支持法律法规监管合规标准的控制措施。例如，美国的上市公司受到“2002 年萨班斯-奥克斯利法案(Sarbanes-Oxley Act of 2002，SOX)”标准的约束。由于 SOX 标准侧重于数据，通过标记和标签执行分类分级将为审计和安全团队定义的与财务数据相关的策略提供支持。为实现满足监管合规标准的数据安全策略，可通过实施数据访问治理解决方案来提供管控功能。

图 13-3 描述了在基于飞地的零信任模型中部署数据安全解决方案的方式。

1 DRM 使用的算法允许在不需要解密的情况下对加密数据执行算术计算。对于某些用例，这有效地减少了处理状态数据和移动状态数据的风险因素。

在该模型中，资源是PEP保护的数据，PEP使用PDP定义的策略以及DAG解决方案的输入。在本例中，受保护的访问可以是用户从其设备直接访问，也可以是代表用户访问数据的应用程序。例如，如果将整个数据资源标记为“客户记录”，则应仅允许特定组(客户服务团队)中的身份访问此数据资源。此策略强制的含义是，PEP可能阻止试图从资源飞地外部访问此数据的应用程序。这种情况下，应用程序可能是经过身份验证的零信任身份，只有提供身份上下文才能获得访问权限。

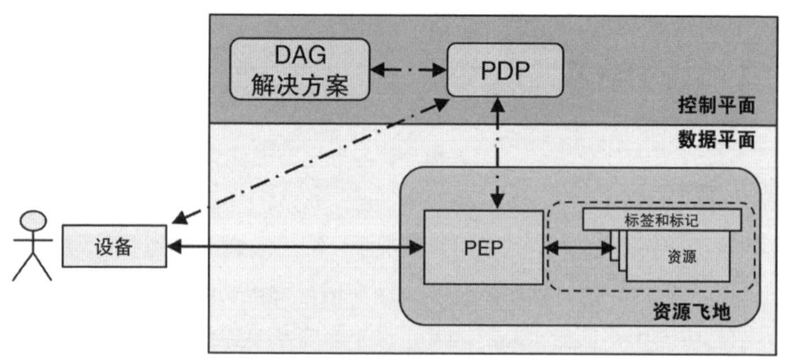

图13-3　基于飞地模型的数据管理

在有效的零信任系统中，PEP和数据管理系统或应用程序之间存在双向集成(Bidirectional Integration)。数据管理工具将向PDP和PEP提供决策以及在策略执行中使用的数据属性。数据管理系统将能使用来自零信任系统的上下文信息，执行实时策略并采取行动。

当然，有些数据可能存储在本地用户设备，但仍然应该加以保护。零信任能以两种不同方式与数据安全解决方案结合使用，如图13-4和图13-5所示。

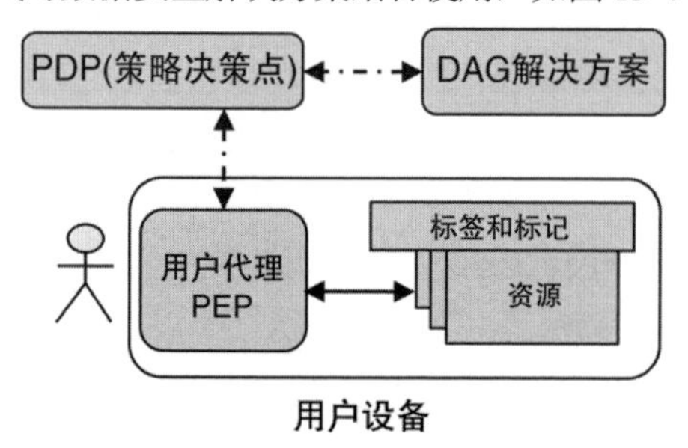

图13-4　用户设备的数据访问治理和数据保护

图 13-4 显示了零信任系统与数据访问治理解决方案，以及在用户本地设备运行的用户代理 PEP 共同工作的方式。由于 DAG 解决方案定义策略而不是主动实施访问控制，因此 DAG 系统向 PDP 提供输入。DAG 输入的附加信息应告知 PDP 有关数据策略的信息，并有助于指导 PEP 根据数据标签和标记在本地实施访问控制。图 13-4 与图 13-5 形成对比，图 13-5 显示了用户设备具有 DLP 组件，以及该组件主动实施控制策略的方式。

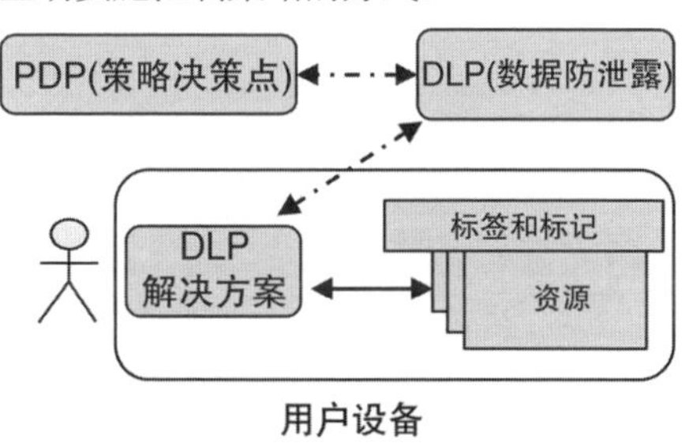

图 13-5 用户设备的数据防泄露和数据保护

在本例中，零信任系统使实体和会话上下文信息可供 DLP 系统在其内部授权(访问控制)模型中使用。例如，零信任系统可以提供用户地理位置信息，使 DLP 能够强制执行数据保留要求。注意，这有效地使本地 DLP 机制成为小型的零信任 PEP。

13.5 本章小结

本章重点讨论数据作为零信任环境中的一种资源，应当与其他资源一样受到保护。从零信任的角度看，这意味着应通过 PEP 访问数据，PEP 强制执行以身份为中心的安全上下文。数据生命周期管理、数据治理和数据防泄露是提供数据安全性的重要元素，即使在零信任解决方案之外，提供数据安全性的元素也将继续存在(并保持有效)。企业实施以身份为中心的安全解决方案将最终改善数据安全解决方案。安全专家建议企业的零信任策略在某种程度上涵盖支持上下文感知的数据安全；不过，这通常不是早期零信任项目的最佳候选用例，而且依赖于企业选择的零信任平台的数据安全能力。

第 14 章

基础架构即服务和平台即服务

过去十年，采用云计算一直是行业最重要、最具影响力的变化之一，而且这种变化没有减弱的迹象。基础架构即服务(Infrastructure as a Service，IaaS)和平台即服务(Platform as a Service，PaaS)产品的强大和普遍性改变了行业大部分软件的构建、部署和访问方式。然而，安全专家并不认为云计算平台对安全行业有着同样深远且重大的影响。虽然基于云环境的平台确实拥有复杂而强大的访问控制模型，但云环境平台提供的访问控制模型主要是为了保护云环境中的服务，而不是为跨异构环境的所有用户提供企业级安全解决方案。

零信任的基本原则之一，是确保所有用户对所有资源的访问。这并不意味着 IaaS 和 PaaS 云平台无法成为零信任安全部署的一部分(甚至是重要部分)。毕竟，Google 在内部首创了许多零信任原则，并开始将其中的元素作为云平台商业化版本的组成部分。但总体而言，主要云服务商的安全解决方案侧重于在服务商的云平台内提供安全性，而不是提供整个企业的通用安全性。Microsoft 是个例外，Microsoft 正在以一些创新和有趣的方式运用其在身份、桌面和云计算方面的优势。

应理解的是，本书的目标并不是对服务商及其产品执行有效性评价或排名，因为服务商及其产品是动态的、不断变化的。本书的目标是为企业提供框架和工具，帮助企业以最佳方式实施零信任项目提案，做出审慎和明智的决定。IaaS 模型和 PaaS 模型在当今企业中都非常重要，任何零信任项目提案都应包含 IaaS 模型和 PaaS 模型的相关内容。接下来将深入了解零信任项目提案中的相关内容。

14.1 定义

基础架构即服务(Infrastructure as a Service，IaaS)是易于理解和定义的服务：动态调配完整的操作系统，部署在云服务提供商(Cloud Service Provider，CSP)环境中，并采用“按量付费”服务模式。企业客户负责配置和维护完整的操作系统(OS)及周围网络，并在虚拟服务器中部署所需的软件。实际上，企业作为服务使用的基础架构是一台虚拟的“裸机(Bare Metal)”设备，企业在虚拟机上部署和配置选择的操作系统镜像。

平台即服务(Platform as a Service，PaaS)包含跨 CSP 的各种功能和模型，具有一组潜在的令人困惑的功能。在讨论 PaaS 时，经常使用的术语“无服务器计算(Serverless Computing)”指的是不必部署完整的服务器操作系统，即可部署已编写的实现特定功能的定制代码。将无服务器功能部署到 PaaS 环境中，PaaS 环境为访问、管理和启动提供了环境基础架构。

组织往往会忽略主要 CSP 可提供的多个 PaaS 功能，例如，云功能、容器化工作负载和服务网格，以及其间的一切。本章稍后将对相关的 PaaS 功能分类，并探讨将 PaaS 功能集成到零信任环境的方式。

虽然 IaaS 和 PaaS 存在相当大的差异，但也存在一些共同点。基本上，IaaS 和 PaaS 所使用的是存储和执行由企业设计和部署的自定义资源。例如，资源可能是功能中的自定义代码、完整的可执行程序或 Web 应用程序，甚至是企业设计的数据库。在所有情况下，资源(代码或数据)是企业希望能够以某些身份访问的资源，因此需要访问控制模型。

IaaS 平台和 PaaS 平台在很大程度上与零信任相关，因为 IaaS 平台和 PaaS 代表了多数构建和部署应用程序的方式。当然，CSP 具备复杂而健壮的访问控制机制，CSP 确实提供了与零信任相关的功能。例如，Google 的 Google 云平台(Google Cloud Platform，GCP)提供了身份感知代理(Identity-Aware Proxy)，该代理为 GCP 资源强制执行以身份为中心的远程访问策略。然而，当外部身份访问 GCP 资源时，CSP 的内部安全模型确实会带来一些复杂性。特别是，远程访问通常未涵盖在 CSP 范围之内。跨安全域边界访问需要协调或匹配另一个安全解决方案的访问控制机制。

这是零信任平台可以提供帮助的领域，此类平台通过跨系统和孤岛边界规范安全和访问控制。注意，零信任和原生 CSP 安全性之间的集成是有效且有价值的，例如，通过使用云环境的元数据标记作为上下文策略的输入。然而，企业应该注意不做过多尝试。例如，通过零信任系统管理对部署和调用都在 IaaS 或 PaaS 平台中的服务的访问控制，即使在技术方面能够实现，但可能没有意义。决定何时何地限制零信任项目提案的范围将是决定其成功的重要因素。

接下来继续讨论 IaaS 和 PaaS 服务，并讨论在 IaaS 和 PaaS 环境中采用零信任的方式。

14.2　零信任和云服务

零信任安全平台与 IaaS 或 PaaS 环境的融合方式取决于企业的零信任部署模型，以及企业选用的云平台服务类型。特别是，基于飞地和云路由的零信任部署模型适用于 IaaS 或 PaaS 环境，因为在基于飞地和云路由部署的模型中，PEP 都位于所保护的资源外部。也就是说，PEP 充当部署在 CSP 边界，用于外部访问的天然架构组件，使得零信任系统在允许主体访问云环境中的资源之前强制执行以身份为中心的策略。

相比之下，基于资源和微分段的模型所需要的两个条件，在云环境中可能带来挑战。首先，基于资源和微分段模型的 PEP 应运行在资源本地，对 IaaS 资源不存在兼容性问题，但与 PaaS 资源不兼容。其次，基于资源和微分段的模型通常不提供跨网络边界实施访问控制的机制。也就是说，基于资源和微分段的模型要求主体直接通过网络访问 PEP。基于资源和微分段的模型适用于本地网络中的服务和资源，要求远程主体具备独立的访问机制，这种独立的访问机制并不是基于资源和微分段的模型的内置功能。从企业的角度看，尤其是对于需要从任何位置访问的云服务而言，远程访问控制功能上的限制使得在许多情况下难以对 IaaS 和 PaaS 资源使用基于资源和微分段的零信任模型。此外，CSP 拥有自己内部研发(通常相当有效)的安全模型，用于 PaaS 环境中服务对服务的访问。实际上，对于内部 PaaS 服务，最好采用 CSP 的原生访问控制模型，而不是采用外部的、可能不兼容的模型。

到目前为止，本书已讨论过将零信任安全模型应用于 IaaS 和 PaaS 资源的方式，并且发现 PEP 作为跨云边界的访问控制点(进入云环境的入口点)最有效。接下来本书将通过观察云服务的访问方式以及相应的访问控制方式研究零信任安全模型应用于 IaaS 和 PaaS 的实现方式。尽管 IaaS 和 PaaS 的云路由零信任系统的工作原理基本相同，为简化起见，本书的讨论和图表基于飞地零信任模型。

与下一章讨论的 SaaS 服务不同，IaaS 和 PaaS 平台都构建了访问控制方法，使得 IaaS 和 PaaS 平台普遍能够轻松地与零信任 PEP 集成。云平台实施访问控制有多种技术方法；为简化起见，相关技术方法统称为访问网关(Access Gateway)。访问网关提供了在 IaaS 或 PaaS 环境中作为逻辑入口防火墙，执行源 IP 地址过滤的能力。这虽然只是基本能力，却是企业实现目标所需的：企业的零信任系统(通过 PEP 强制实施)是企业重新执行动态策略和以身份为中心的策略的方式。

图 14-1 描述了在 CSP 平台中通过运行 PEP 控制在同一云环境下访问 IaaS 或 PaaS 资源的场景。通过该模型的访问控制分为两类。通过 CSP 访问网关的配置[1]，为 IaaS 资源分配 IP 地址，只有源自 PEP 的流量才允许访问 IaaS 资源。图 14-1 显示了在 IaaS 资源的私有 IP 地址为 10.5.3.1(当然远程用户无法将其流量传输到该地址)的场景中的情况。访问网关配置为允许从任何外部 IP 地址(如远程用户的设备)远程访问 PEP。当然，PEP(和未标识的 PDP)强制执行零信任策略；访问网关用于确保所有资源边界流量通过 PEP 路由，从而受 PEP 策略的约束。

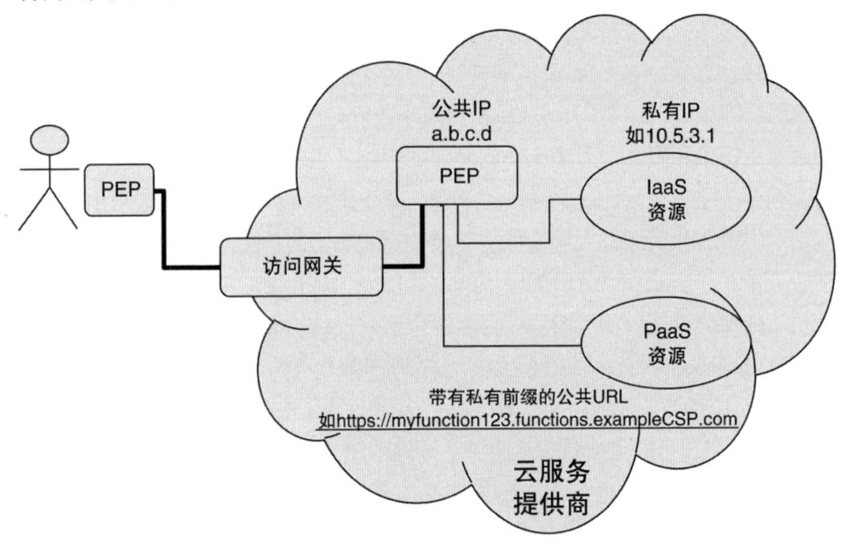

图 14-1　通过同地协作 PEP(Co-located PEP)的云访问控制

1 当然存在其他的不同示例和能力。由于篇幅和范围的限制，本书在此无法提供详尽的清单。

注意，即使为 IaaS 资源分配了公共 IP 地址，图表和最终结果也可能完全相同。只要 CSP 网络设置为所有资源边界流量都应来自 PEP，系统就可以确保零信任策略得到实施。还要注意，虽然将该资源描述为某个对象，但可以对应于在 IaaS 实例中运行的某个服务(TCP 端口)。例如，通过 PEP 保护可公开访问的 IaaS 实例(开放 HTTPS Web 服务器的 445 端口和 TCP 协议上 SSH 的 22 端口)，这种方法可能非常有效。

图 14-1 还显示了通过云平台使用通用模式访问 PaaS 资源——以私有识别码作为 FQDN 前缀的公共 URL[1]。该图显示了通用示例 https://myfunction123.functions.exampleCSP.com[2]，而真实示例看上去像 AWS Lambda 功能的 https://abc123def.execute-api.us-east-1.amazonaws.com[3]，或者 Azure 功能的 https://myapp1.azurewebsites.net/api/myfunction123[4]。图 14-1 的示例将提供一组由许多功能共享的公共 IP 地址，CSP 基础架构执行负载均衡并映射到特定客户的账户。公共 IP 地址以及为之提供服务的计算和网络基础架构都在 CSP 控制之下，不允许特定客户直接访问或干扰。事实是，本示例与企业的零信任安全模型并不冲突。这是因为，虽然 IP 地址和实际的网络入口点是公共的，但 CSP 提供了限制特定源 IP 地址调用特定功能的能力。当然，本示例仅配置为只允许来自 PEP 的访问，说明在云环境中利用基本功能(源 IP 地址限制)打开通向零信任安全模型的大门的方法。

最后，因为 PEP 部署在云平台本地，所以 PEP 能够通过调用 API 检索本地云环境中资源的元数据，以便在 PEP 确定分配策略的目标(资源)时使用。同样，本地 PEP 能够通过企业云账户检测新创建的服务实例，并动态(自动)地向特定的远程用户授予适当的访问级别。正如即将在第 17 章中所看到的，这种部署在云平台本地的 PEP 检测新资源和评价资源属性的方式，是 PEP 为云环境提供的一项重要功能。

图 14-2 描述了在任意环境中通过远程 PEP(无论是运行在本地还是运行在另一个云环境中)对基于 CSP 的资源强制执行访问控制措施。资源可以是 IaaS 或

---

1 译者注：全限定域名(Fully Qualified Domain Name，FQDN)同时带有主机名和域名的名称。

2 虽然有点像“隐匿式安全(Security Through Obscurity，STO)”，但请记住，除了 URL，调用服务通常还需要 API 密钥。当然，将 URL 和 API 密钥与 PEP 结合使用是更好的解决方案。译者注：有关隐匿式安全的细节，请参考《CISSP 信息系统安全专家认证 All in One(第 9 版)》的相关章节。

3 译者注：AWS Lambda 是 AWS 在 2014 年推出的无服务器的计算服务。

4 译者注：Azure 一般指 Windows Azure，是微软基于云计算的操作系统。

PaaS 资源，就像图 14-1 的示例那样，但这两种情况下，都需要公共 IP 地址与之关联，因为都存在远程访问的需求。同样，本示例正在重用 CSP 的基本功能实施源 IP 地址限制，要求对资源的所有公共 IP 地址的通信都来自 PEP。通过如图 14-1 所示的简单方法，企业能将零信任模型驱动的以身份为中心的动态访问控制应用于基于 CSP 的资源。注意，在图 14-2 的拓扑结构中，系统使用源自 PEP(通过访问网关到达资源)的本地应用程序协议，因此是适合加密协议的选择。

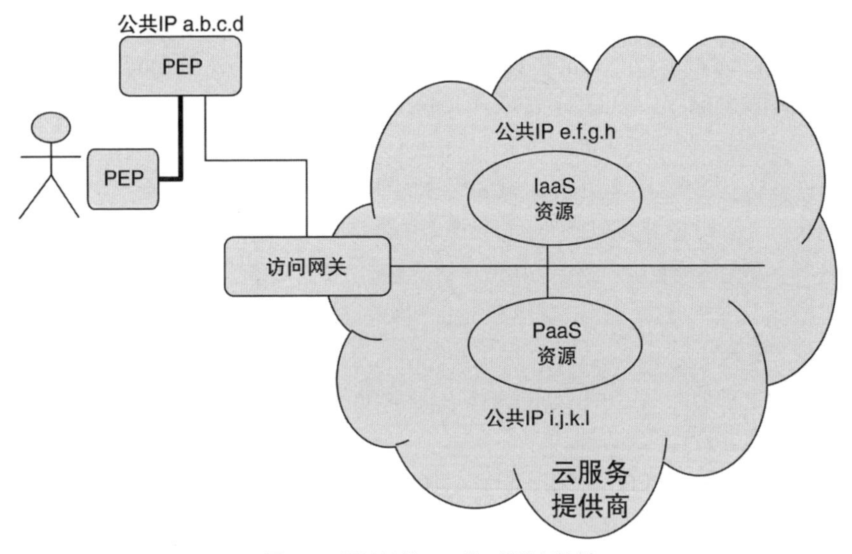

图 14-2　通过远程 PEP 的云端访问控制

当然，CSP 具有许多网络和安全功能——超出了本书讨论的通用访问网关，如网络安全组和 IAM 策略。至少，可以结合安全功能，对访问资源(服务)施加源 IP 地址限制，确保可通过零信任 PEP 访问资源(服务)。这是将云资源纳入零信任环境的基础和支持能力。

本章的讨论以简化方式描述了网络拓扑，以便解释相关概念；现实世界的云平台提供了多种方式，企业可以通过云平台提供的方式将云资源集成到企业网络中。例如，CSP 通常以站点到站点 VPN(Site-to-Site VPN)方式提供“直连(Direct Connect)”模型，该模型通过本地电信提供商从逻辑上将本地网络扩展到私有云网络。CSP 还提供更高级的网络连接和配置功能，企业可使用 CSP 提供的功能构建复杂的网络拓扑和同样复杂的访问控制机制。然而，本书建议企业保持简单，并将动态和以身份为中心的访问控制落实到企业的零信任平台。零信任能帮助企业避免创建新的、复杂的和特定于某个 CSP 的安全模型。CSP 模型虽然功能强大，但倾向于以网络和 IP 地址(而不是身份)为中心。而且 CSP 通常不具备在异构和多样化的企业环境中，定义和实施所需要的零信任策略的能力。

当然，每种建议都存在例外情况。安全专家承认，强迫企业的零信任系统融入环境的每一部分是不太可能的，也是不合适的。事实是，理解划定界线的方法是成功的零信任旅程的组成部分。最终，企业应确保为环境的各个部分选择最适合、最有效的安全平台、工具和流程。

服务网格(Service Mesh)就是成功的示例，服务网格是以可靠且可扩展的方式部署和管理容器化工作负载的机制。在某种程度上，服务网格的本质是独立的零信任微分段模型和系统。接下来讨论服务网格的工作方式，以及将服务网格连接到企业零信任系统的方法。

14.3　服务网格

服务网格是一种崭新的、快速增长的大规模部署容器化工作负载的方法。虽然服务网格基本不是基于云环境的(开源网格完全能部署在本地)，但安全专家发现服务网格常用于云环境。例如 Istio[1]和 Linkerd[2]，服务网格非常适合基于微服务的现代 DevOps 风格的应用程序研发流程。

服务网格是用于运营、控制和管理大型容器化(微服务)工作负载的平台，重点是管理微服务之间的通信。例如，Istio 文档的相关说明指出，“在不需要更改基础服务的情况下，Istio 为所有服务间通信提供了自动化的基线流量韧性(Resilience)、服务度量收集、分布式跟踪、流量加密、协议升级和高级路由等功能。”[3]Linkerd 文档的相关说明是 Linkerd 在不必更改代码的情况下，为云原始应用程序提供可观察性、可靠性和安全性。例如，Linkerd 在不必更改应用程

1 译者注：Istio 是由 Google、IBM 与 Lyft 共同研发的开源项目，旨在提供统一化的微服务连接、安全保障、管理与监控方式。

2 译者注：Linkerd 是一款开源网络代理，旨在作为服务网格实施部署。用于在应用程序内管理、监视和控制服务到服务之间通信的专用层。

3 参见 https://istio.io/latest/faq/general/。

序的情况下，监测和报告每项服务的成功率和延迟，能够自动重试失败的请求，并可以加密和验证服务之间的连接。[1]

实施服务网格安全方法的关键在于通过基于配置的平台为微服务提供丰富的部署、通信和运行时服务方式。企业应保持 20 世纪 90 年代末对应用程序服务器(App Server)的期待，让研发人员可将精力放在业务逻辑而不是基础架构方面。当然，当今的技术与 20 世纪 90 年代有很大的不同，服务网格安全方法也在不断发展。接下来将讨论服务网格的内部结构(本书选择了 Istio 作为示例)，介绍 Istio 与零信任微分段模型保持一致的方法。

图 14-3 显示了高级 Istio 网格架构，本章将从零信任安全性的角度研究 Istio。

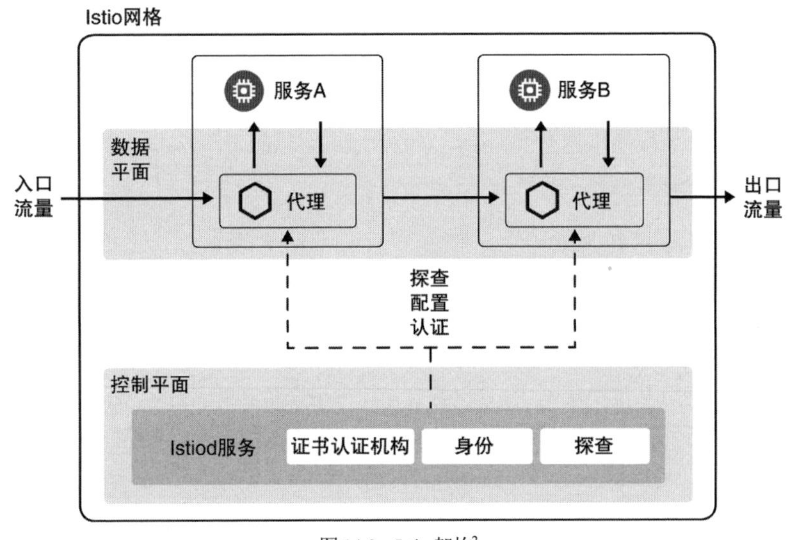

图 14-3　Istio 架构[2]

必须注意常见于控制平面(Control Plane)和数据平面(Data Plane)之间的分离，以及分布式代理——在各个服务前面部署代理。毫无疑问，分布式代理充当策略执行点(PEP)。Istiod 服务是控制平面的策略决策点(PDP)，提供核心安全功能，包括充当系统证书认证机构(Certificate Authority)，用于服务身份管理(Service Identity Management)，以及存储和评价身份验证(Authentication)和授权(Authorization)策略的有效性。代理确保通过 mTLS 通道执行服务到服务的通信，

1 参见 https://linkerd.io/2/faq/#what-is-linkerd。

2 参见 https://istio.io/latest/docs/concepts/what-is-istio/for more information。

提供机密性并执行对服务使用方和提供方的身份验证。

Istio 安全模型基于发布的策略模式，使用服务属性(例如命名空间和标签)作为主体标准确定哪些策略应用于哪些服务。授权模型指示代理(PEP)根据请求方的属性、目标服务、请求元数据和头信息评价请求。注意，在网格中，请求方和服务根据服务标识符(而不是 IP 地址)寻址。事实上，在许多情况下，服务共享相同的 IP 地址，因此可以预测服务标识符是区分请求的有意义属性。

本节仅简单介绍服务网格的概念及安全模型，但足以说明服务网格是经过审慎考虑的安全模式，具有内部安全策略和执行模型的整体平台(当然，服务网格安全模型对于以身份为中心和基于上下文的策略支持程度有所不同)。服务网格安全模型是成功的安全系统示例之一，有足够的“吸引力”保证企业继续采用服务网格安全模型，即使在大型的零信任计划中也是如此。网格服务应与 IaaS 等服务形成鲜明对比，IaaS 服务通常具有基本的以网络为中心的安全控制措施，并且应通过企业的零信任平台(而不是云原生模型)实现安全功能。

幸运的是，服务网格为其范围定义了明确的界限(网格边界)，并可完全有效地利用周围的零信任平台强制执行入口(Ingress)和出口(Egress)策略，使服务网格适合与使用外部 PEP 的零信任系统集成，特别是与基于飞地(Enclave-base)和云路由(Cloud-routed)模型的零信任系统集成。这种情况下，从零信任系统的角度看网格是隐式信任区。

本节讲述在本质上与服务网格并行部署的企业零信任系统。希望在不久的将来看到零信任解决方案中，PEP 能够基于容器环境中的工作负载属性执行策略，控制对容器化工作负载的外部访问。只需要一些基本方法表示零信任策略模型中的容器工作负载属性，以及将访问控制决策传输到网格以便实施的方法；例如，现在可通过 HTTP 请求头将零信任上下文传输到 Istio 中。随着组织的零信任计划进入更高的成熟度，这类集成将是令人感兴趣且有价值的。

14.4 本章小结

很明显，IaaS 和 PaaS 平台在企业应用程序研发和部署中的重要性和影响力会持续增长。IaaS 和 PaaS 平台极大地扩展了企业应用程序研发和部署的广度和深度，甚至引入了在企业内部运营云管理服务的能力。云管理服务能力的引入在很大程度上是由于无处不在的网络连接和极高效的计算和存储能力。另外，在过去若干年中，这种改变和复杂的控制软件，导致行业所认为的“X 即服务(X as a Service)”产品的扩展。将基于服务(和云管理)的计算或传感器节点直接部署到企业网络中的概念正变得越来越普遍，这一领域的巨头们也在不断创新。行业将这一趋势幽默地称为“雾计算(Fog Computing)”。[1]从安全角度看，行业中的产品和架构的演变是令人感兴趣的。分布式计算元素需要分布式安全保护，并且存在与企业和基于 CSP 的零信任平台集成的机会。

企业应用程序架构为配合新的 IaaS 和 PaaS 能力也在快速发展，安全团队不仅需要遵循这一点，还需要引导和实现这一点。安全专家确信零信任架构和平台是实现这一点的最佳方式。

本章讨论的原则和概念应使企业清楚地了解通过零信任项目提案保护 IaaS 和 PaaS 部署的方法，以及通过零信任项目提案支持基于服务网格的应用程序的方法。为完整分析零信任和基于云环境的系统，下一章将介绍 SaaS 应用程序。

1 表示这是距离组织很近的云环境。请不要抱怨本书使用双关语，这些术语不是本书杜撰的。

第15章

软件即服务

基于云的软件即服务(Software as a Service，SaaS)是当今IT和商业环境的主要组成部分，并对商业软件的创建和消费产生了深远影响。这种转变使得复杂商业软件的使用变得非常简单和容易，企业现在可以注册、创建账户，并在几分钟内开始获得价值。

行业将SaaS平台定义为可公开访问的Web应用程序。[1]服务提供商(服务商)托管(Host)、管理和维护基础架构，用户通过Internet执行和管理特定的应用程序功能。为提高效率，SaaS应用程序通常采用多租户(Multi-tenant)技术，用户只能访问其私有数据。

从零信任安全的角度能发现SaaS与前一章讨论的IaaS/PaaS资源之间的一些重要区别。首先也是最重要的是，SaaS应用程序的设计满足公开访问需求，Internet的任何用户都可通过HTTPS连接访问SaaS。也就是说，根据定义，SaaS系统的入口点是公共的而不是私有的。而且，SaaS只能通过加密连接访问。这意味着，使用SaaS应用程序，PEP不需要隐藏资源(因为不是SaaS的目标)，也不需要加密网络流量(因为SaaS使用HTTPS)。

这自然提出了零信任是否能够以及如何管理SaaS资源的问题。安全专家确信通过零信任管理和控制SaaS应用程序的访问确实提供了价值，尽管安全专家承认与私有资源相比，零信任可为SaaS资源做的事情少一些。具体地说，即使对于可公开访问的SaaS应用程序，零信任也能实施以身份为中心和上下文感知的访问策略。因为PDP与身份提供方和其他企业系统集成，所以PDP能使用组成员资格以及身份、设备和整个企业系统属性控制访问，就像PDP能控制

1 除了浏览器UI，任何SaaS应用程序都可以提供(而且确实提供)非Web界面，如API。

私有资源一样。

虽然许多(但不是全部)SaaS 应用程序确实能与身份提供程序集成以执行身份验证，但 SaaS 通常并没有使用设备、身份或系统属性控制访问流程。

当然，SaaS 应用程序安全不仅限于访问控制，安全行业已经构建了针对 SaaS 的安全产品生态系统，包括安全 Web 网关(Secure Web Gateway，SWG)和云访问安全代理(Cloud Access Security Broker，CASB)等。接下来将讨论并分析 SaaS 与零信任的关系。

15.1 SaaS 与云安全

为谈论零信任和 SaaS，本书需要研究云安全的主要组成部分。本章首先讨论原生 SaaS 安全控制措施，然后讨论安全 Web 网关和云访问安全代理领域。

15.1.1 原生 SaaS 控制措施

即使 SaaS 是公开可用的，SaaS 提供商也应认识到并承认需要在解决方案中提供某种级别的访问和网络安全问题。当然，SaaS 提供商已经部署了保护其服务免受 DDoS 等 Internet 攻击的机制，并拥有维护平台完整性和可用性的内部系统。此外，许多 SaaS 系统为企业提供了两种内置的访问控制机制。第一种机制与 IaaS 和 PaaS 平台具有相同的基本网络访问控制能力，能加强源 IP 地址限制。第二种是联合身份管理(Federated Identity Management)，SaaS 系统委托外部身份提供方执行用户身份验证。

在源 IP 地址限制方面，SaaS 平台的实现方式与 IaaS/PaaS 平台稍有不同，因为 SaaS 平台仅对与特定账户关联的用户实施源 IP 地址规则。例如，任何用户都可以访问 https://MySaaSApp.com/login 页面，但 SaaS 平台仅允许来自 mycompany.com 域，并且流量从特定 IP 地址发出的用户访问 https://MySaaSApp.com/login 页面。SaaS 平台这种仅对特定账户实施源 IP 地址限制的方式，实际是一种身份验证访问控制策略。SaaS 平台所提供的访问控制功能可用于满足通过传统 VPN 或零信任系统执行访问的需求——传统 VPN 或零信任系统均通过具有已知 IP 地址出口点的企业控制网络传输用户流量。

联合身份管理(Federated Identity Management)指应用程序利用外部身份提

供程序(例如，SAML[1]和 OpenID Connect[2]等标准化机制)执行用户身份验证流程。联合身份管理是实施零信任的以身份为中心的访问控制的另一种方式。有趣的是，零信任访问控制独立于网络级安全。从技术角度看，用户无法直接通过 SaaS 应用程序执行身份验证。SaaS 应用程序要么从用户浏览器检索当前身份验证令牌，要么将浏览器重定向到身份提供程序执行身份验证，具体取决于身份提供程序中配置的所有身份验证因素和上下文控制。请记住，这通常仅与身份验证相关。SaaS 应用程序仍然很大程度上依赖于内部授权模型，内部授权模型为用户分配控制其在应用程序中的权限的各种角色。大多数 SaaS 应用程序目前没有使用外部上下文信息并基于这些信息做出授权决策的机制——这是更高级、更具前瞻性的用例，本章将在摘要中再次设计相关内容。注意，这两种方法可结合使用；例如，使用联合身份系统执行身份验证流程，结合零信任网络解决方案执行深度设备安全态势检查。

接下来将研究两个主要的云安全领域产品——云访问安全代理(CASB)和安全 Web 网关(SWG)。企业通过 CASB 和 SWG 获得用户访问 SaaS 应用程序的可见性和安全控制措施能力。令人感兴趣的是，行业不同类型的细分市场之间的重叠和融合程度在不断增加，这是将多种网络和安全功能整合到集成服务产品(安全访问服务边界)的趋势的一部分。

15.1.2　安全 Web 网关

安全 Web 网关(SWG)可能部署在本地，也可能部署为基于云的服务，为企业提供了允许用户访问网站的控制方式，并执行某种程度的反恶意和威胁保护。SWG 通常执行 TLS 终止(TLS Termination)，充当中间人(Man-in-the-Middle)Web 代理的角色检查流量内容。某些 SWG 使用终端代理帮助捕获 Internet 边界流量(提供附加服务)。本地部署的企业 SWG 的普及率正在下降，通常采用基于云环境的 SWG 服务取代本地部署的 SWG。

SWG 策略模型在某些方面与零信任模型相反，SWG 策略旨在阻止访问禁止的 Internet 目的地，而不是遵循只允许访问显式允许的目的地的零信任模型。也就是说，SWG 通常在“默认允许(Default Allow)”模式下运行，这在大多数

1 译者注：安全声明标记语言(Security Assertion Markup Language，SAML)是基于 XML 的开源标准数据格式，在身份提供方和服务提供方之间交换身份验证数据和授权数据。

2 译者注：OpenID Connect(OIDC)是基于 OAuth 2.0 协议的轻量级规范，提供通过 API 执行身份交互的框架。

情况下是有意义的，因为 Internet 的站点数量和广度几乎是无限的。

SWG 通常与企业身份提供程序集成以执行用户身份验证，并且使用组成员身份等属性实施不同的访问控制策略。然而，SWG 本身并不能保证网络安全或远程访问私有资源，这根本不在 SWG 解决问题的设计范围之内。注意，正如下文中将要讨论的，一些基于云的 SWG 提供商已经扩展了服务产品，包括对私有资源的零信任式访问控制。

15.1.3　云访问安全代理

企业通常通过 CASB 解决“影子 IT(Shadow IT)”问题，即业务团队开始在 IT 的可视性和可控制范围之外使用基于 SaaS 的应用程序。CASB 通过探查和报告 SaaS 应用程序的使用情况，并提供相应的应用程序风险和合规评估功能解决该问题。CASB 还通过对基于 SaaS 的数据实施 DLP 控制来提供价值，并且通常能够结合一些基于用户身份和设备的访问策略，通常与基于 SAML 或 OpenID Connect 的身份提供方结合使用。

有必要考虑 CASB 通过身份和设备属性强制实施自适应和基于风险的身份验证和授权。从这个角度看，CASB 显然是零信任策略执行点。当然，CASB 的强制执行模型侧重于 SaaS 应用程序，所以 CASB 不提供网络安全功能。CASB 的设计或实施目标不是为私有或前置应用程序提供访问控制，因此 CASB 的策略和实施模型不包括相关类型的功能。就像前一节提到的 SWG 服务商一样，以 CASB 为起点的服务商也将其平台功能扩展到其他功能领域。本章在讨论零信任和 SaaS 之后将讨论行业融合。

15.2　零信任和 SaaS

无论企业选择的安全架构是否包括 SWG 和/或 CASB，零信任安全显然可以运用于 SaaS 应用程序，并能够很好地配合工作。零信任安全系统能为 SaaS 应用程序提供身份和上下文感知的访问控制，前提是 SaaS 平台提供源 IP 地址限制，并且零信任系统将 SaaS 应用程序定义为策略模型中的目标，捕获与 IP 地址绑定的流量。

SWG 和 CASB 即使与零信任系统结合使用，也将继续发挥作用。企业需要了解不同系统控制流量和网络路由的工作方式。例如，企业的合理做法是通过零信任系统控制对私有资源的访问，而通过 SWG 和/或 CASB 实现对 SaaS 应用程序的访问。

零信任和边界服务

目前，市场的趋势是融合基于云计算的网络和安全解决方案，将相关功能结合在一起。Gartner 将其称为安全访问服务边界(Secure Access Service Edge，SASE)，而 Forrester 将其称为零信任边界(Zero Trust Edge，ZTE)。SASE 和 ZTE 都描述了基于云的安全和网络提供商将多个功能产品组合到 X 即服务(X as-a-Service)平台中的方式。该平台内的典型功能包括网络(软件定义广域网、广域网优化和 QoS 等)和安全(防火墙、IDS/IPS、SWG、CASB、DNS 过滤和零信任网络访问等)。

毫无疑问，对 SASE 和 ZTE 的认知和兴趣最近有了相当大的增长，服务商的营销支持、创新和行业整合(收购)活动也随之增加。这种融合平台提供了三组主要功能：

- 网络连通性
- Internet 访问的安全(出口访问)
- 对私有资源的访问(零信任网络访问或入口访问)

从安全专家的角度看，最感兴趣的是零信任网络访问(Zero Trust Network Access，ZTNA)。这是因为即使将网络管理、Internet 流量分析和安全迁移到云环境中，ZTNA 仍要求将元素(PEP)部署到企业控制的环境中，包括本地部署的企业网络、数据中心和基于公有云的 IaaS 和 PaaS 环境。要求将 PEP 部署到企业控制的环境中是由两个原因造成的。首先，TCP/IP 网络需要本地节点作为加密网络隧道的端点，并在私有网络中代理与私有资源的远程连接。其次，需要本地节点从本地资源中获取和使用上下文和属性，这是访问策略决策标准的一部分(第 17 章将更深入地讨论这一点，重点讨论策略模型)。

对于本地私有网络的一组节点(企业的零信任 PEP)的需求是安全专家认为不应该以与其他 SASE 组件相同的方式处理 ZTNA 的原因之一。另一个原因是，安全专家的核心原则之一是，无论身份或资源的物理位置如何，对于所有身份对所有资源的访问，都应实施零信任身份和上下文感知安全模型。尽管组织大量使用 SaaS 应用程序，并将许多用户转移到居家工作状态，但企业仍然拥有本地用户和本地资源。企业还需要控制前置服务器到服务器的访问，这是基于云的服务难以管理的。综上所述，这些都是 Gartner 根据不同的需求区分“入口 SASE”与“出口 SASE”的原因。

然而，这是一个快速发展的领域，安全专家确信新兴的基于云计算的安全平台无论是由企业自己的平台还是通过集成其他服务商的服务提供，都有机会集成并利用零信任环境。

15.3　本章小结

思考一下，SaaS 和零信任安全在不远的将来会以何种方式呈现。首先，安全专家信任身份，因此身份提供方将继续成为零信任的中心。然而，安全专家认为提供商将不仅是作为权威目录(Authoritative Directory)和身份验证点(Authentication Point)，而是作为用户访问 Web 应用程序和访问控制模型的“重心”。这方面的一个明显示例是，许多身份提供方(IdP)提供的访问门户带有用于访问 SaaS 应用程序的 launchpad 图标。门户网站大多数只提供身份验证和访问，但安全专家确信身份提供方有机会将其策略模型的范围扩展到身份验证之外，并开始包括授权。

例如，SaaS 应用程序开始通过类似跨域身份管理(System for Cross-domain Identity Management，SCIM)的标准，调配即时(Just-in-Time，JIT)访问方案中的账户或角色设置[1]。然而，SCIM 只是开始，考虑是否需要制定表示授权(正式或非正式)的标准，以及如何制定这个标准，是个令人感兴趣的话题。安全专家不相信应用程序会将授权完全外部化，这也是业界实际上没有普遍使用可扩展访问控制标记语言(eXtensible Access Control Markup Language，XACML)的原因之一。然而，安全专家确信，行业将出现一种普遍接受的方式，用于向 SaaS 应用程序传递经过身份验证的(因此也是可信的)身份上下文，SaaS 应用程序能够以适合其环境的方式使用身份上下文。JIT 访问调配实际是 SaaS 应用程序的狭义示例。

---

1 SCIM 是跨域身份管理系统(System for Cross-domain Identity Management)。参见 https://tools.ietf.org/html/rfc7642。

毫无疑问，这将是可观察的、有趣的、动态的空间，因为企业可以看到零信任如何感知 SaaS 应用程序，以及将带来哪些类型的安全性、操作性和业务价值。随着时间的推移，行业确信零信任对 SaaS 应用程序的功能也将“逐步向下”延伸到非 SaaS 应用程序，但考虑到复杂的联合功能和对平台的投资，安全专家预测 SaaS 提供商将引领这个方向。

第16章

物联网设备和“物”

本书主要关注的是通过身份验证的实体(即用户和服务器)的控制访问。通过身份验证的实体的共同点是都通过身份系统验证了身份，具有上下文属性或角色，并使用具有全功能操作系统(支持安装第三方软件)的现代设备。这使得此类系统非常适合集成到本书一直在讨论的零信任架构中。当然，这些并不是唯一的设备类型——有数十亿种完全不同的类型。运行在功能和扩展性较差的硬件和软件平台中的设备通常称为物联网(Internet of Things，IoT)设备。物联网设备通常与组织最有价值的资源共存于同一企业网络中。物联网设备也因暴露的安全漏洞和入侵攻击面而闻名，应该包含在零信任安全架构中。

物联网设备涵盖了各种功能、特征和能力，这里的讨论特别包括广泛的集合。安全专家认为这类物联网设备和“物(Things)”包括较新的连接设备以及企业网络中存在的较传统设备。例如：

- 打印机
- VOIP 电话
- IP 摄像机
- 读卡器
- “智能”物，如黑板、灯泡等
- 医疗网络中的医疗或诊断设备
- 暖通空调系统(HVAC)

安全专家还希望考虑其他类型的设备——在各个物理位置运行且连接公共或蜂窝网络的设备，例如：

- 环境传感器(Sensor)
- 远程安全摄像机
- 机械或车辆传感器或执行器(Actuator)

最后，还有专注于工业自动化和管理的运营技术(Operational Technology，OT)系统。在过去 10～15 年中，OT 系统已经转向使用标准化和可互操作的 TCP/IP 网络，并且更频繁地连接到企业 IT 网络。零信任架构可应用于 OT 环境，尽管 OT 系统环境中的零信任与 IT 环境相比存在一些差异和挑战。但是，本章的重点是 IT 和企业网络。

物联网中“物”的共同点是都拥有 IP 地址，需要通过网络发起或接收通信。安全专家认为物联网设备是相对封闭的系统，这意味着企业不能在设备中安装任意的第三方软件。并非所有的物联网设备都是如此。当然，基于全功能操作系统(Full-features OS)的设备越来越多，通常全功能操作系统是 Linux 的一种变体，组织能在设备中安装第三方软件。根据环境和架构，组织可将其视为零信任主体(即具有身份的计算设备)，企业的访问控制和策略执行标准适用于这种情况。或者，企业可将其视为物联网设备，本章讨论的原则和方法适用于这种情况。

多数情况下，物联网设备的设计、制造和部署都与企业预期的 IT 产品的安全性不一致。客户级(Consumer-grade)连接产品中存在数百个缺陷示例，相关缺陷也存在于针对企业的产品，特别是垂直领域产品(例如，医疗器械)中。物联网设备中常见的安全漏洞包括使用未加密的网络协议、硬编码的默认口令、无法删除的后门、网络和操作系统漏洞；还包括无法升级固件，以及设备攻击方能通过接近设备来获取物理访问权限。

存在安全缺陷的物联网设备无疑是攻击和数据渗漏(Data Exfiltration)的利用对象，并为恶意软件提供了执行网络侦察和横向移动的立足点(更不用说是红队在渗透测试演习[Pen Testing Exercise]中最喜欢利用的弱点)[1]。

1 译者注：渗透测试(Penetration Testing)也称为 Pen Testing。

注意，一些物联网设备是作为大型、典型的基于云环境的现代系统的组成部分部署的。主要云服务提供商拥有自己的平台，平台利用设备安装的软件与基于云环境的软件协同工作，提供消息传递、安全和数据管理等服务。服务商的平台，例如 Azure IoT、Google Cloud IoT Core 和 AWS Greengrass，都具备设计良好的安全和通信模型。在某些方面，安全和通信模型是独立的，内置了对安全双向通信(通常是同步和异步的)的支持。因此，将其与整个企业的零信任模型分开部署和运营可能是完全可以接受的。正如在书中所提，不是全部事物都需要包含在企业零信任项目的范围内。事实是，排除企业 IT 基础架构的某些部分将有助于企业专注、快速和成功地实施零信任计划。然而，即使企业使用现代物联网平台，了解其网络和通信架构也很重要，可确保现代物联网平台与网络安全模型的其余部分共存。

当然，大多数物联网设备都位于基于云的框架之外，绝对应该考虑将其包含在企业的零信任安全架构中。本章的剩余部分将首先研究与物联网设备相关的安全和网络挑战，然后研究通过零信任系统解决相关问题的方法。

16.1　物联网设备网络和安全挑战

IoT 设备与用户设备或服务器不同，当部署到企业网络中时，设备自身的封闭性和受限的通信架构往往会带来一些复杂的管理、安全和访问挑战。图 16-1 描述了企业网络的简化视图，图中的网络由有线和无线两部分组成，连接了多种类型的设备。企业中的有线网络混合了用户设备和以太网连接的设备，包括 VOIP 电话、IP 摄像头、打印机和读卡器等。无线网络使用一些用户设备、打印机和连接的其他办公设备(例如，无线会议显示器和数字白板)。

此网络中的一些设备与运行在企业网络中另一个网段的私有服务器通信，而其他设备则通过 Internet 连接到服务器。还有一些系统管理员需要定期远程连接到设备，执行固件更新或应用配置变更。管理员可能是企业员工，也可能为设备服务商工作。

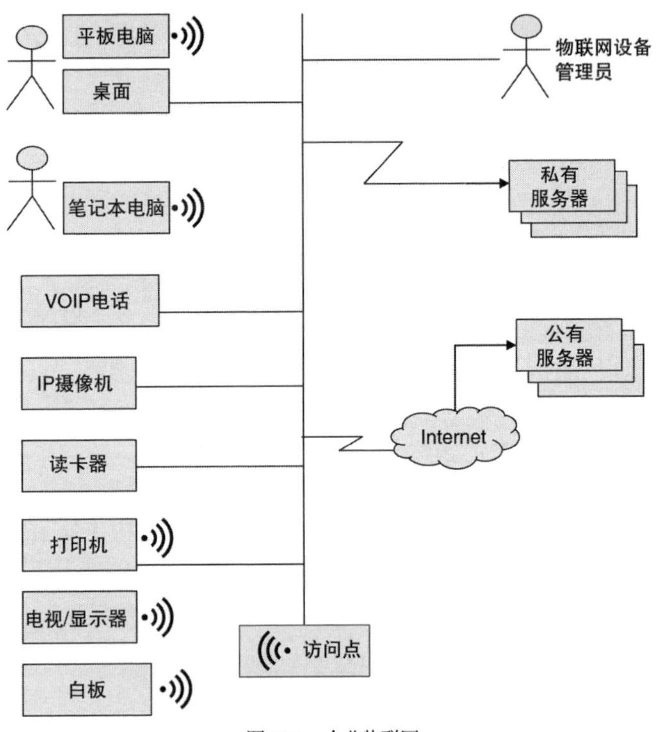

图 16-1　企业物联网

此图中所示的系统通常表现出一些常见的安全漏洞。首先，许多设备使用未加密的网络协议，因此设备易受到流量检测或中间人(Man-In-The-Middle，MITM)攻击，从而破坏机密性、完整性和可用性。其次，许多设备中具有开放的侦听端口。虽然这是远程系统管理员访问设备所需的，但开放的端口也允许其他任何网络连接设备与其建立 TCP 连接。第三，设备通常具有弱(或硬编码)身份验证机制，并且通常具有易受各种攻击的网络堆栈。最后，其中一些设备，如室外环境传感器、远程摄像机或控制设备，可能遭受攻击方长时间的物理访问。因此，攻击方可能劫持有线网络连接，或通过物理方式破坏访问设备(例如，在插入恶意 USB 存储设备的情况下对设备执行电源重启)。

从零信任安全的角度讨论物联网设备时，应该清楚物联网设备的系统在许多方面都不符合零信任的核心原则。理想情况下，零信任系统将以强制执行的方式为物联网设备提供安全能力。

- 最小特权原则：在设备或网络受损的情况下，尽量减少受损设备的上行访问(Up stream Access)。
- 设备隔离：防止网络中未经授权的主体连接到设备。
- 流量加密：通过安全和加密的隧道传输本地设备流量。

当然，其中一些设备(如壁挂式读卡器)可能位于隔离的硬连线网络(Hard-wired Network)中，其他设备可能分配给不同的私有 VLAN 以隔离流量。这些都是很好的实践，但并非适用于所有设备。即使按照上述方式部署设备，也无法确保设备不受攻击。

现实世界中的网络往往是在缺少连贯性方案的情况下发展而来，大多数是杂乱无章、不透明且异构的。这通常是由于对技术人员施加压力，要求其尽快完成工作，并且没有分配足够的时间或预算用于后续的返工或改进。因此，使用各类物联网设备的混合企业网络可能面临许多挑战，难以满足安全需求。首先，在实践中，企业网络往往是扁平化和开放的，有数百或数千套不同的设备。通常由于分布式企业管理传统(非零信任)ACL，导致保持 ACL 最新并与日常变化同步非常困难。其次，与通常集中管理的用户设备不同，物联网设备通常作为独立设备管理，或通过仅适用于特定类型设备的管理软件系统执行管理。因此，大规模地配置或管理物联网设备会增加难度和劳动强度。但是，考虑到无法在物联网设备中安装软件，物联网设备面临的最大挑战是控制网络流量，即确定允许物联网设备连接哪些上游资源，以及允许网络上的其他哪些系统连接物联网设备。当然，在零信任系统中，该角色属于 PEP——网络 PEP 和/或用户代理 PEP。接下来将探讨将物联网设备与零信任结合在一起的方法，以及通常会遇到的技术挑战。

16.2　零信任和物联网设备

理想情况下，物联网设备将部署在隔离的统一网络中，所有南北向网络访问均由零信任 PEP 控制。这种理想化的逻辑状态如图 16-2 所示。

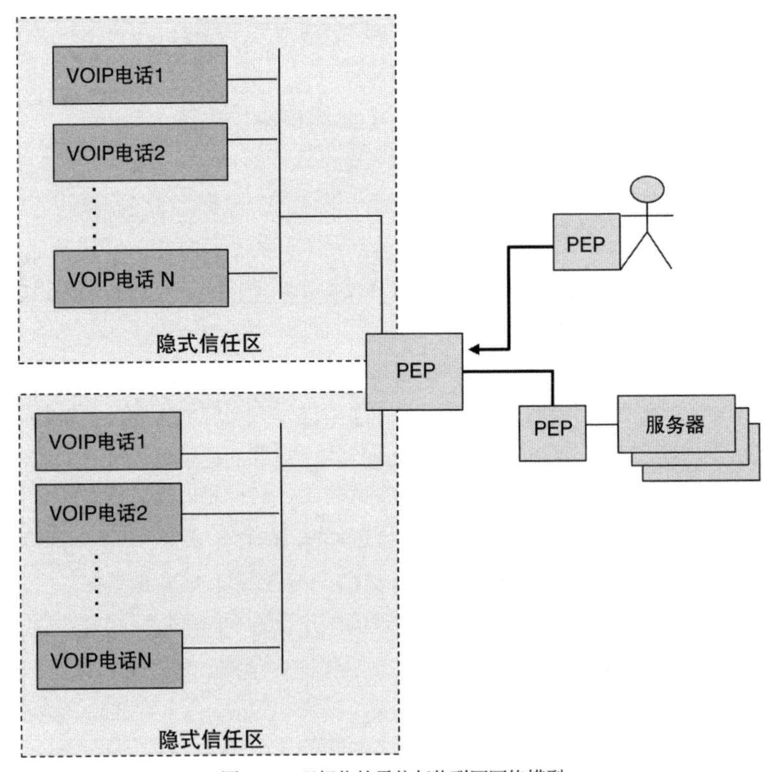

图 16-2　理想化的零信任物联网网络模型

图 16-2 示例模型的优势非常明显，因为如图所示的模型实现了前面列出的三个目标。首先，所有来自每组设备的上行网络流量均由 PEP 控制，实施最小特权原则，意味着对出站流量运用并实施零信任策略，阻止攻击方尝试利用攻陷的设备执行数据渗漏(Data Exfiltration)、侦察(Reconnaissance)或 DDoS 攻击。其次，设备在自身的统一隐式信任区内隔离，因此入站流量应通过 PEP，PEP 在设备的开放侦听端口前面强制执行访问控制策略。最后，加密 PEP 之间的所有流量，克服了设备使用的原生明文协议的障碍，降低了 MITM 攻击的风险。

当然，即使是图 16-2 示例中的理想化模型也是不完美的，这是由于物联网设备的性质产生的副作用。例如，各隐式信任区内的设备通过 LAN 直接彼此通信，因此如果某台 IP 摄像机受到攻击，虽然 IP 摄像机已限制在孤立的区域，出站流量受到 PEP 的限制，但恶意软件可能会在对等摄像机之间横向移动并开展攻击活动。另外的示例是，设备的身份识别通常基于弱身份验证机制，因此攻击方可以伪装成 IP 摄像机，并获得与对等摄像机相同的网络权限。行业已存在弥补上述漏洞的多种方法，后续章节将讨论相关内容。

当然，图 16-2 所示的理想化视图是逻辑视图，现实世界中的网络存在多种技术手段可用于设备的身份识别和身份验证，可用于分配网络和 IP 地址以及路由流量。相关技术手段是网络和安全基础架构应提供的关键功能，相关技术手段能以复杂的方式组合在一起。最终，保护物联网设备的零信任系统应能提供以下功能：

- 捕获、路由和加密进出物联网设备的流量
- 集中管理访问策略
- 在分布式设备中实施访问控制措施

上述功能很难通过图 16-1 所示的扁平化混合网络以稳健的方式实现。表 16-1 至表 16-3 显示了实现保护物联网的零信任系统功能的方法，以及各项功能的优缺点。

表 16-1　将设备分配到网络的方法

	优点	缺点
物理线缆/交换机端口	可能是物理隔离的网络	变更难度大， 隔离可能受到交换机端口容量的限制， 难以隔离对等网络设备
私有虚拟局域网	物理网络中的逻辑分离	基于物理网络或交换机端口授予访问权限
无线接入点(Wireless Access Point)	通常更易于重新配置网络，许多 Wi-Fi 系统中内置支持设备隔离	并非全部设备都启用 Wi-Fi 简单口令(弱身份验证)，并且并非全部设备都支持企业版 WPA
网络访问控制/802.1x	动态 VLAN 分配支持按类型隔离设备	通常需要昂贵的硬件， 难以管理大量的虚拟局域网， 并非全部设备都支持 802.1x

表 16-2　执行设备身份识别/身份验证的方法

	优点	缺点
IP 地址	固定 IP 能唯一标识设备	配置和管理开销大， 身份识别能力弱，容易遭受欺骗
MAC 地址	支持全部设备， 用于识别混合网络中的设备分类分级和分配区域(通常使用 802.1x)	身份识别能力弱，容易遭受欺骗
DHCP 特征	支持几乎全部设备， 对于识别混合网络中的设备分类分级非常有效	身份识别能力弱，容易遭受欺骗
通过 802.1x 认证	强大且可靠	管理和 PKI 开销， 许多设备不支持基于安全证书的身份验证和身份识别

表 16-3　分配网络路由的方法

	优点	缺点
默认网络网关	通过 DHCP 自动分配， 局域网的固定集中出口点是自然的策略执行点	在混合网络中，DHCP 分配并不总是能够区分设备类型， 独立于 DHCP 的配置是可能的，但工作量可能非常繁重
通过网络路由器设置受保护资源的路由	设置简单且独立于设备配置	保护对目标资源的访问，但不支持按来源过滤， 无法阻止设备访问其他资源
手动配置设备	对路由执行细粒度控制	随着网络的变更，工作量繁重且难以维护

图 16-3 描述了最简单和最易于实施的方法，显示了一组部署在隔离和同构网络中的 IP 摄像机。这可能是物理隔离的有线网络、由 NAC 分配的 VLAN，甚至是具有隔离 SSID 的仅限摄像机接入的无线网络。重要的是，网络是同构的——网络中的所有设备都具有相同的类型，因此对设备应用相同的网络访问控制。

此场景的关键是网络中的 IP 摄像机将 PEP 配置为默认网络网关，以便将所有非 LAN 流量发送至 PEP，PEP 执行路由并实施策略。也就是说，PEP 是本地区域的唯一出口点。摄像机的默认网络网关分配可通过 IP 摄像机管理系统集中执行，或通过仅服务于摄像机网段的 DHCP 服务器执行。

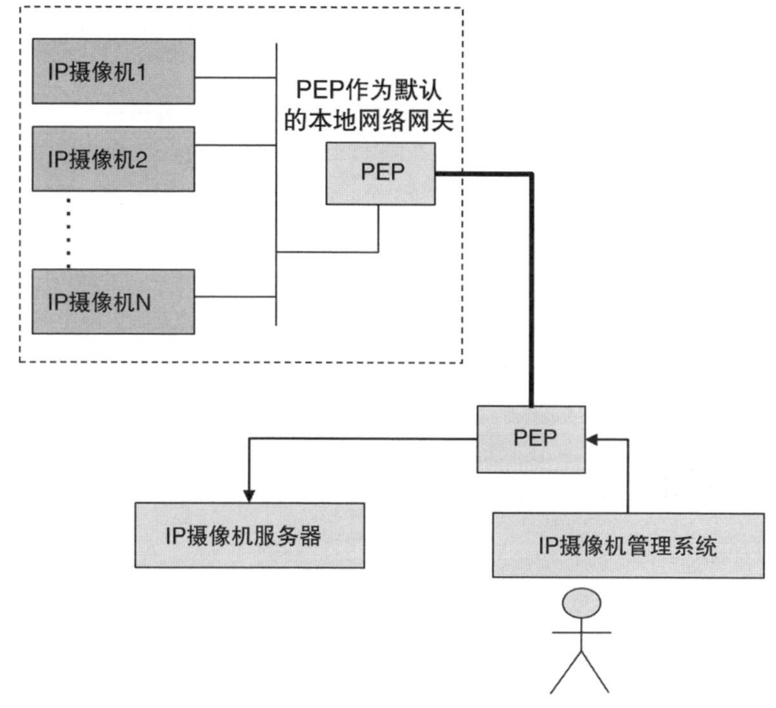

图 16-3　隔离、同构网络中的 IP 摄像机

任何情况下，都应该尽可能接近理想的场景，使其易于集成到零信任模型中。下一个场景(如图 16-4 所示)更典型，也更难控制。

图 16-4 显示了混合(异构)的网络分段 192.168.112.0/20，由一座办公楼中扁平化企业网络中的数百台计算机和设备组成。此网络中的设备基本是通过 DHCP，从子网范围向网段中的设备随机分配 IP 地址，而且该组织没有准确的 CMDB[1]。这种情况对实现企业的目标提出了许多挑战，即确保仅允许测试设备访问测试服务器，其他设备无法访问测试服务器，并且对测试设备的访问执行策略控制。遗憾的是，在现实世界中，如果不对网络执行变更，企业无法实现所有上述目标。在许多企业场景中，甚至在物联网设备之外，这都是可以预料到的——但至少，企业需要掌握网络的缺点，即使不能立即解决相关问题，也应确定解决相关问题的方案。

1 译者注：CMDB 是配置管理数据库(Configuration Management Database)。

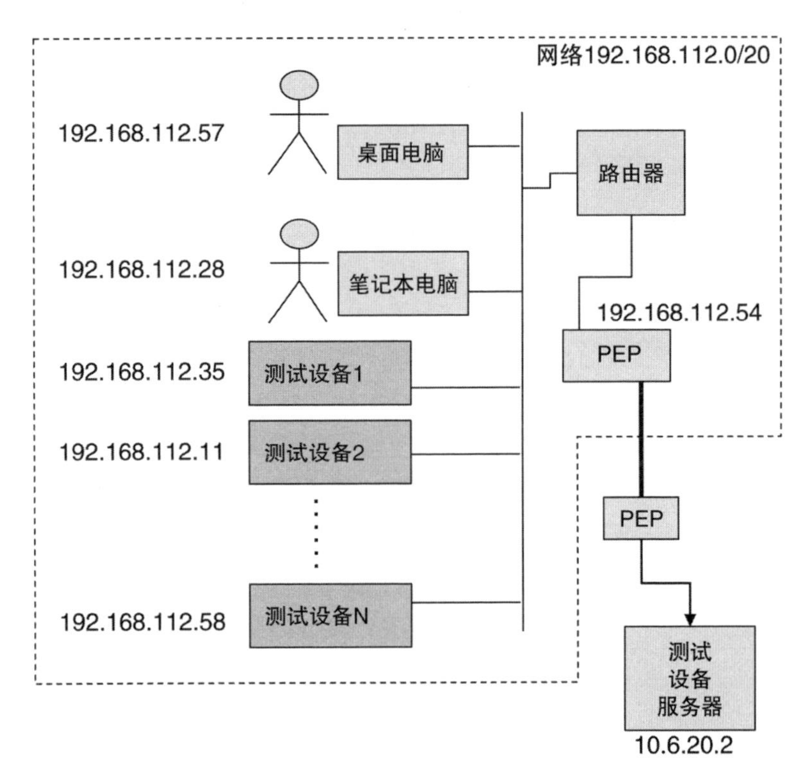

图 16-4 异构企业网络

接下来讨论能够(和不能够)实现的内容，重点是保护来自测试设备上游网络的访问。也就是说，企业需要一种方式确保发送到远程网络中测试设备服务器(10.6.20.2)的流量，通过安全隧道路由到本地 PEP 执行强制转发。这可以通过以下三种可能的方式实现：

- 直接在测试设备中配置的默认网关
- 通过 DHCP 分配给测试设备的默认网关
- 网络中的静态或动态路由

直接在测试设备配置默认网络网关也许是可行的，取决于测试设备是否在技术方面支持此功能，还取决于配置流程的复杂程度。通过集中式管理系统执行配置操作很简单，不会由于无法启动数百台设备，而需要执行单独的手动变更。对于所有设备，通过 DHCP 将 PEP 指定为默认网络网关在某些情况下也是可行的。某些情况下，如果 DHCP 分配能够准确区分测试设备发出的 DHCP 请求与其他设备发出的 DHCP 请求，[1]并且返回不同的值，则 DHCP 服务器也许能为不同的设备分配不同的默认网络网关。

最后，配置网络路由器，将与远程测试设备服务器(10.6.20.2)绑定的网络流量发送到本地 PEP(192.168.112.54)。这样做的优点是不需要对网络执行任何其他变更，但需要 PEP 能够区分合法流量(由测试设备发起的)和非法流量(例如，由执行网络侦察的用户设备中的恶意软件发起)。这在此场景中很难实现，因为 IP 地址是随机分配的，并且没有 CMDB。PEP 可能通过 MAC 地址区分设备，但这是一种脆弱的身份识别方式，很容易遭受欺骗，因此如果以 MAC 地址区分设备会带来一些风险。

16.3　本章小结

与现实世界中的网络和系统一样，物联网设备往往复杂且难以管理。在多数情况下，零信任能够提供帮助，但通常无法提供标准企业设备(用户系统和服务器)所能提供的强大安全级别。零信任 PEP 可用于控制上游设备对受保护资源的访问，确保加密网络流量，并基于本章中讨论的诸多因素，以不同程度的有效性控制对物联网设备的下游访问。

当企业查看需要包含在企业零信任项目中的候选物联网系统时，一些特征可帮助企业确定合适的物联网系统。首先，了解物联网设备的网络配置方式，优先选择具有集中管理机制的设备，以便轻松地控制大量物联网设备。其次，查找企业的网络中易于理解和合理记录的区域。避免在早期项目中试图保护未管理的、多样化的和不透明的网络中的物联网设备——企业需要确保在更简单和更易于理解的环境中，在部署用于管理物联网系统的零信任架构方面具有一定的成功经验。最后，寻找一些关于保护远程第三方用户访问内部设备的“容易实现的目标”。零信任满足业务流程的能力(例如，在访问之前创建服务台工单)，能快速提供真正的安全价值。

物联网设备无疑是零信任的新兴领域，正如本书所探索的那样，物联网设备往往是复杂的、高度技术化的，并且往往是陈旧的、僵化的技术雷区。但是

1 例如，通过检查 DHCP 特征。

有很多改进的机会，本书只触及了相关主题的表面——相关主题也许需要一整本书讨论。如果物联网设备是企业零信任项目的主要用例，请探索并确保在企业预期的环境中执行试点项目以验证技术的兼容性。试点项目需要重点关注的问题包括：

- 企业设备网络的复杂性和成熟度如何？
- 企业是否具备准确可靠的设备及通信模式清单？
- 捕获供 PEP 执行安全策略的设备网络流量难度如何？
- 需要执行哪些网络变更，变更对其他网络设备有何影响？
- 物联网设备使用哪些网络协议？所使用的网络协议是面向连接的协议还是无连接的协议？网络协议是加密的吗？

当然，不同的零信任实现将以不同的方式实现这一点，清楚地了解企业选择的零信任解决方案的功能和部署模型非常重要。一些产品和架构将很好地支持此类场景，而另一些产品和架构将很难支持这些场景。话虽如此，安全专家认为零信任系统能为不安全的物联网生态系统带来巨大价值，安全专家鼓励企业调查组织的环境是不是一个良好的候选环境。

第 III 部分

整　合

本书第Ⅱ部分以第Ⅰ部分的零信任原则和架构为视角，探讨了企业 IT 和安全架构中的一系列组件，探讨范围涵盖了本地部署和基于云计算的网络基础架构的安全和非安全组件。本书第Ⅱ部分的分析有望帮助企业深入了解零信任对于企业的影响，为企业开始构建零信任之旅提供工具、模式和视角。

本书第Ⅲ部分将在前两部分探讨的基础上完成零信任之旅。第 17 章将从零信任策略模型的主要内容开始。回顾一下，本书讨论的架构方案中，零信任系统由一组分布式策略执行点(Policy Enforcement Point)和一个集中的策略决策点(Policy Decision Point)组成。从这个角度看，策略的定义、有效性评价和最终实施应该是系统最重要的部分，这意味着企业选择的零信任实现方案中的策略模型及其语言和结构将反映在该产品的部署模型和策略实施功能中，并产生重大影响。

本书在讨论策略模型后，将在第 18 章通过分析七个最常见的零信任用例，以及组织应如何处理这些用例，将策略模型带回更具体的现实中。第 18 章将从架构的角度检查每个用例，讨论组织应考虑的事项和建议。

第 19 章讨论并指导组织规划成功的零信任部署。本书将从自上而下的组织和程序的角度，以及自下而上的战术和项目的角度探讨相关问题。本书还将探讨零信任项目提案的常见障碍，以及如何最好地克服这些障碍。接下来开始将所有上述想法整合成一个连贯的整体。

第 17 章

零信任策略模型

策略是零信任的核心——毕竟，策略的主要架构组件是策略决策点(Policy Decision Point)和策略执行点(Policy Enforcement Point)。当然，在英语中，Policy 这个单词有很多不同层面的含义。在零信任世界中，策略是由组织创建的结构，用于定义允许哪些身份在何种情况下访问哪些资源。回顾一下，在零信任环境中，只能通过对身份的策略执行有效性评价和分配获得访问权限，并能在网络或应用程序级别强制执行访问。

虽然组织定义和执行零信任策略的实际技术手段取决于零信任产品和实施，但相关的概念和组件是通用的，应在零信任系统中普及。NIST 零信任文件规定“策略是组织为对象、数据资产或应用程序分配的一组基于属性的访问规则”。NIST 的核心原则之一是“对资源的访问由动态策略决定，包括客户端的身份、应用程序/服务的可观察状态、请求的资产和可能包括的其他行为和环境属性。”从第 2 章的定义能够看出，零信任应“支持动态执行安全策略。”

正如本书第 3 章中简要介绍的，安全专家在策略讨论中添加了结构和特殊性，扩展了 NIST 零信任框架内的一些概念。本书围绕基于属性的访问控制(Attribute Based Access Control，ABAC)穿插并利用行业概念，从零信任的角度重新解释这些概念。

本章的目标是为企业提供实施零信任系统需要考虑的事项范围，以及可用于评价供应商平台有效性的框架和结构。零信任系统在广度和深度上几乎是无限的。对组织而言，重要的是要有一种强烈的意识，清楚在策略模型中需要和不需要涵盖的内容，以及在策略模型中哪些内容是合理的。这是企业开始定义策略架构和生命周期及相应的管理流程所必需的。了解企业预期的策略模型的功能和限制，也是为企业计划的零信任架构设置需求和边界的有效方法。接下来首先深入讨论构成策略的逻辑组件。

17.1　策略组件

本节将重新介绍第 3 章中的策略结构，并提供更多的解读。表 17-1 描述了策略结构，定义了主体、准则、活动、目标和条件组件。

表 17-1　零信任策略模型组件

组件	描述
主体准则	主体是执行(发起)活动的实体。 主体是经过身份验证的身份标识，并且策略应包含指定此策略适用的主体的标准
活动	主体正在执行的活动。 应包含网络或应用程序组件，并且可能同时包含这两个组件
目标	正在对其执行活动的对象(资源)。该对象可以在策略中静态或动态地定义，范围可以是宽泛的，也可以是有限的，但有限的范围是首选
条件	允许主体对目标执行活动的情况。 零信任系统应支持基于多种类型属性(包括主体、环境和目标属性)的条件定义

注意，这里描述的是逻辑结构，安全专家相信这是考虑策略组成部分的合理方式。实际上，零信任实施可能以不同方式构建策略模型，但其中应包含这些元素。接下来依次检查每个策略模型组件。

17.1.1　主体准则

最终，主体(Subject，经过身份验证的身份)将对目标执行特定的活动。策略由 PDP 分配给主体，PDP 在不同时点针对相关的主体评价每项策略的准则(本章将进一步讨论)。注意，策略本身通常不引用特定主体，而是包含 PDP 用于确定策略是否分配给特定身份的准则。某些策略的准则适用范围很宽泛(“所有员工”，人员实体)，也可能非常有限(“分配至营销组中负责 Bruin 项目的使用 Windows 设备的用户”，非人员实体)。

典型的主体准则包括目录组成员资格、身份分配属性和相对静态的设备属性，例如操作系统版本和补丁级别或移动设备越狱状态(Jailbreak Status)。注意，正如本书所讨论的，主体不一定是人员用户。服务器(或者更合理地说，服务器中运行的服务账户)也可能具有身份，因此，可通过分配主体策略对主体执行身份验证流程，授予其特定的访问权限。

注意，本书在此重新描述的方法是 NIST 文档所指的基于准则的方法，PDP 中的信任算法通过基于标准的方法做出策略分配决策。NIST 还讨论了基于分数的方法，这种方法也是可接受的。本书不会仅赞同上述两种方法中的某一种，尽管在本书的讨论中认为更简单的方法是仅考虑一套准则，仅当满足准则时才能将策略分配给特定的主体。[1]

目前，安全专家是从由主体发起的活动的角度研究策略和主体，由主体发起活动主要源于用户或服务器(经过身份验证的主体)通过 PEP 连接到服务器以访问某些资源的熟悉场景。稍后将探索一个更复杂的场景，在这个场景中，这种连接发生在相反的方向。

17.1.2　活动

活动(Action)定义了策略允许的活动类型。活动的具体内容取决于执行点的能力；虽然许多活动都与网络访问有关，但一些零信任系统很可能提供强制执行其他类型活动的能力，例如应用程序或以数据为中心的活动。这种区别对应于不同类型的 PEP，这些 PEP 可能在网络或应用程序层运行。从网络角度看，活动应指定允许的网络端口和协议集。从应用程序或数据角度看，活动可能与角色、属性、应用程序服务或数据分类分级(Data Classification)关联(稍后将详细介绍此主题)。安全专家相信，将活动看作独立于目标定义的，会使事情变得简单，尽管在实践中，某些实施方案可能会将活动和目标结合在一起。

以下是一些活动的示例：

- 通过 HTTPS(TCP 443 端口运行 TLS)访问资源
- 通过 TCP 3389(RDP)端口访问资源
- 通过 UDP 53 端口(DNS)访问资源，并接受响应
- 通过 TCP445 端口(Windows SMB)访问资源
- 通过 URL/app1 访问目标上的 Web 应用程序
- 通过 URL/app1/adminUI 访问目标上的 Web 应用程序
- 通过 SSH 执行 Linux kill 命令

1 这可以看作一种基于分数的方法，如果企业需要的话，分数可为 100%。

- 使用读/写权限访问标记为“未分类分级(unclassified)”的数据
- 使用只读权限访问标记为“客户 PII”的数据

值得注意的是，此处的示例包括 TCP 和 UDP 访问(由网络级 PEP 实施)，以及一些依赖于应用程序级概念的(和由应用程序级 PEP 实施的)示例。应用程序级功能是令人感兴趣的，而且是一种“领先”的功能。应用程序级的活动(应用程序功能)通常不在零信任策略的范围之内。这是因为应用程序通常具有不透明的内部授权模型，不适合由外部系统控制。然而，随着通过 HTTP 访问的现代 Web 应用程序的出现，安全专家发现应用程序功能和 URL 之间的关联越来越频繁，为应用程序级 PEP 执行强制活动打开了大门，而这是以前不可能实现的方式。

例如，企业重要的内部银行 Web 应用程序 https://fundmgmt.internal.example.com/main/供数百名员工使用。内部银行 Web 应用程序的管理 UI，只允许少数授权的系统管理员通过 https://fundmgmt.internal.example.com/adminUI/访问。普通用户无法执行相关管理功能，因为账户角色不允许普通用户执行管理功能，但普通用户能够导航到管理 URL，并尝试攻击管理 URL。考虑到管理 URL 对罪犯是具有经济价值的目标，可以想象，一些远程的恶意软件会通过普通用户的工作站直接尝试攻击管理 URL。通过创建仅允许管理员目录组成员访问管理 URL 的策略，能在保障企业生产效率的前提下实现最小特权原则。

在保障企业生产效率的前提下实现最小特权原则是可能实现的，因为应用程序的可见方式——URL，可用于区分不同的功能。如果应用程序使用不透明的网络协议或不支持区分功能的方案，无法实现仅允许管理员目录组成员访问管理 URL 这一策略。除了 HTTP，还有一些众所周知的应用程序协议，可执行仅允许管理员目录组成员访问管理 URL 的零信任策略。例如，使用众所周知的应用程序协议(例如，SSH)的系统能实现与 HTTP 类似的安全策略。毕竟，PAM 供应商在对特定的 SSH 命令实施控制方面已经做得很好，所以设想零信任系统(可能来自 PAM 供应商)提供类似的功能并不难。

应用程序中与潜在活动相关的数据示例与其他数据略有不同，并且是更具前瞻性的概念。应用程序级 PEP 的核心思想是零信任系统使用开放的安全框架，允许 PEP 和应用程序交换信息，从而增强 PEP 执行策略的能力。例如，安全团队可以设想应用程序通过插件或配置与 PEP 协同工作，并将应用程序协议组件与应用程序活动关联，这样 PEP 就可以强化控制，甚至为主体执行某种形式的即时应用程序角色配置。或者，在另一个方向，PEP 以结构化方式向应用程序发送更多的身份或上下文信息，以便应用程序能够实施零信任控制。后一种方法是 Google 在其 BeyondCorp 项目提案中采用的，本书曾在第 4 章中提及。BeyondCorp 的访问代理(实际上是 PEP)在 HTTP 头中为用户活动提供更多上下文信息，目标应用程序可忽略或使用这些额外提供的信息。

安全专家认为应用程序级 PEP 是一个新兴领域，并且在未来几年内会向令人感兴趣的方向发展。理想情况下，业界将看到一种开放框架——是研发人员通过应用程序与零信任系统的交互和集成构建的。但是，即使没有这种技术集成，也要提醒组织运行访问管理流程，确保用户只具有适当的应用程序角色和功能。应用程序级 PEP 是很好的示例，说明了不同类型的系统和组织的不同部分可以和谐地工作。

17.1.3 目标

目标(Target)定义将对其执行操作的主机、系统或组件。策略可静态定义目标，也能够动态定义目标(这需要 PEP 采取活动才能完全呈现目标)。动态策略尤其强大，既是零信任的关键原则之一，也是零信任引人注目的原因。这些策略提供了基于属性定义和强制访问的能力，这些属性在运行时间之前是未知和不可知的。

接下来讨论几个目标示例，这些示例展示了不同类型目标的可用范围。

1. 访问主机 10.6.1.34

这是简单、静态且完全可见的目标。网络 PEP 不需要执行进一步的工作来实施对主机 10.6.1.34 的访问。将指定单个 IP 地址的目标包含在策略中虽然有效，但通常不是明智的选择。IP 地址会发生变化，许多情况下，逻辑上预期的访问不是 IP 地址对应的主机，而是在该 IP 地址上运行的应用程序或服务。这种情况下，主机名而不是 IP 地址可能是目标的更好选择。这一点将在接下来的示例中讨论。

最后需要说明的是，在某些示例中，在目标中指定固定 IP 地址是有意义的，特别是在将访问权限授予需要访问网络设备等基础架构元素的 IT 管理员或网络管理员时。企业最了解自身的环境，并决定哪种方法最有效。

2. 访问主机 appserver1.internal.example.com

指定主机名的目标很常见，并且是定义策略的有效方法。当然，需要将主机名通过 DNS 映射到 IP 地址。通过将单一的主机名指定为目标允许的策略来创建细粒度访问控制，并且通常与一组有限的操作结合，最常见的是单一的网络协议和端口。

零信任策略应能够影响组织内部 DNS 系统、团队和流程，并与其合作(而不是对抗)。例如，某个面向用户的内部应用程序会周期性地改变 IP 地址。例如，对于具有一组应用程序滚动更新的虚拟化系统而言是完全合理的，该系统可能使用一种交叉方法执行生产发布(Production Rollout)。DNS 还经常用于实现负载均衡(Load Balancing)的目的，用于地理上分布的应用程序服务器执行跨组复制，或者只是作为标准的最佳实践，使 IT 团队能够独立于应用程序执行必要的网络变更。

在各类情况下，零信任系统能够指挥分布式 PEP 使用正确的 DNS 服务器解析主机都至关重要的。在跨多个不同工作区域运行的分布式零信任环境中，集中式 PDP 无法解析所有主机名，因为集中式 PDP 位于不同的域和/或断开连接的网络上。

3. 访问子网 10.5.1.0/24 中的主机

此示例展示了一个静态目标，对应于子网中的多台主机——事实上，此目标授予对该子网上所有主机的访问权限。这种大范围的访问类型并不理想，通常与最小特权原则冲突。然而，和往常一样，也存在例外情况。例如，如果将此目标授予具有访问该网络上所有主机的合法权限的管理员，则可在策略中合理地使用此目标[1]。或者，如果网络是分段的，该网络中的所有设备都是相似的类型，则授予所有设备访问权是有意义的。最可能出现的情况是，当组织正处于零信任实施过程中，并且没有对访问施加更细粒度的限制时，该目标将在过渡状态下使用。这种情况可部署在基于飞地的模型——在 PEP 后方部署隐式信任区。

4. 访问标记为“部门=市场营销”的系统

此示例说明了零信任系统的实际功能，因为此示例依赖于以下事实：PEP

1 这种情况下，安全专家建议使用接下来所讨论的建议，这样 IT 管理团队就不需要连续访问整个网络。

在 PDP 将策略授予主体后解析主机。稍后将讨论此流程。现在，此示例说明了零信任系统通过 PEP 基于查询环境的能力完整执行策略的过程。也就是说，策略创建方依赖组织在运行时系统所使用的元数据(Metadata)显示工作负载的内容，基于该内容最终决定允许访问系统的主体。

如何使用和选择“标记(Tag)”(在某些系统中称为标签)的实际机制取决于如何实施，但这里不涉及细节。重要的是概念——组织可通过标准 IT 和网络之外的机制执行访问控制，通常是第一次将业务或技术流程与安全结合在一起。例如，组织可使用配置管理数据库(Configuration Management Database，CMDB)中的属性作为信息来源，也可使用元数据属性(如 IaaS 环境中的标记)。这两种情况下，IT 和安全团队能够充分协作，并将零信任对元数据的使用作为强大的自动化集成点。零信任系统能检测到以这种方式标记的主机，并使用适当的访问策略集，这意味着正确的用户集仅基于此标记的使用情况自动获得正确的访问级别。

值得注意的是，此示例向不完全基于主机的资源类型开放策略模型。现代应用程序通常基于容器化和/或微服务，并且没有直接绑定底层主机。这种情况下，零信任策略模型不必关注多个服务是运行在同一物理或虚拟主机中还是共享公共 IP 地址，就能区分不同的服务，并实施不同级别的访问。

例如，像 Istio 这样的服务网格系统提供了遵循本书在这里所描述方法的策略模型。服务网格(Service Mesh)由一组分布式的 PEP 组成，PEP 的授权策略包括用于选择策略目标的基于标记的机制和用于指定条件的机制。[1]

5. 访问标记为“阶段=测试”的系统

这与本章前面的示例类似，但有一个重要区别，即使用标记表示部署阶段。其意义深远，尤其是在 DevOps 环境中与自动工具链结合使用时。自动工具链以连续方式部署应用程序或服务的新版本。在本示例中，工具链将使用标记标识适当的研发生命周期阶段，零信任系统将自动允许正确的主体集(无论是人员还是系统)访问这些目标。这意味着，作为部署过程的副产品，主体将自动、透明地获得必要的访问权限。当工作负载或服务的阶段发生变化时，其访问控制将自动跟随源自这种变化的状态。

1 Istio 的内置条件更多地关注于服务和网络而不是身份，但 Istio 的内置条件确实包括一些实验性的扩展功能，并可能在后续版本中朝着该方向扩展。更多信息请参阅 https://istio.io/latest/docs/concepts/security/。

从安全专家的角度看，这很好地诠释了零信任体系的力量。标记利用已经执行的技术工作(工具链驱动的部署)，使用属性自动调整访问权限。最终效果是，工作负载在整个生命周期中保持正确的最小访问控制集，而不必手动干预。这种方法可很好地融入 DevOps 组织，在保持控制效率的同时实现零信任安全原则。

17.1.4 条件

条件(Condition)指定了允许主体对目标实际执行活动的环境。注意，策略模型应支持检查各类条件；事实上，企业的零信任实施应支持一组可扩展的条件，以便添加自定义检查。虽然某些零信任实施可能支持其他类型的条件，但条件往往基于设备、身份验证或系统级属性执行有效性评价。

接下来讨论几个条件的示例，这些条件为“真”时才允许访问。

1. 访问时间在每天 08:00 到 18:00 之间

以每天为单位的时间限制是一种方便且集中的访问控制手段，对具有明确定义的角色和固定时间的用户是有效的。这种条件有助于防范失窃凭证利用和恶意软件攻击，二者中的任意一种都可能试图在非工作时间访问资源。该条件也适用于始终在线设备的计划维护窗口；设想一组零售设备需要在每晚 1:00 到 3:00 之间连接到 IT 后端。除了在允许的时间窗口内，不应存在允许网络连接的理由。

此条件提供了明确的示例，说明为什么 PEP 能提供策略验证。身份每天只能向 PDP 申请一次验证，但 PEP 需要能够将当前时间与全天允许的时间窗口进行比较。

2. 用户已在过去 90 分钟内执行了有效的 MFA 或递升式身份验证(Step-Up Authentication)

安全专家非常支持正确使用多因素身份验证(Multifactor Authentication，MFA)，在每个零信任部署方案中，诸如使用 MFA 的条件都应是强制性的、常见的因素。当然，企业需要平衡执行递升式身份验证(Step-up Authentication)的时间和方式，应同时考虑用户体验和需要防范的威胁模型。某些高风险或高价值的应用程序可能有理由在用户每次启动会话时提示执行 MFA，但多数情况下，对整个资源组只要求执行一次 MFA，并且在一段时间内保持身份验证结果的有效性，这种方法同样有效但干扰较少。同样，是否执行递升式身份验证的条件应由 PEP 评价有效性并做出决策；用户通过 PEP 访问，可在任意时间触发递升式身份验证，并且 PDP 很可能不会参与该流程。

注意，有多种方法和解决方案可用作第二个因素，包括 FIDO2、智能手机应用程序、推送通知和生物识别技术(Biometrics)等。零信任平台应通过标准化的 API 支持其中一种或所有这些因素，以便企业能选择最适合其环境的因素。

3. 设备态势符合要求：防恶意软件服务正在运行

此条件用于验证主体的设备是否满足安全态势(Security Posture)要求。注意，本示例依赖于通过设备自身检索到的信息执行分析。由用户代理 PEP 或设备上的其他软件组件来验证反恶意软件服务当前是否正在运行；但记住，由设备发送的信息应视为是部分可信的。

虽然许多 IT 和安全组织通过限制管理权限等方式在用户设备上实践安全卫生(Security Hygiene)，但设备安装的恶意软件存在返回错误信息的可能性[1]。因此，尽管设备的防恶意软件服务正在运行的信息是有效的，并且可作为强制执行策略的条件，但只应将其视为深度防御的组成部分之一。

4. 设备态势满足要求：在 48 小时前完成终端安全扫描

此条件使用从安全扫描工具(如终端管理或漏洞扫描解决方案)检索的设备态势信息。由于 PEP 从服务器而不是从设备检索该信息，因此，可视为更可靠的信息。[2]注意，在本示例中，条件要求最近已完成安全扫描。另一种方法是利用更多的当前信息，例如，通过 PEP 调用持续监测系统(例如，SIEM 或 UEBA)，并获取与特定设备风险水平相关的实时信息。

5. 资源的服务台工单处于打开状态

这种条件是零信任系统如何将安全实施和业务流程绑定在一起的最有趣、

1 译者注：网络卫生的目的是加强在线安全并保持系统健康，计算机和其他设备的用户可以采取该措施。网络卫生意味着采用以安全为中心的思维方式和习惯，帮助个人和组织减轻潜在的在线漏洞。

2 当然，没有哪个系统是完美的，而且安全系统可能没有检测到设备上的恶意软件，或者可能本身遭受破坏并返回虚假信息。

最引人注目的示例之一。与本章针对目标讨论的元数据标记示例一样，这种情况允许组织利用其所需的业务流程。通过使网络或应用程序执行的访问成为正确执行的业务流程的副产品，从而保证用户遵循流程。这在可审计性、可重复性和质量方面产生巨大优势，在安全方面尤其如此。

在本示例中，组织希望确保仅当服务台工单处于打开状态且与此资源匹配时才允许由IT管理员访问特定资源。该策略的结果是，要求利益相关方创建服务台工单，以便IT管理员访问资源并执行必要的任务。工单一旦关闭，将撤销该资源的管理员访问权限。此条件消除了管理员及其管理的设备拥有过多且连续的网络访问权的需求，同时保持充分的生产效率。此条件还可确保跟踪所有管理员访问权，满足法律法规和监管合规要求。

服务台工单只是示例之一；零信任系统基本上可通过类似的方式与业务流程集成，在整个组织中带来可观的优势。

6. 主体和目标都应该是标记为处于“生产”状态的服务器

在本示例中，主体和目标都是服务器，并且具有用于指示其状态的标记。这种情况可防止研发或测试应用程序(或在非生产系统中工作的研发人员)意外连接到生产服务。当然，基于服务到服务的身份验证模型(Service-to-service Authentication Model)应存在通过身份验证的附加控制层，例如，可能需要应用程序安全凭据(Credential)或证书(Certificate)。但在手动测试或发布的环境中，研发人员尤其容易犯错；通常，测试或发布通过命令行完成，在命令行中的操作很容易产生因简单的复制粘贴或拼写错误导致的重大影响。

同时使用主体和目标服务元数据的控制类型可将限制进一步扩展到更大的范围，例如，针对应用程序或项目名称。虽然属于“金莺”项目的应用程序服务不太可能错误地试图连接到“蓝鸦”项目中的服务，但恶意用户或访问该应用程序的恶意软件可能尝试执行网络探察或横向移动。一旦组织的零信任基础架构和安全成熟度比较完善，组织的最小特权原则应推动将这些类型的策略落实到位。

17.1.5 主体准则与条件

在探讨相关示例时，安全专家们很可能已经注意到有一些检查项既符合主体准则也符合条件。没关系，这方面没有固定的规则，组织需求应基于组织所选平台的具体情况做出相关判断。当组织获得足够经验时，应清楚哪种方法最有效。

通常，在初始会话建立时(例如，在执行身份验证期间)，即使 PEP 在技术上可以开展检查，但通过 PDP 执行某种类型的检查更合适。由 PDP 执行的检查通常与缓慢变化的属性相关，因此，在用户会话的持续时间内很可能保持不变。当然，这取决于特定的零信任平台是如何实施的，例如，在维护活动会话时，操作系统版本和地理位置不太可能改变。稍后将探讨属性以及应在何处对属性执行有效性评价。

17.1.6　示例策略

通过前面章节已经了解了如何构建策略，并探讨了一些策略组件示例。接下来将这些组件放在几个策略示例中，这些策略示例说明如何将这些组件组合在一起。

第一个示例是在第 3 章中介绍过的，当时首先解释策略模型，如表 17-2 所示。

表 17-2　示例策略——财务应用程序的用户访问

策略：财务部门的用户应能够使用财务 Web 应用程序	
主体准则	用户属于身份提供方的 Dept_Billing 组
活动	用户能够通过 HTTPS 访问端口 443 上的 Web UI
目标	财务应用程序的全限定域名(FQDN)billing.internal.company.com
条件	用户可以是本地用户或远程用户 远程用户应在访问之前(在执行身份验证时)或每 4 小时提示一次执行 MFA 用户应通过运行终端安全软件的管理设备访问此应用程序

在本示例中，主体准则会将该策略分配给属于指定身份提供方 Dept_Billing 组的用户。注意，在组织中，身份提供方仅存储员工，因此没有理由在准则中对该角色执行更多检查，因为这是隐式的。还要注意，在本示例中，企业选择不检查用户是否在财务应用程序中实际拥有活动账户。如果财务部门的某些成员(但不是所有成员)是此应用程序的活动用户，对于确保工作效率可能很有效。这是一个令人感兴趣的观点，并举例说明了一种极为常见的情况，即组织没有完全映射应接收特定活动的用户集的身份组。

当然，零信任策略的理想场景是执行最小特权原则，并且只将访问权限授予正确的用户集。然而，即使是不完美的零信任实施也比没有实施零信任的情况好一些，安全专家建议组织最好首先采用允许少数额外用户访问的策略，而不是等待身份管理程序和流程实现“完美”的映射后再实施零信任方案。回顾一下第 5 章讨论过相关建议——这是很好的示例，说明了即使身份团队在单独的平行轨道上前进，零信任项目也能向前发展并提供价值。

本示例的活动很简单，只是能够通过 HTTPS 访问 Web UI，目标是简单的完全限定域名。然而，用于强制执行一些控制的条件更有趣。首先，远程用户访问此应用程序时需要输入 MFA 提示信息，4 小时后再次输入。在更受信任的内部公司网络中工作的用户不必执行 MFA，因为内部网络中的用户在大楼中的物理存在可视为一种附加因素。这些条件还要求设备由公司管理(通过公司 CA 颁发的有效证书执行验证)，并且该设备上需要运行公司的终端安全解决方案。

针对本示例的评估显示，这是一组合理且平衡的条件，允许远程用户提高工作效率，同时只施加最低程度的干扰，并强制只能通过有效的公司管理设备执行访问。接下来讨论另一个示例，基于该示例环境中的一些约束，该示例在某种程度上更为简单。

在表 17-3 中的示例中，组织通过策略控制生产服务器的系统管理员访问。组织的系统管理员团队需要通过 SSH、SFTP、Web 和 RDP 等，远程访问服务器或大型生产子网中的网络设备(该子网包含数千台主机)。在每个工作日，系统管理团队都需要连接到其中的一些系统执行更新、重新配置或故障排除。组织不希望管理员们拥有对该网络的完全开放和永久访问权限，但也需要管理员能够完成工作，这意味着管理员每天都需要访问一组任意和不可预测的主机。

表 17-3　示例策略——管理员访问生产子网

策略：系统管理员访问生产子网	
主体准则	用户是身份提供方的系统管理员组的成员
活动	用户可以访问 TCP 端口 22、3389 和 443 并执行 ICMP 的 ping 命令
目标	子网 10.0.0.0/8 中的任意主机
条件	应存在处于“开放”状态的服务台工单，该工单指定需要访问的主机名或 IP 地址

此示例策略通过将访问控制与使用服务台(工单)系统的业务流程联系起来，为组织解决了管理员拥有完全开放和永久访问权限的问题。通过此策略，组织能够在保持管理员工作效率的同时，确保记录生产系统的所有访问。

注意，本示例中的组织与多数现实世界中的企业一样，在某些领域更成熟，而在其他领域则不那么成熟。在本示例中，组织将服务台作为指导系统管理员任务的可靠且规范的流程，这表明组织达到相当成熟的程度。另一方面，对每台服务器都授予 SSH 和 RDP 访问权限表明组织缺少精确的资产管理系统，无法依靠该系统将主机映射到操作系统类型。此示例中的策略也不具备与之关联的 MFA。也许在这个虚构的组织中，存在抵触 MFA 的文化，或者组织正在部署某种补偿性控制措施，例如安全凭证库(Credential Vault)。

表 17-4 中所示的示例策略说明了动态呈现目标的用途，其中 PEP 评价 IaaS 环境中目标的元数据有效性。虽然示例中操作权限比较宽泛，但考虑到处于研发环境，所以权限是适当的。研发人员访问策略确保研发人员在 IaaS 环境中工作时无法访问其他项目的资源。

表 17-4　示例策略——研发人员访问

策略：研发人员访问 Everest 目录资源	
主体准则	主体应是 Project_Everest 目录组的成员
活动	全部 TCP、UDP 和 ICMP 活动
目标	IaaS 研发环境中标记为“project=Everest”的资源
条件	无(始终允许访问)

表 17-5 中的示例策略说明了服务器到服务器的场景，显示企业如何定义策略，允许 DMZ 中运行的 Web 服务器访问私有内部网络中的关联数据库服务器。设想本示例中的 Web 应用程序为电子商务站点提供前端，其中涉及无数的后端服务和核心数据库接口(例如，更新库存或处理订单)。在本示例中，存在多台用于实现负载均衡和高可用性(High Availability，HA)的 Web 服务器实例，这些 Web 服务器的内部 IP 地址由于底层虚拟基础架构而频繁变更，并且经常部署新版本。这一简单策略有助于在不断变更的基础架构中，组织能在自动调整访问权限的同时保持严格的安全水平。

表 17-5　示例策略——服务器到服务器的访问

策略：DMZ 中的 Web 服务器访问数据库服务器	
主体准则	主体主机名应为 ws1.company.com 或 ws2.company.com
活动	访问 TCP 端口 3306
目标	主机 app1database.internal.company.com
条件	无(始终允许访问)

17.2 适用的策略

此策略模型应为组织提供了一种结构，用于以对技术和非技术利益相关方都有意义的方式考虑和创建访问规则。此策略模型也有助于组织分析潜在的零信任产品，让组织了解所需的功能类型。

当然，这些策略并不是凭空存在的，需要属性(上下文输入)以便执行有效性评价，需要构建策略以满足特定场景，并且需要与之相关的流程，以便确认评价策略有效性的时点和原因。本节将从属性开始探讨策略的各个方面。

17.2.1 属性

零信任策略是围绕与身份、设备、目标和整个企业系统相关的属性构建的。如策略模型所示，通过主体准则、目标和条件来引用这些属性。属性实现策略的上下文感知，以及获得零信任所需的范围和动态。属性可分为三类。

“身份属性(Identity Attribute)”通常从执行身份验证的身份提供方(Identity Provider)处获取，当然，也可使用其他来源的属性扩充身份属性。身份属性包括目录组成员关系，以及直接分配的属性(例如，角色)。每个组织都可能创建自定义组，并为身份分配自定义属性，在策略中使用属性是零信任系统核心的必备功能之一。

零信任系统可直接通过设备(通常是本地代理)或外部系统(如 CMDB 或终端管理系统)获取“设备属性”。某些设备属性，特别是通过设备中运行的本地进程获取的属性，可能会频繁变更。属性的永久性是接下来将要讨论的内容，组织决定在何处、何时以及如何评价属性有效性时，属性的永久性应作为其中的一个因素。

需要考虑的另一组属性称为“系统属性”。这个类别有点笼统，指那些与企业网络和生态系统关联的属性，可能涵盖整体网络威胁或风险级别(可能通过 SIEM 获取)、系统或网络负载，甚至与业务流程或 IT 功能相关的属性，例如，是不是经批准的维护窗口，或者是否存在 IT 紧急抢修场景。

最后，目标属性用于确定活动的目标。属性信息可通过 PEP 本地环境获取，也可以通过 CMDB 等集中式权威来源获取。

注意，在讨论属性时，本书是从允许零信任系统通过外部来源获取属性的角度探讨。虽然这肯定是一种常见的情况，但并非唯一的可能性。让零信任系统本身成为属性存储库是完全合理的。当然，在这种情况下，需要一套机制重新填充和更新属性，回顾一下第 11 章讨论的安全编排。

综上所述，接下来讨论不同类型属性的变化率。表 17-6 显示的是属性永久性列表，以及属性通常的变化频率示例。不应将这些示例看作是严格的规则，而仅应看作一组指导方针。事实上，即使是“永久性”生物特征也可能发生变化，例如，由于人员受伤或器官移植。例如，组织可能存在一些有关资产管理的准则，可能会影响设备属性的永久性。

总体而言，组织应相信表 17-6 包含的内容是有效的，因为相关内容能够帮助组织理解已知的属性类型，并决定在哪个环节考虑如何评价策略有效性(例如，是在身份验证时还是访问时)。

表 17-6　属性永久性

属性永久性	身份属性(用户)	设备属性	系统属性	目标属性
永久性(永不变更)	生物特征识别(如指纹、虹膜扫描)	操作系统	无	操作系统
半永久性(变更每年少于一次)	国籍 居住国家证明 安全许可	主机名	域	标识符 主机名 URL
不经常变更(每月或每年变更)	组成员关系 规则 目标 任务	操作系统版本或补丁级别 组件补丁级别(例如,AV 签名文件)	DNS 服务器设置	IP 地址 证书信息 网络信息(例如，TLS 参数) 资源版本
定期变更(每周变更)	无	设备态势检查 注册表项值	无	目标态势检查
频繁变更(每小时或每天变更)	地理位置 网络属性	进程状态 设备 IP 地址	网络风险级别 网络负载 抢修场景	资源负载 资源可用性

在实践中，有必要验证 PEP 中频繁变更的属性，这可能是条件的一部分。这是因为属性在活动会话中可能发生变化，而 PEP 强制执行此类“访问时间”机制。在 PDP 中，作为主体准则的一部分执行有效性评价可能更有意义。当然，组织应仅将此作为指导原则，因为组织选择的零信任平台可能会以不同的方式处理频繁变更的属性。

17.2.2　策略场景

本书已讨论过策略的结构，以及用于输入策略的属性集，那么现在讨论最常见的场景集。本节指的是主体访问目标的模式和方法。应确保充分了解组织的指导原则和设想。

首先，除了本书在第16章中讨论的物联网系统，执行的零信任活动中应至少存在一个主体，其中主体是经过验证的身份。也就是说，未经验证的身份不能成为主体。尽管如此，未经验证的身份可作为目标。其次，在零信任系统控制之外的网络中，隐式信任区内可能发生某种程度的通信。组织应确定隐式信任区的边界；随着组织的零信任之旅取得进展，隐式信任区应逐渐缩小。在组织的零信任之旅中，通常一组混合资源会与零信任资源通信，其中一些通信是通过PEP执行的(并受零信任策略的约束)，而一些通信，甚至是与相同资源的通信，则会绕过零信任PEP。

最后，未经授权的用户(例如公共Web服务器)可访问的资源不在零信任策略模型的范围之内。这些公共系统向远程系统授予可信任的级别，允许其连接和使用资源。当然，即使是可公开访问的Web服务器，其他服务(如对该主机的管理访问)也可涵盖在零信任系统的范围之内。也就是说，零信任要求所有主体都具有经过验证的身份，这将帮助组织为系统划定明确的边界。注意，虽然组织环境中的某些资源不在零信任范围之内，但这些资源应确保在安全团队的管理范围之内，并且应通过一组适当的控制措施予以保护。

接下来是几个将策略模型和零信任部署模型的讨论结合起来的场景。注意，为清晰起见，所有示例都省略了PDP。

图17-1中的第一个场景描述了简单的部署，使用基于飞地的零信任部署模型。本示例唯一的策略目标是Web服务器，控制用户对Web服务器的访问。所有三台服务器都在零信任隐式信任区内，因此三台服务器之间的访问不受PEP控制。也就是说，PEP仅控制主体对Web服务器的访问。

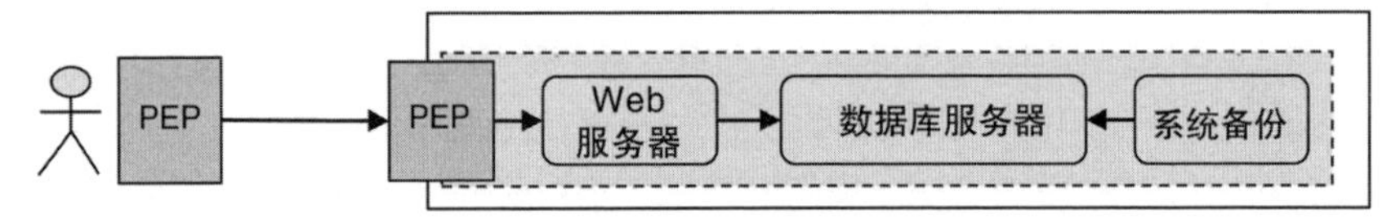

图17-1　策略场景Web Server作为目标

在图 17-2 所示的场景中，数据库服务器部分位于 PEP 后面，因此数据库服务器可以是策略中的目标。在本示例中，组织限制了 IT 管理员对数据库服务器的访问，因此只能通过已分配的策略和使用已验证的身份访问数据库服务器。但是，Web 服务器和备份系统继续直接访问数据库服务器，因为 Web 服务器和备份系统位于隐式信任区内。实际上，限制 IT 管理员对数据库服务器的访问可通过防火墙设置实现，因此管理员访问(通过端口 22)只能通过 PEP 实现，而数据库访问(例如，port3306)可供更大的隐式信任区内的其他服务器访问。

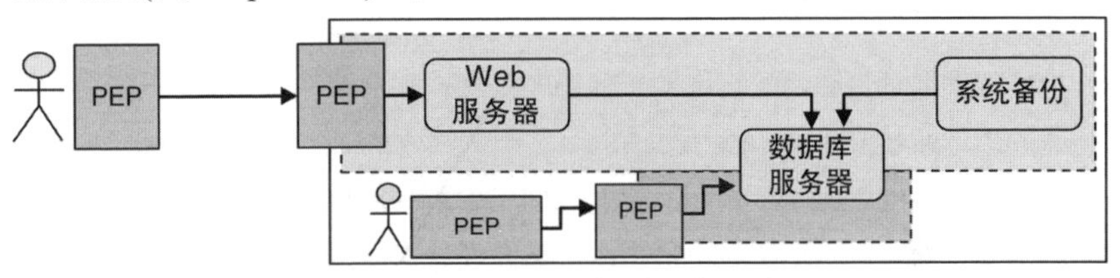

图 17-2　策略场景数据库服务器作为目标

这是一个说明组织逐步过渡到零信任的现实示例——通过将数据库服务器上运行的不同服务作为不同的逻辑目标，能够严格控制管理访问，从而提高安全水平，但不会影响应用程序或业务操作。这可能是也可能不是临时阶段；图 17-3 描绘了此流程可能执行的步骤。

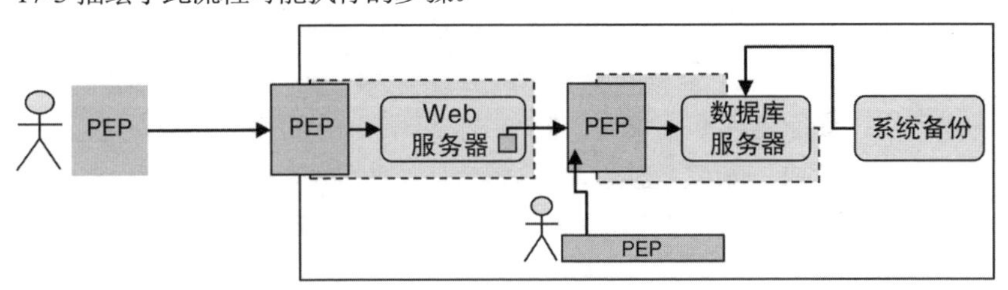

图 17-3　策略场景——Web 服务器作为主体

图 17-3 显示了组织将数据库服务器部分放置在 PEP 后面，因此只有经过身份验证的主体才能访问该位置。[1]这意味着 Web 服务器现在应是主体，具有身份和身份验证方法。其结果是缩小了隐式信任区(提高安全水平)并提高了部署灵活性。

这是令人感兴趣且经常会忽视的零信任的优势。因为 Web 服务器现在通过

1 在该示例中，系统备份服务器仍可继续直接访问数据库，例如，通过防火墙规则和/或明确的 TCP 端口访问。

零信任系统访问数据库服务器，所以数据库可跨企业基础架构移到任何地方，除了可能存在一些额外的延迟，不会对 Web 服务器产生影响。也就是说，数据库服务器的部署位置基本上与 Web 服务器无关，可以透明地重新部署到远程或基于云环境的位置。如果没有零信任，且未提供某种远程访问机制(通常通过广域网连接)，组织将无法实现这一点。这带来一整套安全和网络方面的注意事项，以及可能的额外费用。通过 PEP 和策略控制访问更简单、更快且更安全。

1. 目标发起的访问

接下来的场景介绍了目标发起活动的概念。到目前为止，本章从经过身份验证的主体通过 PEP 访问资源的角度讨论策略模型。也就是说，主体设备发起连接(如果使用面向连接的协议，例如 TCP)或发起网络流量(如果使用无连接协议，例如 UDP)。前面的场景(显示用户访问 Web 服务器和 Web 服务器访问数据库)是这种模式很好的示例。

然而，一些应用程序和网络利用了反向类型的通信，意味着组织的零信任系统也应支持反向类型的通信，实现组织通过策略保护全部通信的目标。这种模式就是目标发起的模式：仍然需要经过身份验证的主体和由 PEP 控制的访问，但策略的目标发起网络流量，并将流量或连接发送到主体。接下来讨论具体示例。

在图 17-4 中，零信任系统使用基于飞地的部署模型，PEP 保护内部数据中心网络。该组织在用户设备上使用软电话执行语音呼叫，协议要求从 VOIP 服务器向用户设备(运行本地用户代理 PEP)发起呼叫。该组织还拥有在某些远程环境中运行的 BI 分析服务器，该服务器也是具有本地 PEP 的经过身份验证的主体。组织基础架构流程要求内部补丁服务器定期连接到远程 BI 服务器执行操作系统更新。

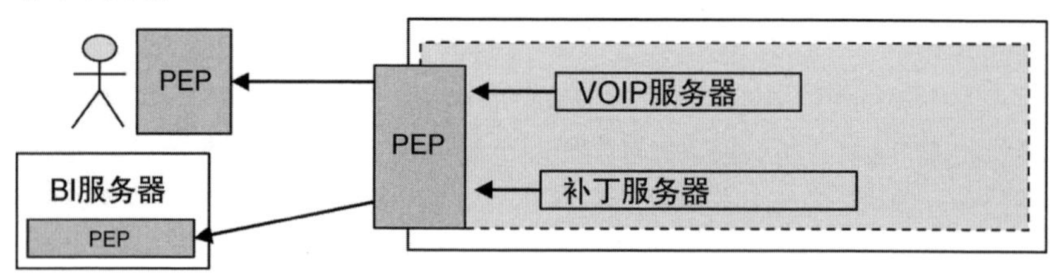

图 17-4　策略场景——目标发起，基于飞地

在图 17-4 所示的两种情况下，网络流量应基于策略通过 PEP 执行路由(并由 PEP 控制)。从技术角度看，这对零信任平台及策略模型提出一定程度的要求。一些零信任部署模型，例如基于飞地和基于资源的模型，通常能利用用户设备和 PEP 之间的直接连接轻松支持这种场景。基于云路由(Cloud-routed)部署模型的解决方案通常很难支持这种场景。本章将在下一个场景中研究微分段(Microsegmentation)部署模型。

2. 微分段

回顾一下，在微分段部署模型中，主体需要访问的资源与主体一样需要经过身份验证。因此，访问和策略模型将更加对称。图 17-5 描述了这种场景，其中 Web 服务器和用户都发起到数据库服务器的连接，并且所有三台服务器都是经过身份验证的实体(注意，稍后将讨论系统备份服务器)。

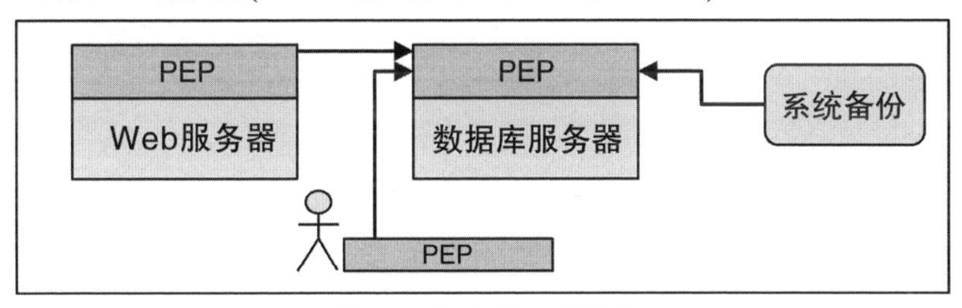

图 17-5　策略场景——微分段

这意味着，虽然存在主体准则和目标的概念，但在如图 17-5 所示的系统中，策略模型略有不同。在图 17-5 中，由于 Web 服务器和数据库服务器都是身份主体，因此都经过身份验证，并且具有相似的属性集。因此，可使用相同类型的准则指定这两种服务器，这与本章之前使用不同方法指定主体和目标的场景不同。

当然，即使在微分段模型中，身份也应能够与非身份系统交互。如图 17-5 所示，PEP 应允许备份系统访问数据库服务器。注意，第 18 章将讨论服务到服务(service-to-service)场景。

既然本章已经探讨了不同类型的策略能够部署在不同的场景中，那么接下来探讨与这些场景相关的流程。

17.2.3　策略有效性评价和执行流程

图 17-6 描述了通过零信任系统策略的逻辑系统流程。PDP 将身份、设备和系统的属性集作为输入，并使用这些输入评价策略存储中策略集的有效性。有效性评价结果是在此期间授予主体的策略。结果传输至 PEP，其中包含有关授予此权限的主体信息及有关活动、目标和条件的信息。PEP 可能需要分析与潜在目标关联的元数据，从而进一步呈现授予的策略，确定哪些元数据匹配。PEP 负责在授予的策略中执行某种访问时间条件。

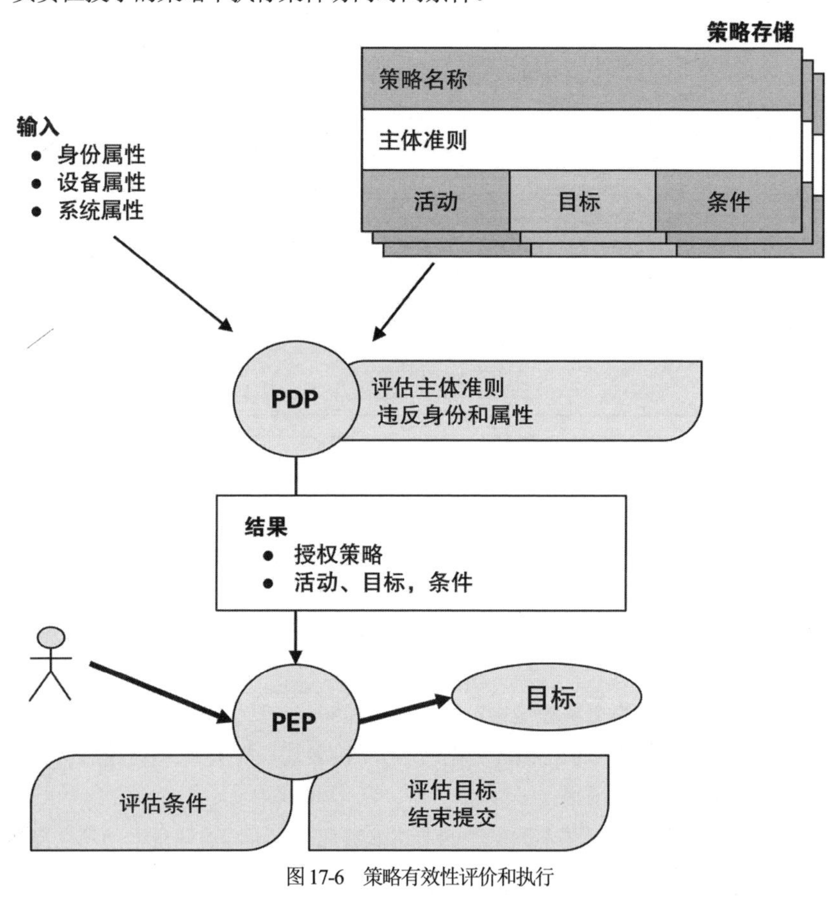

图 17-6　策略有效性评价和执行

图 17-6 描述了零信任系统在根据策略经过 PDP 和 PEP 时执行的活动。尽管图中显示了系统的功能，但还需要详细说明何时执行。本书前面关于安全编排的章节讨论了相关内容，介绍了在零信任系统中发起活动的主要触发器。图 17-7 显示了这些触发器，以及调用时触发器在 PDP 和 PEP 中启动的内容。

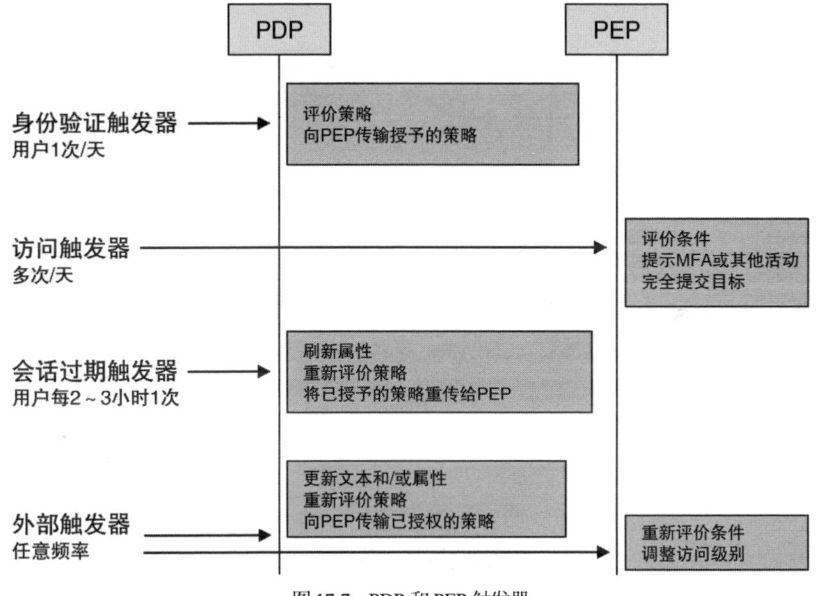

图 17-7　PDP 和 PEP 触发器

1. 身份验证触发器

当然，身份应通过 PDP 执行身份验证，才能授予访问权限。大多数零信任系统将与组织的身份提供方集成(而不是自己充当身份提供方)，身份验证触发器将发起策略有效性评价流程，如图 17-6 所示。组织应配置身份验证与零信任系统的交互频率，以及对最终用户的透明程度。

组织实施配置的决策中将存在多种因素，包括组织预期的用例和身份验证方法。本书将在第 18 章中进一步讨论相关内容。例如，如果组织的系统保护了用户的所有访问，并且要求用户能够高效地工作，组织可能希望用户的设备在工作日登录到桌面时立即执行身份验证。或者，一些组织可选用 VPN 替换用例开始零信任之旅；这种情况下，用户只有在需要访问特定的远程资源时才直接对系统执行身份验证。

系统身份(非人员实体)具有不同的身份验证生命周期。这些类型的身份通常是连续运行的，因此可能不存在触发常规身份验证的正常流程。这种情况下，下文中讨论的会话过期触发器将对这种情况更重要。

2. 访问触发器

身份访问目标时，将调用每个策略的访问触发器。不同的零信任实施方法略有不同，具体取决于部署架构、PEP 的功能和网络协议的类型(例如，面向连接或较少连接)。

某些实施方法可能会在与目标的每个新连接上(如果适用) 评价每个网络数据包的条件，或定期(例如，每 5 分钟一次)进行评价。无论频率如何，PEP 都需要能够评价和执行条件，包括一天中的时间、外部因素(如服务台工单状态)以及提示用户执行必要的交互(例如，递升式身份验证)。

PEP 还负责完全呈现目标，这意味着 PEP 应询问环境并发现符合相关元数据需求(例如具有特定的标签值)的资源。

3. 会话过期触发器

本书还没有正式定义会话(Session)的概念，这是经过深思熟虑的。不同的零信任部署模型和平台可能有非常不同的会话概念，这种不确定性导致很难准确地使用这个术语。关键是组织的零信任系统需要清楚会话的逻辑概念，会话是身份验证后的一段时间，在此期间会话能够主动访问受保护的资源。

会话应具有有限的生命周期，并且在会话生命周期结束时，系统应刷新从而获得更新的属性，重新评估策略，并将变更的访问信息传递至 PEP。系统执行的刷新对用户可能可见也可能不可见；系统执行的刷新可作为平台策略模型配置的组成部分。回顾前文，不同类型的属性具有不同的变更率，因此在会话更新时，有些属性应自动刷新。

会话持续时间是组织应基于风险级别、用例和身份群体等因素考虑和设置的内容。对于用户而言，大约 2～3 小时的会话持续时间对组织是适合的，具体取决于环境和用户数量的动态变化程度。这也是用户能够接受 MFA 提示的最大频率，尽管在某些环境中，每天执行一次可能更为合理。对于非人员实体，会话持续时间在很大程度上取决于用例以及组织的服务和环境变化程度。某些情况下，24 小时的会话持续时间可能是适合的，而在更加动态的系统环境中，

2～3 小时的会话持续时间会更适合。记住，这在很大程度上取决于零信任平台的功能以及与会话刷新相关的开销。还应记住，动态频率高的属性最好作为条件进行评价，PEP 应能够在活动会话中多次(甚至几乎连续)刷新。

4. 外部触发器

基于安全专家的经验，推动零信任计划成功的关键因素之一是底层技术平台支持集成的程度。特别是，零信任平台应提供 API，以便外部系统可发起刷新。刷新的范围将取决于实施方法，但重要的是刷新的内容应包括与发起刷新的外部系统相关的属性。回顾一下本书第 11 章深入探讨的相关示例。

17.3　本章小结

本章首先探讨了零信任策略的逻辑组件，包括主体准则、活动、目标和条件。本章还研究了属性，并探讨属性在策略中的作用。然后，本章从部署和流程的角度研究策略场景，以及策略有效性评价和触发器的生命周期。

应该清楚的是，本章描绘的是真正的动态和响应系统，依赖于 IT 和安全组件之间的协作运行和集成。这对企业而言可能是一种文化或技术上的变革，在组织的零信任之旅中认识到这一点很重要。重要的是应理解，尽管本章中讨论的概念和建议多数情况下适用于零信任平台和架构，但在实践中，不同的零信任平台具有各种不尽相同的功能。特别是，存在多种不同类型的 PEP，具有跨网络、应用程序和用户代理实施的不同能力。有鉴于此，组织选择特定的零信任平台时，务必对架构和功能有深入的了解，这样就可以设计组织的策略及其生命周期和流程，以便与所选平台的功能(以及优缺点)保持最佳的一致性。

最终，组织希望零信任平台能够无缝地使用内外部属性，具有内外部机制，获取更新的上下文信息，从而基于有意义的描述性策略做出访问决策。

第 18 章

零信任场景

本书研究了企业安全和 IT 基础架构的多个不同方面，从技术和架构的角度思考问题，并且始终引用各种场景。本章将研究七种不同的场景，并讨论如何评价和处理这些场景，以便将其纳入零信任计划。这不是一组详尽的用例，但涵盖了大多数主要场景。

本章的目标是帮助企业了解这些不同的场景如何以及何时适用于组织的环境，并为企业提供如何处理的相关建议。当然，这些场景也需要从部署和运营的角度看待，这将是第 19 章讨论的内容。当安全专家们读到此处，希望本书的观点已经足够有说服力了，最后，为简洁起见，本章不打算在这里花费太多时间证明这些场景的合理性。接下来从最常见的零信任场景开始，这个场景正在取代 VPN。

18.1 VPN 替换/VPN 替代

本书第 9 章讨论过虚拟私有网络(VPN)及其弱点，以及零信任提供的比较优势，本章将简要复述这个场景，以便引出关于企业应如何处理以企业 VPN(远程用户访问)为重点的零信任项目的讨论。注意，本章将探讨两个相关场景：

- 通过零信任解决方案替换在用的 VPN
- 为新增的远程访问场景部署零信任

虽然两种方案具有相似的技术考虑因素，但组织显然应从不同的角度论证和决策。新项目通常易于决策，因为不会存在太多约束或依赖项。这与 VPN 替换方案形成对比。行业已经出现很多 VPN 替换项目，安全负责人需要准备好从潜在的各个角度，包括安全、技术、运营和财务角度，审查和论证决策及项目。注意，安全专家强烈建议组织使用零信任方法替换 VPN。

简要回顾一下传统 VPN 和零信任模型之间的架构差异(第 9 章介绍过相关内容，并在图 18-1 中整合)。注意，此场景仅侧重于为远程用户提供安全的服务访问。

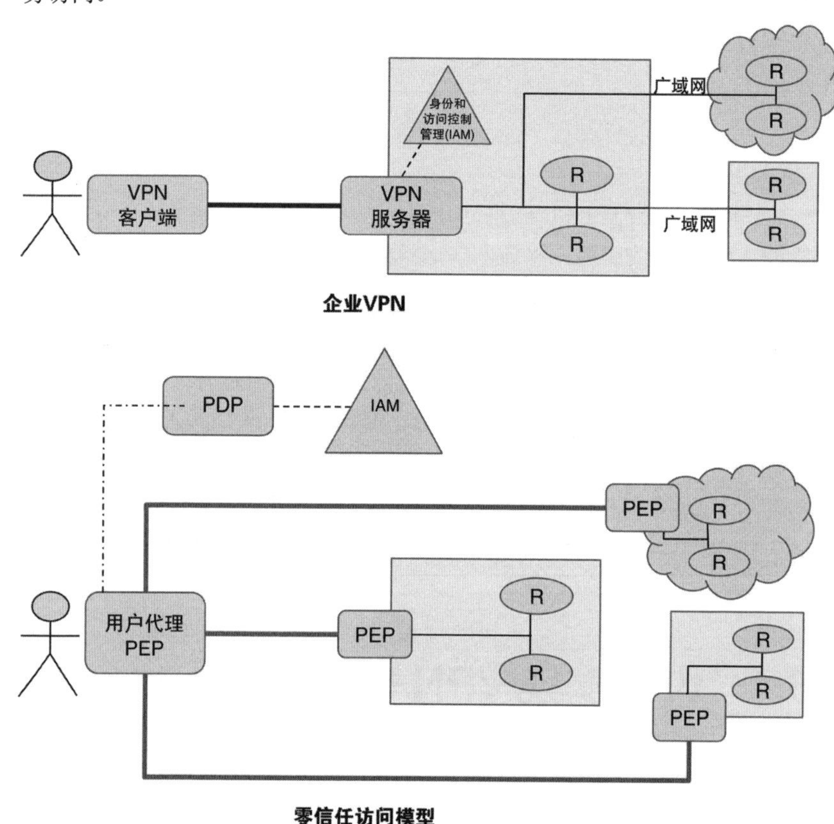

图 18-1　企业 VPN 和零信任架构

传统的 VPN 只能建立从用户设备到 VPN 服务器的单一安全网络隧道，VPN 服务器是安全隧道的终点，并允许网络流量进入私有网络区域。VPN 延续了基于边界的网络模型，要求通过广域网将分布式资源连接到企业的核心网络。或者，当用户需要访问不同位置的资源时，VPN 要求用户手动切换 VPN 连接。相反，零信任系统将建立到分布式 PEP 的多个安全连接，以便用户能够透明地访问分布式 PEP。[1]

18.1.1　考虑因素

本节将研究一些不同的观点，帮助企业确定零信任的理想 VPN 项目。

1. 资源

企业应仔细考虑资源的数量、类型、位置和价值。这些资源因素对业务的重要性如何？如果考虑替换在用的 VNP，企业应清楚当前如何访问这些资源，以及当前 VPN 存在哪些痛点。

通常，零信任解决方案能够提供比 VPN 更好的性能，对于分布式资源而言尤其如此。也可通过部署零信任解决方案保护企业无法部署 VPN 入口点的位置或环境中的资源，如第三方网络中的资源。如果企业拥有一组高度分布或高度动态的资源，那么零信任可能是保护这类资源的最佳候选方案——回顾一下第 17 章中描述的动态目标。

2. 用户和用户体验

谁是当前使用 VPN 的用户，或者谁需要访问这些新资源？用户是否都是远程执行访问的？是否快速部署了远程用户访问解决方案(并且可能存在一些已知问题或破坏)，例如，为应对 COVID-19 居家轮岗？用户是否通过独立的安全模型(例如，通过防火墙)访问这些资源？

为应对这些情况，通常存在充分的理由采用零信任，例如，为了克服因快速部署 VPN 引起的安全和运营问题。如果近期部署了一些资源，那么可能只有远程 VPN 用户具备安全的访问路径，同时组织需要提供针对现场用户的解决方案。最后，零信任解决方案(旨在确保所有用户对所有资源的访问)可消除竖井式解决方案，例如，远程用户与现场用户的隔离规则和访问机制。

企业可增量、分组或逐个应用程序部署零信任，但应充分考虑最终用户体验。也就是说，企业应关注初始用户使用的不同访问工具，避免造成不必要的分歧。例如，企业可能无法要求终端用户在当前使用的 VPN 和零信任解决方

---

1 注意，这适用基于云路由和基于飞地的模型。基于微分段或基于资源的模型可能不一定适用，具体取决于实施的具体情况。

案之间来回切换。更恰当的方案是让一组用户切换到零信任解决方案，将这组用户当前的 VPN 访问级别与针对特定资源的更精确的零信任策略结合，满足这组用户的全部访问需求。通过这种方式，用户开始获得最佳的安全水平，同时获得更佳的体验。第 19 章将进一步讨论相关问题。

3. 身份提供商

一些 VPN 实施未与企业身份提供商集成；这些情况下，零信任部署可以快速交付可观的价值。通过将远程访问用户身份验证与企业身份提供商绑定，安全团队消除了 VPN 中存在的身份竖井，消除了身份竖井与企业主提供商保持同步所需的工作，例如，响应 Join、Move、Leave 的身份生命周期事件。即使 VPN 使用企业身份提供商(IdP)，零信任解决方案也会通过实施细粒度和上下文感知的访问策略改进 VPN 的弱点。多数零信任解决方案还支持不同类型的多个身份提供商，因此不同的用户组可通过不同的身份提供商执行身份验证流程，或者可通过现代身份验证协议保护传统系统。

4. 网络

企业应清楚地了解企业的网络拓扑、数据流以及受保护资源的存放位置。这些知识将帮助企业就如何将访问从 VPN 过渡到零信任做出明智的决策和建议。首先明确 VPN 集中器(VPN Concentrator，入口点)位于何处，授予 VNP 集中器访问哪些网络的权限，以及如何通过网络访问分布式资源。

正如本章开头所提到的，企业应确定用户是否只是通过企业网络的单个入口点访问资源。即使在这种简单的情况下，零信任也能增加价值，如提高性能和稳定性，更好地与身份提供商和 MFA 集成，当然还能提供细粒度的访问控制。

需要访问分布式资源的团队或项目通常抵触 VPN，这种情况下零信任将更受欢迎(只要企业选择的实施和部署模型支持分布式 PEP 的多个并发连接)。将此视为向网络或应用程序团队提出“假设”问题的机会。“用户可同时访问网络和应用程序资源意味着什么？”“企业能将访问权限与业务流程(如服务台工单)绑定意味着什么？”“企业可在允许用户访问之前执行更深入的设备状态检查意味着什么？”这些问题非常值得探讨，可与相关团队开展交流，促使相关团队成为组织零信任项目的支持方。

企业还应向网络团队提出一些帮助更好地规划和倡导零信任实施的问题。例如，了解企业当前 VPN 实施的远程访问策略(ACL)的类型。访问策略涉及的范围或详细信息是什么？如果目前的访问策略允许非常宽泛的网络访问(这是很常见的)，企业的零信任项目可在不牺牲用户工作效率的情况下大大缩减网络访问权限，从而提高安全并降低风险。企业还应确定当前的项目是否存在未解决的合规问题或审计所发现的问题。

如果企业的 VPN 确实对网络访问实施了限制，请从运营和用户工作效率的角度了解工作情况。除了特别静态的环境，VPN 对网络访问的限制很可能导致运营工作和用户的摩擦。企业的零信任解决方案能通过自动化策略施加同样严格(或更严格)的访问控制限制，从而减少企业的 IT 和运营团队的手动工作。

最后，企业应了解组织利用广域网的方式。广域网的使用令组织付出相当大的成本，零信任解决方案可减少(甚至在某些情况下消除)广域网的使用需求。

18.1.2　建议

VPN 替换(VPN Replacement)和 VPN 替代(VPN Alternative)方案是企业常见的第一个零信任项目，通常也是很好的入门项目。好处显而易见，零信任解决方案可轻松地取代传统 VPN 的功能。安全专家建议执行增量部署，同时考虑可能需要在一段时间内同时保持零信任和 VPN 访问的用户组。零信任和 VPN 解决方案通常能够在终端用户设备上和谐共存，但通常不能够同时运行，因为两种方案在网络级别会发生冲突。例如，如果企业存在“始终在线”的 VPN，或者希望在相似类型的模型中部署零信任，则可能存在问题。

VPN 替换方案的最后一个建议是仔细查看围绕 VPN 工具的范围和功能构建的工具和流程。一些组织，特别是那些拥有较旧 VPN 和基础架构的组织，可能已经建立了相互依赖的工具“网络”，可能会给增量零信任部署带来复杂的障碍。例如，企业使用传统的 VPN，将某些事件记录到用户的 Windows 事件日志中。这家企业构建了一套“依赖”工具，用于查看 Windows 事件日志并通过网络配置任务对事件作出响应。修改这些工具是一项额外的任务，会导致项目延迟，因为该组件是由组织内的其他团队维护和管理的。因此，企业应了解 IT 环境运营的方式，并对 IT 架构的上下游及 IT 和业务流程生态系统提出各种相关问题。企业可能需要询问组织为特定工具或工作流建立依赖关系的时间和方式。其中一些可能是采用零信任的障碍，但一些可能是零信任项目可消除的痛点。VPN 通常存在一系列令人头疼的问题，这也是为什么 VPN 通常会成为第一个零信任项目的原因。

18.2 第三方访问

第三方访问也是很适合零信任的候选场景，因为第三方访问通常是企业风险的源头，并且与传统的第三方访问相比，采取零信任方法有着明显的区别和好处。第三方是与企业有法律关系并且需要合法访问企业网络和私有资源的非企业员工人员。明确范围包括：

- 可识别的个人。
- 需要访问的资源是已知和可识别的。
- 需要访问公司私有资源(如果所需要的仅是 Internet 接入，第三方可在现场使用来宾网络)。

注意，本书将全职合同工(非正式员工)排除在这种情况之外；从 IT 角度看，全职合同员工(非雇员)的待遇与普通的全职员工非常相似。也就是说，为期 6 个月的合同制研发人员可能不是公司员工，但通常会为这些人员分配公司管理的设备，并成为企业身份管理系统的一部分。从安全角度看，尽管访问网络已实施诸多限制，但仍需要以与全职员工相同的方式管理合同制员工。

接下来探讨一些与此情景相关的第三方示例。第三方通常与在特定领域具有专业知识的外部公司联系在一起，但这并不意味着企业内部没有必要拥有专业知识。例如，典型的第三方访问风险来自负责持续监测、维护和维修建筑供暖通风与空气调节(HVAC)系统的公司。HVAC 系统通常位于企业的网络中，HVAC 供应商需要定期访问 HVAC 系统以保持其高效运行状态。另一个示例是某家拥有外部财务审计员的公司，外部审计员需要访问企业内部财务管理系统。

这些类型的第三方用户正是需要额外安全控制的用户。正如 NIST 零信任文件所述，“组织无法将内部策略强加给外部参与方(例如，客户或一般 Internet 用户)，但能够实施某些基于零信任的策略用于管控与组织有特殊关系的非企业用户”。

零信任原则要求对第三方用户执行身份验证，并将网络访问限制在尽可能小的范围之内。以往组织通过 VPN 为第三方提供远程访问，当然，VPN 会向第三方显示所有弱点。此外，这些第三方用户不是员工，因此基于定义，第三方用户并不使用由企业管理的设备。这意味着企业不能强制或依赖该设备的安全态势，使得围绕该设备的网络访问实施安全控制更加重要。

最后的制约因素是，安全团队通常无法要求在第三方设备上安装特定的软件。与过去相比，这一点不再那么绝对，特别是随着自携设备(BYOD)的日益普及以及人们接受使用个人移动电话或平板电脑执行工作活动。例如，第三方用户可能无法在企业管理的笔记本电脑中安装远程访问软件，即使这是工作中需要的一部分。但在个人平板电脑或 BYOD 设备中安装远程访问软件并将其用于工作任务变得越来越为人们接受。

即使第三方用户允许在设备中安装远程访问软件，也不太可能接受安装更具入侵性的终端管理或安全软件，而且将这些第三方设备包括在企业的安全或 IT 管理系统中也不现实。组织只需要接受这些系统和设备可能不符合其安全标准这一事实，并通过零信任实施最小特权原则以及 MFA。18.2.2 一节将详细讨论这一点。

18.2.1　考虑因素

通常，第三方访问是零信任项目很好的候选场景，有时可作为富有成效的第一个项目。第三方用户往往定义得很完整，第三方用户的访问通常仅限于范围很小的静态资源集。第三方访问通常也代表了风险区域，因为这些用户正在通过企业未管理的设备访问企业管理的资源。

1. 架构

第三方访问网络架构可能与企业的 VPN 类似；事实上，第三方人员很可能使用企业现有的 VPN。与 VPN 用例中的情况相同，重要的是企业需要了解，第三方人员是如何进入网络的，第三方的访问网络流量是如何通过企业到达目标资源的。目标资源的类型和位置将影响 PEP 的位置，并能够避免第三方用户流量在网络中大量传输。通常，第三方访问场景适用最小特权原则，企业的 PEP 应防止第三方用户执行所有不必要的网络访问。

2. 用户和用户体验

与员工相比，对于第三方用户而言，用户体验可能不是重要的考虑因素。如果只需要执行间歇性访问而不是每天或全天访问，则尤其如此。例如，员工可能需要透明(始终开放)访问受零信任保护的资源，但第三方用户不需要。当然，企业不应增加第三方用户的访问难度。

零信任系统通常支持基于代理(Agent-based)和无代理(Agentless)的访问，第三方访问是一种通常需要无代理访问的用例。基于访问的资源类型和使用的网络协议，无代理访问应是一种可行的选择。通常，基于 Web 的应用程序很容易通过无代理模型访问，而非 Web(非 HTTP)应用程序将可能面对某些挑战。例如，用户设备从技术上需要零信任代理，但第三方拒绝安装，则即使会增加成本也应存在替代方案。例如，企业可为第三方用户托管虚拟桌面，第三方用户能够在虚拟桌面安装零信任代理。或者，企业可提供托管设备，供第三方访问零信任保护的环境。

18.2.2 建议

从用户身份验证和身份管理的角度看，如果可能，安全专家建议企业的零信任系统通过第三方企业的身份管理系统(Identity Management System)执行身份验证流程，但前提是企业对第三方企业的身份管理系统成熟度和身份生命周期流程有足够的信心。如果没有足够的信心，第三方应使用企业控制的 IdP，或者是企业的主要 IdP，或者是专门为第三方提供的较小规模且更简单的 IdP。零信任解决方案应能够支持不同的 IdP 对不同的用户群体执行身份验证流程。

安全专家还建议企业应在第三方用户每次尝试访问企业的资源时强制执行 MFA。这种形式的递进式身份验证应使用企业控制下的 MFA 实现，并与企业的零信任系统集成。这确保企业可基于身份验证的频率和类型实施安全策略，并消除第三方用户共享凭据的可能性(这是常见情况)。

企业的零信任系统应实施基于地理位置等上下文的访问控制，并配置细粒度访问策略，将用户访问权限限制到最低限度。访问策略的定义应很简单，因为第三方访问通常只授予一组固定且定义良好的目标。安全专家还建议企业考虑尽可能将第三方访问策略与业务流程绑定，以便进一步限制(并记录)第三方访问。例如，多数零信任系统允许创建与业务流程相关的访问策略——通过判断是否存在服务台工单和工单状态来控制访问。绑定业务流程的方法适用于第三方只需要定期访问的情况，确保仅在有限的时间内请求、批准和授权所需的访问。

最后注意，如果企业已经准备好向零信任过渡，并且拥有“咖啡馆式”网络，那么即使是本地第三方用户也应通过零信任模型访问资源。也就是说，物理上存在于企业设施中的第三方用户将自动获得与远程访问时相同的有限访问权限。这是零信任的重要优势之一——第三方偶尔的网络访问不会再导致整个企业网络处于风险之中。

18.3　云迁移

毫无疑问，将应用程序和功能迁移至云平台是当今企业 IT 和应用程序研发的重要组成部分，并涵盖了各种场景。云平台的强大以及网络连接的普遍性和可靠性使得这一趋势基本上不可阻挡；这也是零信任项目和管理层接受这一点，并向业务和应用程序研发方面的同事宣导云迁移(Cloud Migration)的重要原因。理想情况下，安全团队应提供零信任平台、结构化的方法和已获批准的组件清单，这将使应用程序所有方能够快速接受云迁移。

18.3.1　迁移类别

当然，出于多种因素，“云迁移”不是单一的工作事项，而是各种不同类型的工作事项。通常，安全专家认为迁移项目可划分为四种类型。

1. 平滑迁移(Forklift Migration)

在此场景中，应用程序将从本地物理或虚拟环境“按照原样”移到 IaaS 环境。也就是说，应用程序逻辑、拓扑或者技术没有改变。最终结果是相同的应用程序在不同的位置运行。因为这样可以维持应用程序的结构和相互依赖性，所以这种迁移可以更快、更简单，但带来的优势更有限。此迁移不需要重新研发应用程序变更；只需要重新配置，并且非常适合于企业已获取许可，因此无法修改的商业成品(COTS)应用程序。

2. 重构应用程序

在此场景中，应用程序到 IaaS 环境的迁移包括一些技术或结构上的变更，理想情况下是利用新的云平台。例如，为使用云数据库，可能需要修改应用程序。或者，应用程序中的某些部署或运营基础架构(如 Web 服务器或日志服务器)可能需要重新托管在基于云环境的运营基础架构。此迁移需要对应用程序执行技术或研发变更，并且通常需要执行适度改进。一些 COTS 应用程序将以某种辅助方式支持此迁移，例如，支持使用基于云环境的数据库。

3. 重写应用程序

重写应用程序的方法在技术实现上非常困难，但可能提供巨大的价值。在这种模式中，应用程序研发人员有机会彻底重新思考应用程序架构，包括采取“激进”方法涵盖现代组件，如容器、PaaS、微服务或 NoSQL 数据库等。[1]基于当前的应用程序架构，研发人员也许能通过重用应用程序逻辑和数据模型的元素加快重写应用程序的速度。这种方法不适用于 COTS 应用程序。

4. 采用 SaaS

通过这种方法，组织正在从本地应用程序(即定制或 COTS)转向基于云环境的 SaaS 应用程序，代表了应用程序拓扑和访问控制的全面转变。当然，应允许重用一些预处理应用程序逻辑，特别是当企业采用内部部署应用程序的 SaaS 版本时。企业应能够导入一些应用程序数据，提升 SaaS 应用程序的价值。

总体而言，多数云迁移项目都是零信任项目提案的首选项目，因为云迁移项目涵盖了对安全、网络和架构的改变，因此组织有机会采用现代的、兼容云计算的安全平台。特别是由于零信任系统具有动态和上下文感知的特性，因此可利用云平台提供的丰富 API。

18.3.2 考虑因素

上述四个迁移场景分别代表部署零信任的不同时机，零信任能够为动态应用程序提供价值并提高安全水平。接下来将从架构的角度研讨这一点。

1 译者注：NoSQL 泛指非关系型的数据库，区别于关系数据库，NoSQL 不保证关系数据的 ACID 特性。

1. 架构

回顾本书讨论 IaaS、PaaS 和 SaaS 的章节，这些章节讨论与这些模型相关的网络访问控制措施和架构。企业应研究组织计划或者正在执行的云迁移架构方法，并施加影响，确保云迁移架构方法能够最有效地实施企业选择的零信任网络拓扑和访问策略。并基于企业选择的云迁移方法，提出各种问题。

2. 平滑

应用程序是独立的吗？是否将应用程序的所有部分都平滑迁移到云端？大多数应用程序不是 100%独立的，因此，如何管理进出的数据流？企业的零信任如何促进这一点？应用程序的所有(非用户)组件是否都驻留在隐式信任区(Implicit Trust Zone)中？如果不是，企业的新安全模型是否可以接受这种风险？如果可以，主流隐式信任区的应用程序将如何通过 PEP 执行身份验证和访问？

3. 重构应用程序

除了前面的平化迁移问题，当前和预期的网络拓扑是什么？组件之间的交互发生了哪些变化？企业可通过哪些方式影响应用程序设计的变更？

4. 重写应用程序

当应用程序团队创建新的应用程序架构时，将如何“从头开始”？现有的应用程序组件(功能或数据)将如何延续？新架构能否与企业的零信任平台保持一致？新旧版本的应用程序是否需要共存一段时间？如果需要共存，新旧版本的应用程序是否需要交换数据？数据交换将如何得到保证？最后，应用程序能否以前瞻性的方式编写，以便能够执行来自 PDP 的零信任策略并成为应用程序 PEP？

5. 采用 SaaS

这与前三种情况明显不同，因为新平台不在企业的控制之下。从安全和网络的角度看，这可能是更简单的迁移，因为目标是固定的。但一定要从安全的角度检查 SaaS 平台，并使用前一章介绍的指导原则，确认在 SaaS 环境部署零信任安全是否有意义。

6. 用户和用户体验

大多数情况下，新迁移到云端的应用程序将具有不同的网络访问模型，颠覆或挑战最终用户体验。零信任解决方案能够消除这种摩擦，用户可透明、安全地访问基于云的应用程序，同时强制执行动态和上下文感知的访问策略。

18.3.3 建议

安全专家衷心建议，当应用程序迁移到云环境时应与应用程序所有方合作，并将零信任作为迁移和部署计划的一部分。唯一的例外可能是采用 SaaS 应用程序，这可能不需要在所有环境中都采用零信任。

最后，积极主动地与应用程序所有方的同事合作。向应用程序所有方公开企业的零信任平台架构和路线图实际上是加速云迁移项目的催化剂。

18.4 服务到服务访问

服务到服务的访问控制(Service-to-service Access Control)无疑是合法的、具有价值的且重要的零信任用例。尽管如此，多数企业零信任实施都是从用户到服务的访问开始并将重点放在用户到服务的访问上，这是有充分理由的。用户和服务器存在于各自不同的世界中，面临非常不同的风险状况。

用户面临的风险状况如下：

- 不可信且不可预测。
- 在不受信任的非托管网络中运行设备。
- 来自不同的和变化的位置的移动接入。
- 容易丢失设备。
- 经常重复使用口令，或选择弱口令。
- 访问基本上是随机的 Internet 目的地，无法在不影响用户工作效率的情况下配置 Internet 目的地白名单。
- 接收带有网络钓鱼链接的电子邮件，并偶尔单击链接。
- 在设备中安装任意和非托管软件。
- 也就是说，用户是不可预测的、富有想象力的和容易出错的人员。

服务器以及其中运行的服务是相反的：

- 运行在企业管理的网络中。
- 更受信任——特定服务器中运行的服务通常都应告知 IT 部门，并由 IT 部门负责管理和控制。
- 理论上，不允许访问随机的 Internet 目标地址；可确定内外部网络访问地址，并列入白名单。
- 不会接收网络钓鱼链接电子邮件。
- 不会丢失在酒吧或餐厅。

事实上，服务器受到足够的信任，许多零信任架构包含部署在 PEP 后面的网络分段，服务器通信位于零信任环境的控制之外——隐式信任区。

现在，需要明确的是，安全专家并不试图劝阻企业将零信任部署在服务到服务的用例中；只是强调，用户到服务往往意味着更高的风险。然而，服务到服务访问控制应是每个零信任项目提案的一部分，甚至可作为初始用例之一。接下来讨论零信任为服务到服务的场景带来的价值和优势。

最重要的是，零信任强制执行最小特权(Least Privilege)原则，这是缩小成功攻击的攻击面和爆破半径的关键。零信任系统有效降低了风险。零信任系统还确保所有通信都由策略明确授权，并因此提供了“自上而下”的可见性和对服务到服务通信的控制。相反，零信任系统运营的基础是默认拒绝(Default-Deny)，确保所有服务到服务的通信仅当策略授权时发生，因此是显式允许(Explicitly Allow)。

这产生了令人感兴趣的效果，零信任系统执行默认拒绝实际上是网络中参照完整性(Referential Integrity)的一种形式，因为所有服务到服务通信都应获取策略的允许访问授权，确保企业部署系统和流程能预期这种通信。因为零信任将阻塞意外的通信路径，所以有助于提高研发和部署过程的成熟度和可预测性。虽然零信任的默认拒绝可能导致额外的摩擦，但部署零信任不仅是为了提高可靠性、自动化能力以及安全和韧性。而且，零信任还确保记录和按目录分类已部署的服务，从而解决“不要触碰那个服务器，不知道服务器在做什么”的问题。

虽然零信任能够记录和按目录分类已部署的服务似乎足以证明服务到服务用例的合理性，但零信任还提供了额外的好处。零信任可全面降低风险，并相应提高满足合规要求的程度。许多由法律法规监管合规要求所驱动的控制措施需要粒度更细的网络分段，对于高价值的工作负载而言尤其如此。在应用程序使用未加密协议的情况下，零信任还可确保网络通信是加密的。最后，零信任系统可动态和自动地响应受保护资源集中的变更，这一事实意味着企业可在不牺牲安全的情况下采用高速研发流程(例如 DevOps，本书将稍后讨论)。

18.4.1 考虑因素

在服务到服务的上下文中研究零信任模型，微分段似乎是显而易见的选择，微分段可能最适合所有服务器都具有身份并能执行身份验证的环境。这是必要的，因为在微分段模型中，所有服务器都是实体(零信任主体)，并且访问控制机制都倾向于反映服务到服务的对称性。

基于飞地和云路由的模型也适用于此用例。事实上，对于企业开始使用零信任的环境而言，基于飞地和云路由的模型可能是更好的选择。基于飞地和云路由的模型提供了更大的灵活性(特别是在企业环境中)，某些已识别和已验证的服务(主体)需要访问远程服务时，远程服务是受 PEP 保护的目标，但远程服务本身不是零信任主体。实际上，在许多非对称服务到服务部署中——其中一方服务经过身份验证，而另一方服务未经身份验证但位于 PEP 后面，这可能是一种常见的服务器到服务器场景，如图 18-2 所示。

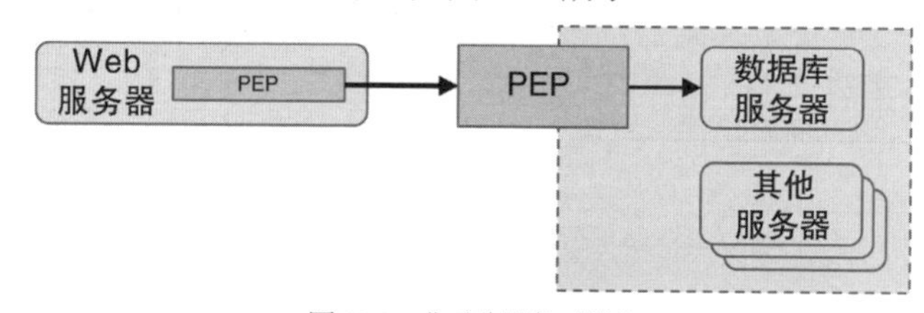

图 18-2 非对称服务对服务

图 18-2 所示模型是“纯”微分段很好的替代方案，此模型要求每个服务都具有身份，可能不适合某些组织或架构。这种方法对于跨不同网络保护服务到服务的访问也很有效。跨网络服务到服务访问控制是零信任比较适合的使用案例，因为现在需要通过安全覆盖(Security Overlay)来规范使用的访问控制模型。

实际上，安全专家还需要提到另一种服务到服务的方法，即使用物联网(IoT)风格的非身份访问控制方法。正如本书第 16 章所述，在物联网模型中，两个服务都不是经过身份验证的身份实体。也就是说，企业可以决定将连接发起服务(Connection-initiating Service)视为物联网设备，并基于较弱的身份验证形式(如

MAC 地址、IP 地址、VLAN 或交换机端口)执行访问控制。这是可能的，但也存在一些缺点，正如本书第 16 章中所讨论的。出于上述原因，如果可能的话，安全专家不建议对服务到服务访问采用这种方法——最好，至少对其中一方执行身份验证。

18.4.2　建议

确定服务到服务用例的良好候选对象的方法之一是，确定哪里存在跨网络或域边界通信的服务器。这将是部署 PEP 的自然场所，因为流量正在穿越网络边界。因此，这可能是相对容易解决的问题。

针对单一内部 LAN 中的对等服务器可能更困难，具体取决于网络配置以及隔离 PEP 后面的服务器的难易程度。另一方面，高价值或者监管合规要求驱动的服务器隔离可能是优先考虑该场景的最佳理由。这些驱动因素可成为执行必要的网络和访问变更的催化剂。

在考虑此用例时，请查看企业的环境并尝试确定最适合的服务，这些服务价值高、易于理解和控制、高度动态，且难以通过当前的解决方案保证安全。自动化的零信任策略对此类服务可提供很大的帮助，不必手动操作即可在服务器环境中适配对镜像变更的访问。

还需要说明的是，许多服务器支持多个服务，企业可选择仅将其中某些服务放置在 PEP 中，而其他服务保持不变。例如，企业可为在特定主机中运行的数据库服务启用 PEP，控制服务器到服务器的访问，同时仍允许非零信任用户直接访问同一主机中的 Web 服务器。

最后，讨论组织已部署的微服务环境。正如第 14 章所讨论的，微服务环境(如服务网格)可能不是最佳的零信任候选环境，因为微服务环境可能有自己的内部和自洽的授权模型。但是，只要明确划分边界并且 PEP 恰好处于合适的位置，服务到微服务可能是非常有利的起点。当然，企业的策略模型应支持将微服务定义为目标，使用基于属性和上下文的访问控制使其有效。

18.5　研发运维一体化

研发运维一体化(DevOps)是术语“研发(Development)”和“运营(Operation)”

的混合体，DevOps 代表了一种新的应用程序研发方法，关注过去孤立的软件研发和运营团队之间的协作。这种需要文化和流程变更的方法通过使用自动化的工具和快速的循环周期，可帮助组织显著提高部署速度、发布质量和业务价值。

最终，DevOps 就是将代码快速、持续地投入生产环境。DevOps 团队经常采用持续集成(Continuous Integration，CI)和持续交付(Continuous Delivery，CD)方法，DevOps 在构建、测试、发布和部署阶段都利用了高自动化技术。这种自动化与“基础架构即代码(Infrastructure as Code)”的方法结合。在这种方法中，不仅软件应用程序是自动构建和部署的，而且运行应用程序软件的虚拟基础架构也是自动构建和部署的——这两者都由存储库中的配置(代码)描述。

DevOps 可能听起来很复杂，但 DevOps 使组织能够快速将应用程序推向市场，提高团队生产效率，稳定生产环境，提高客户满意度，并提供一致的代码部署，最终实现业务价值。

图 18-3 描述了 DevOps 的多个阶段。这通常使用“无限(Infinity)”符号描述，代表了 DevOps 的持续性和永无止境的性质。当然，自然产生的问题是 DevOps 模型通过什么实现安全？答案是“无处不在”。

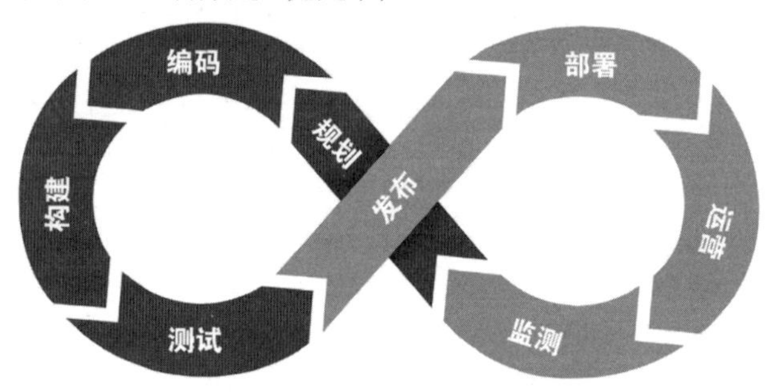

图 18-3　DevOps 周期

事实上，称为 DevSecOps 的术语和实践致力于在整个 DevOps 中实现安全。这种方法确保将安全的多个方面正确纳入软件设计、研发、部署和运营中。这一点很重要，因为传统环境中安全是研发后的考虑事项，会导致不利的结果。相反，在设计前期考虑安全时，安全框架能有效地融入整个 DevOps 周期。

注意，本节将从狭义的零信任角度重新审视 DevOps，大部分应用程序安全不在零信任范围之内，如静态代码分析、功能安全测试、模糊/输入验证和漏洞库管理。

18.5.1　DevOps 阶段

接下来讨论零信任如何在 DevOps 阶段实施。

1. 规划和编码

从设计的角度看，此阶段是安全团队应与应用程序研发人员协作，并就零信任架构、功能和策略模型开展培训的阶段。帮助应用程序设计人员了解零信任相关知识将有助于决定在何处可依赖零信任平台，以及在何处需要应用程序承担安全控制责任。例如，如果高价值应用程序可依赖零信任平台实现 MFA、设备状态检查或地理位置限制，那么应用程序就不再需要实现这些功能。

而且，应用程序设计人员也许能够利用零信任平台获得额外的用户上下文，例如角色或权限的验证。这些可通过应用程序部署和实施，本质上是将应用程序作为策略执行点(Policy Enforcement Point)。

2. 构建和测试

应用程序代码处于构建和测试阶段是零信任系统使用自动化策略的自然场所，零信任系统很自然会使用自动化策略，仅基于工作负载属性将访问权限授予正确的人员和工具。例如，测试工作负载能够自动启动，并且只能访问正确标记为处于测试模式的运行中应用程序实例。

3. 发布和部署

发布过程中最后的步骤将导致应用程序在零信任环境中投入生产，并执行一整套策略。也就是说，对应用程序服务的所有访问都由策略控制，这些策略仅授予经过身份验证和授权的主体。基于自动化程度，零信任策略甚至可控制对生产环境的访问，例如，基于批准的变更窗口或有效的服务台工单进行控制。

4. 运营和监测

在此阶段，零信任将有助于确保环境的稳定性，并控制如何访问生产应用程序来进行管理或故障排除。零信任还将提供身份丰富的日志，确保所有访问都能正确关联经过验证的身份。

18.5.2　考虑因素

DevOps 是令人感兴趣且有价值的零信任用例，因为有很多方法可将 DevOps 与零信任联系在一起，并从中获得价值。即使是基本集成也为安全和应用程序研发团队提供了平衡和共享访问控制方法和策略的机会。打破这个传统的竖井有助于在整个应用程序生命周期中“融合”零信任集成。

设计应用程序组件(或微服务)以使用和实施 PDP 定义的策略，能够影响应用程序安全，并提升深零信任对企业的影响和价值。从本质上说，这可以让应用程序在某些方面成为零信任的 PEP(取决于应用程序可以通过 PDP 使用多少零信任策略或上下文)。这可以贯穿整个 DevOps 周期——变更提供给应用程序的策略集以匹配当前阶段。

接下来，考虑本章前面提到的用例，代码的手动发布和部署可能导致安全弱点。通过在整个发布和部署阶段执行零信任策略，组织可确保这种产生显著影响的访问得到适当控制，例如，强制执行获得批准的变更窗口。

最后，管理对组织的软件设计和源代码的访问是零信任核心用例之一。软件设计和源代码资产显然是高价值的，与高价值数据相同，应得到适当保护，访问权应由 PEP 控制。

18.5.3　建议

DevOps 的目的是提供一种高速、高质量和高可靠性的方法，将应用程序代码交付到生产中，这与传统的软件研发生命周期(SDLC)截然不同。DevOps 更适合当今快速变化的环境，在这些环境中，快速将增量代码投入生产是推动业务价值的关键。

由于零信任系统本身具有内在的动态性，并且固有地对用户、服务和基础架构上下文作出响应，因此零信任非常适合在 DevOps 环境中使用。零信任系统可连接至组织的 DevOps 平台，并跟随工作负载在整个应用程序生命周期中的流动而自动调整访问。零信任还有助于提高仍需要人工操作区域的安全水平，并提高自动化程度，例如，通过基于批准的变更窗口自动执行访问控制。

DevOps 和零信任都是现代而有效的方法，组织应清楚地意识到 DevOps

和零信任可通过集成实现相互支持。

18.6　并购和购置

从安全和技术的角度看，并购和购置(Mergers and Acquisitions，M&A)代表着复杂且漫长的项目，应设法协调两个以前独立的企业。两个企业的 IT 和安全基础架构是完全独立构建和逐步实现的，使用的技术和架构可能不兼容(或者至少难以协调)。两个企业几乎肯定会在许多领域拥有重复的解决方案，并且可能存在重叠的网络 IP 地址范围，这必然会导致问题——在以 IPv4 为主的世界中，重叠的网络 IP 地址范围是非常常见的情况。

回顾一下，零信任平台除了提供安全外，还提供了异构资源和网络之上的统一或标准化层。正如本书讨论的，这在单一企业中具备很多优势，而且有助于在 M&A 场景中快速启用网络访问。

具体地说，在战术上，零信任系统支持跨域的即时 IT 访问，以便快速实现联合管理(Joint Administration)。同样，零信任系统使用户能精确，安全地访问特定的业务关键型应用程序(例如，财务管理系统)。鉴于这一价值，接下来讨论下一个细节。

18.6.1　考虑因素

如果两家企业中的一家已经部署了零信任，那么 M&A 活动应是扩展零信任部署的驱动因素，特别当部署零信任的组织是收购方时(收购方往往规模更大，更容易实施 IT 和安全基础架构)。然而，即使非收购方是部署零信任的组织，仍然能够使用该平台，至少有助于加速合并活动。这一价值应是显而易见的，没有其他安全或远程访问解决方案能够快速、可靠或准确地将两个完全不同(而且常常相互冲突)的组织结合在一起。

零信任方法也可能代表着避免重大成本和工作的机会，而这些成本和工作通常是最终合并、正常化或消除网络冲突所需要的。例如，如果所有用户和服务器都通过零信任系统获得所需的访问权限，则可能没必要部署广域网用于链接企业网络。而且，如果零信任系统能够支持抵消重叠 IP 地址访问机制的影响，企业可能不需要消除网络中因重叠 IP 地址产生的冲突。

当企业使用此用例时，请考虑哪些资源是需要立即访问的，此类资源所处的位置，以及保护此类资源的方式。当然，每家企业都有自己的身份提供商、IT 管理和安全工具，零信任几乎能帮助企业立即实现标准化。

18.6.2　建议

如果组织已经存在零信任解决方案，并且正在收购一家公司，那么通过零信任系统加速过渡应是“轻而易举的”。如果组织还没有部署零信任解决方案，但是被收购的公司存在零信任系统，那么强烈考虑使用零信任平台帮助组织完成过渡。最后，组织的员工能通过零信任访问将要收购的公司的资源。而且，组织应能够轻松地将零信任系统扩展，允许即将收购的公司的授权用户访问组织的资源，例如，通过在组织的网络中部署 PEP。理想情况下，组织可以利用这一点说明在大型组织中采用零信任的理由——即将收购的公司已经证明了零信任的成功，组织应能够利用零信任快速实现价值。

最后，不要忘记服务器到服务器的用例。许多情况下，数据同步或导出/导入活动要求域中的生产服务器与其他域中的生产服务器执行安全通信。零信任系统能够快速、安全地实现这一点，不会令组织因此面临风险。

18.6.3　资产剥离

资产剥离(Divestiture)，即企业将部分业务拆分为新创建的独立实体，通常对 IT 和安全而言是复杂的挑战，但也是令人兴奋的机会。新公司将会继承部分 IT 和安全基础架构，通常包括硬件、网络设备、网络和建筑物等物理资产。虽然组织可能会将这些资产定义为“棕地(Brownfield)”环境[1]，但 IT 和安全团队通常也有权选择新的系统和工具填补空白，或替换随时间推移而退役的元素。这将帮助 IT 和安全团队有机会(和预算)在新环境中部署零信任系统。

除了为新公司部署基础架构外，资产剥离的另一个方面有助于实现零信任——过渡期。在几乎每一次资产剥离中，业务和法律交易都发生在大部分技术工作开始之前。即使这两家公司在法律上是分离的，大量的技术系统、数据流和业务流程仍将两家公司联系在一起，而这些通常需要几个月的时间才能完成拆

1 译者注：棕地(Brownfield)，是指一类特殊的不动产，这些不动产因为现实的或潜在的有害和危险物的污染而影响到它们的扩展、振兴和重新利用。

分。在过渡期间，零信任可非常有效地为“落后”的关键资源提供精确的访问控制——保持用户和服务器的工作效率，同时防止未经授权的网络访问。随着新公司逐步脱离系统，通过零信任系统内的简单策略变更即可轻松终止新公司对这些系统的访问。

18.7　完全零信任网络/网络转型

网络转型是适合用于结束本章的用例，并引出在第 19 章讨论的零信任部署之旅。此场景在某种程度上是本章刚刚讨论过的场景的组合，但在某些方面与所有这些场景存在显著差异。

最重要的区别在于，“完全零信任”涉及网络理念转变，即让所有用户“脱离网络”，并需要通过零信任系统访问企业资源。有趣的是，2020 年初，在 COVID-19 的影响下，用户群体突然转向以居家办公为主，加速了许多组织做出这一转变的准备。与此相关的最大思想转变是认识到要解决的问题不是“远程访问”，而是“访问”。事实上，采取统一的方法确保所有访问的安全是零信任环境的重要价值所在。

术语“完全零信任网络(Full Zero Trust Network)”意味着覆盖全面的范围，但在实践中，企业会定义零信任项目提案的限制和边界。注意，每个零信任之旅的部署都应以完成单一资源的微分段部署而结束。在某些方面，使用更模糊的术语“网络转型(Network Transformation)”比使用术语“完全零信任”更适合，因为“完全零信任”可能导致部分相关人员得出错误的结论。

因此，当企业经历这个过程时，一定要确定限制，并在头脑中对企业的最终状态形成现实的愿景。基于安全专家的经验，企业通常对零信任的最终状态设想如下：

- 所有用户都离开企业网络。
- 多数私有服务由 PEP 保护，通常使用基于飞地的模型。
- 某些 SaaS 服务可能受 PEP 保护。
- 可能存在一些使用微分段的服务集。
- 存在一些隐式信任区，服务在其中运行。

当然，其中的含义正是本书始终提倡的转变和优点。可信企业网络的消除为组织提供了更大的韧性(Resiliency)，并缩小攻击面(Attack Surface)和爆破半径

(Blast Radius)。用户通过评价动态的和上下文感知的策略，拥有“始终在线”的零信任访问权限，并为用户提供充分的访问权限，在提高生产效率的同时实施最小特权原则。这一原则确保了所有访问都由策略明确授权，从而提高组织对网络和计算资产的可见性。而且，企业IT和安全基础架构在数据和流程级别集成，提高了效率和有效性。接下来回顾本书第3章介绍的概念上的零信任架构图，如图18-4所示。

此图显示了第3章中具有代表性的企业选择部署“完全零信任”架构的方法。此示例采用了本书讨论的大多数方法，解决了企业的问题并获得企业期待的收益。接下来讨论此示例的实现方式。

此示例的PDP与企业身份提供商(身份和访问控制管理)连接——这是基本的先决条件。PDP还与其他IT和安全基础架构元素集成，例如MFA、SIEM、GRC、终端管理和PKI系统。该示例的基础架构存在一组分布式PEP——其中许多用于执行对资源飞地的访问。该组织还在大多数用户的设备中使用本地用户代理PEP，并将PEP直接部署到一些服务器中。注意，DMZ中的PEP和隐式信任区前面的PEP之间存在加密的PEP到PEP连接——某些零信任平台支持此配置。

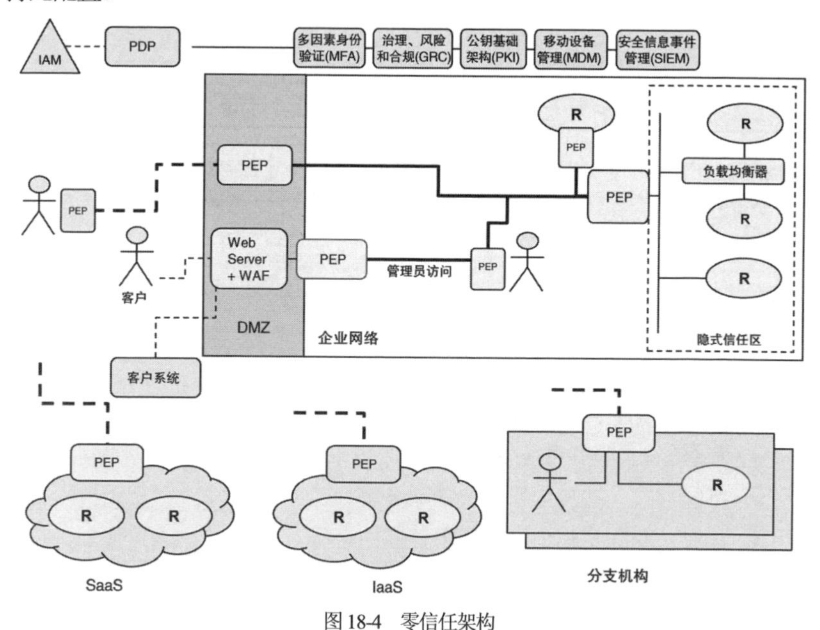

图18-4 零信任架构

本示例的零信任系统确保对 SaaS 和 IaaS 资源的访问，并且 IaaS 环境中的 PEP 使用工作负载中的动态属性(元数据)做出访问控制决策。值得注意的是，组织的分支机构以物联网角度管理资源和用户的方式部署 PEP。也就是说，网络中的设备(和用户)能够互相访问零信任保护的资源。

注意，网络中的所有元素并未完全包含在零信任解决方案的范围内。例如，IaaS 环境以及企业网络的资源之间都存在隐式信任区(资源飞地)。另外，虽然 DMZ 中 Web 服务器的管理员访问权限由 PEP 控制，但客户对该服务器上其他服务的访问权限未包含在零信任解决方案的范围内。

18.7.1　考虑因素

显然，完全零信任是一项重大的项目提案，即使获得自上而下的认可和支持，也将是一项技术和组织上的挑战。事实上，并非所有企业都做好了准备，处理第一个零信任议案时尤其如此。本书将在第 19 章进一步探讨这方面的相关事项，但在此之前，安全专家想提出一些建议。

18.7.2　建议

虽然大规模的网络改造项目最初可能是不可能实现的，但安全专家强调的是，企业应将减少用户的网络特权作为重要目标；事实上，作为零信任项目提案的一部分，减少用户的网络特权是企业应执行的最重要事项之一。零信任方案能以增量方式实现，因此，即使企业逐个子网地完成这一任务(或逐个 VPC 子网，或逐个应用程序)，零信任方案仍然能够提供价值。

安全专家承认，企业网络是复杂的，许多现实因素可能成为约束或障碍。但是这不一定是事实。例如，假设有一台打印机，当用户在本地时能执行隐式访问。这种访问由零信任策略提供，并且执行隐式访问的需求不应成为采用零信任的障碍。事实上，某些情况下，可利用内置组件启用零信任。某个企业客户拥有网络访问控制(NAC)解决方案，该解决方案已部署到 50 多个分支机构。当企业将零信任代理逐组部署到用户设备时，企业将 NAC 配置为将相关组中的用户分配到访客 VLAN，而不是员工 VLAN，这一变化的好处在于，最终用户甚至没有注意到——在保持完全生产效率的同时能够访问所需的全部应用程序。

在某些方面，前面 6 个用例中的每一个都是完全零信任网络场景的思想、方法和挑战的缩影。这是这组问题令人感兴趣的原因，也是从更集中的用例而不是全面零信任开始的另一个很好的理由。企业不必从战略上“大规模”地解决每个问题，而是从较小的场景和用户群体开始，并在此过程中学习和创建某些元素(策略、团队和流程等)，这将帮助企业更容易实现更大规模的用例。

18.8　本章小结

总之，本章分析了在企业中部署零信任的七种不同策略。本书提到了这些用例中的大多数，本章提供了深入研究每一个用例的机会，并利用第 17 章中所学到的知识和背景开展研究。当企业研究这些用例的细节时，第 19 章将从计划和项目提案的角度讨论组织应如何确保成功实现零信任方案。

第19章

零信任成功之旅

本书前 18 章讨论了关于零信任的各类安全和技术主题，包括零信任原则和架构方法，充分探索了 IT 和安全元素，以及对零信任策略和用例的讨论。本书所探讨的架构原理和技术主题是关于零信任交流的核心部分。然而，另一个方面，业界最常见的零信任问题是："企业如何开始零信任之旅？"这是有意义的问题，但安全专家相信问题的本质应是："如何确保企业的零信任项目成功？"本章旨在回答这个问题。

安全专家给出的最佳答案是建议采取集中和渐进的方法，同时仍然关注(并计划)企业更全面的零信任项目提案，并有意识地花费时间与组织内的同事建立沟通的桥梁和线路。这并不是说企业不应拥有与更全面的项目提案脱节的纯战术性零信任项目。企业开展纯战术性零信任项目是可行的，但零信任本质上需要与企业其他 IT 或安全组件集成，这些组件由其他团队拥有或管理。零信任团队需要与这些团队开展沟通和集成，这将是决定企业零信任项目成功与否的主要因素之一。

本章将探讨零信任与企业 IT 和安全组件集成的主题，为企业提供如何开始零信任之旅的指导，并讨论如何确保企业的项目和更全面的零信任项目提案成功实施。记住，与企业安全或 IT 项目相同，零信任项目也可能带来非技术性挑战和技术性挑战。事实上，有时理解程序设计、沟通和组织文化比理解技术难度更大，对于以技术为导向的安全专家而言尤其如此。

本章将从自上而下和自下而上两个角度看待零信任项目提案。[1]这是一种方便且有效的方式，可以分开探讨相关事项，但实际上，这是一种人为的区分。

---

1 硅谷的安全专家们分享了第三种方法——"由内向外(Middle-out)"。

每个零信任项目提案和倡议都将结合这两个角度的元素，因此不要认为两种方式是相互排斥的。这只是组织本章讨论的内容的一种有效方式。具体而言，即使组织存在自上而下的战略愿景和零信任的使命，仍然需要制定战术性的规划和决策。同样，即使是旨在解决重点问题的战术“隐蔽性”零信任项目，也需要协调和集成其他工具和团队，因此至少应涵盖某些战略项目提案要素。事实上，在战术性的第一个零信任项目中涵盖战略性方面的内容，是为第二个和第三个获得批准和支持的项目做好准备的有效方法。讨论这么多，接下来从战略方面入手。

19.1 零信任：战略方法(自上而下)

零信任战略方法(顾名思义)需要组织执行层的支持，最好是C级执行官。由于零信任不是唯一的IT项目提案，业务领导层的协调对于企业内完全认可和采用零信任战略非常重要。虽然安全团队可能理解零信任代表了安全最佳实践的现状，但可能不足以激励组织开始战略性零信任之旅。许多情况下，零信任战略可能需要独特的驱动力，如新任安全或行政领导、数据泄露、并购，甚至是由流行疾病驱动的改变。其他驱动因素还可能包括监管要求的变化或组织内的审计结果。

因为零信任将是跨组织的项目提案，安全团队应识别需要实现的业务目标，并且此策略性项目提案将必然涉及业务和监督流程。企业不应将与业务和流程的相关性视为障碍，而是在执行对业务具有战略重要性的项目提案时保持必要的勤勉。考虑到这一点，本章现在将讨论一些可能在零信任战略中发挥作用的组织架构。记住，并不是每个组织都存在或需要所有这些——此处在某种程度上描述了“最全面的集合”，而“最全面的集合”可能只存在于更大、更正式的组织中。在企业开始构建零信任战略时，请评估以下哪些组织架构已经就位或可能应构建：治理委员会(Governance Board)、架构审查委员会(Architecture Review Board)和变更管理委员会(Change Management Board)。接下来依次探讨每个组织架构。

19.1.1　治理委员会

通常，治理委员会(Governance Board)制定策略，为组织提供指导并支持组织全局(财务和人员)。治理委员会通常用于帮助组织实现其治理、风险和合规(Governance, Risk, and Compliance，GRC)目标，并且在功能上可能是 GRC 小组的一部分。治理委员会应包括组织中如下与零信任相关的要素：

- 风险
- 审计
- 运营
- 安全
- 身份

负责这些领域的团队应在制定零信任项目提案的指导方针方面有所投入，各领域团队的投入和支持对该项目提案的成功至关重要。具体而言，当执行技术审查并考虑将其纳入新的项目提案时，该委员会通常拥有否决权。在更高的业务级别上，掌握组织的风险阈值以及对风险阈值的管理，将是决定零信任项目提案支持程度的关键因素。

19.1.2　架构审查委员会

架构审查委员会(有时称为企业架构委员会)负责审查企业当前和计划中的技术，并与零信任战略密切相关。委员会通常定义企业的架构标准，这是零信任项目提案的重要组成部分。零信任的技术需求可能非常复杂(如本书所述)，但只要使用和实施架构标准，就能够快速地与现有技术集成。这种一致性和企业范围的可见性是组织拥有企业架构委员会的原因之一。最后，该委员会的成员将能就环境变化的影响提供集体智慧，这显然与零信任项目提案相关。

19.1.3　变更管理委员会

最后，组织中的项目提案中应包括变更管理委员会(Change Management Board)，因为变更管理委员会最终负责制定将新的解决方案推广到生产环境中的时间和日程安排。随着零信任成为组织中涉及范围更广、更具操作性的组成部分，应用程序和基础架构与零信任系统的集成将变得势在必行。这实际上可能会加速变更管理流程，因为在零信任的场景下，集成和部署能够变得更加基于策略和自动化。

回顾一下，不是每个企业都需要这种级别的组织架构形式，但如果企业已经准备好了这些团队及相关流程，将能够强化企业的零信任战略，并加强企业将零信任要素与环境集成的能力。

19.1.4 价值驱动因素

虽然零信任的实施通常以技术为重点，但业务目标最终将成为这些项目背后的推动力。换个角度讨论零信任项目提案可带来的业务层面的价值驱动因素：安全、审计和法律法规监管合规、敏捷性/新业务项目提案、客户/合作伙伴整合和技术现代化。

1. 安全

安全(Security)是显而易见的价值驱动因素，因为安全是零信任的焦点。因此，安全通常是零信任项目提案的驱动力之一。注意，在特定项目中，安全的优势可能像将 MFA 结合到用户体验中一样简单，也可能像部署企业范围的零信任网络一样复杂。此外，注意，在某些情况下，安全可能不是零信任项目提案中每个项目的首要关注点。例如，企业可能通过已部署的零信任平台，来帮助客户系统与企业系统的集成。此类项目实际上可能不会提高安全水平，而会满足本章稍后讨论的客户/合作伙伴集成的驱动因素。

2. 审计和法律法规监管合规

审计和法律法规监管合规(Audit and Compliance)改进可能不是显而易见的或技术上增值的，而是与以身份为中心的方法相关的增强型日志记录，企业将获得更佳的审计结果和合规程度。了解哪些身份正在执行哪些业务流程和访问哪些技术资产是满足企业审计需求的核心。而且，零信任项目通常会减少审计成本并缩短周期，因为零信任提供了易于访问且易于理解的访问日志。了解零信任系统提供的审计日志报告类型，以及将审计报告类型映射到内外部审计师所需的报告类型的方式，能够为组织带来真正的价值。

3. 敏捷/新业务项目提案

零信任通常用于安全地实现应用程序敏捷性(Agility)或新的业务项目提案，这些项目提案对组织可能具有巨大的价值。例如，许多组织都采取“云优先(Cloud First)”方法，零信任系统可以对此类项目提案提供保护和指引。总体而言，零信任的自动化和基于上下文的安全模型非常适合基于安全的、精确的访问控制，实现快速变化和创新的业务项目提案。

4. 客户/合作伙伴集成

零信任的核心原则之一是跨越通常孤立的技术实现安全集成，并从中获益。在企业内外部都是如此。因此，企业可通过零信任平台与客户和合作伙伴实现新型的系统、数据和流程集成。这种集成可以简单到允许客户安全地访问通常私有的 Web 应用程序，也可以是复杂的跨企业实时数据交换。两者都能带来巨大的商业价值和创新。

5. 技术现代化

最后，技术现代化的价值驱动因素涉及范围更广；零信任可表现出各种优势，包括更新过时的安全或 IT 基础架构，退役在用的低效率系统，以及向现代化替代产品过渡。由零信任项目驱动的现代化基础架构组件的大部分内容将用于本书第 II 部分讨论的 IT 和安全系统，当然也会用于组织的其他方面。

安全专家发现，作为企业零信任项目提案组成部分的五个常规类别，是衡量和分类每个零信任项目将产生的影响的有效方法。也就是说，这五项因素有助于粗略地量化和直观地描述“企业试图通过时间和资金的投入能够实现什么？”这一问题的答案。这些价值驱动因素同样适用于战术和战略项目(尽管收益的大小可能不同)。在可视雷达图中表示这些价值驱动因素是传达这一点的有效方式，本章后面的示例场景将对此予以介绍。对价值驱动因素的比较可以帮助企业的团队更客观地评价、比较候选项目，并在项目提案的整个生命周期中确定其优先级。

现在，本章已从战略的角度探讨了组织应如何实现零信任，接下来从战术的角度考虑相关事项。

19.2 零信任：战术方法(自下而上)

安全专家将战术上的零信任项目定义为专注于范围和持续时间，旨在解决一组特定问题。最重要的是，所采用的解决方案体现了零信任安全的原则，并且可能以全新的、不同的方式部署安全工具和平台。虽然组织的第一个零信任项目将引入新概念和新平台(并因此引入变化)，但零信任项目应与组织的总体安全、风险和架构方法协调。

这些类型的独立项目可由各种来源启动。例如，项目可能由具有特定访问需求的应用程序团队驱动。这种情况下，安全团队可帮助应用程序所有方了解零信任成为最适合的方法的原因。事实上，让商业或应用程序团体作为发起方是启动零信任很好的方式，因为商业或应用程序团体会支持零信任项目，并能帮助项目克服可能遇到的与政治或技术相关的障碍。

然而，在多数情况下，安全团队自身将推动第一个零信任项目，解决特定的安全或风险问题，并以此开始企业的零信任之旅。这些项目最终会成功，但确实存在看似“带着解决方案寻找问题”的风险，并且可能会因为看不到改变带来的价值，而遭到网络或业务团队的抵制。企业不应忽视此类风险，或者是希望不会遇到此类风险。这可能是现实而重大的障碍，因为大多数零信任部署需要改变安全团队范围之外的元素，如最终用户体验或网络配置。这里的关键是确定零信任试点项目，该项目解决了当前的一些难点。理想情况下，除了安全，该项目还将激发其他团队的兴趣和对项目的支持。回顾第18章中的6个重点用例，这些用例可能是第一个项目的合适候选项目。此外，关注组织中正在执行的新业务项目提案；如果零信任方案能够更容易、更安全地执行新业务项目提案，那么这类项目可能也是第一个零信任项目合适的选择。

记住，战略性零信任项目提案需要从某个地方开始，即使在这种情况下，出于各种原因，安全专家也建议从规模更小、更集中的项目开始。此类项目能为企业提供用于执行项目或平台研究的工具，并执行小规模的概念性验证(Proof of Concept，POC)。这也让企业有机会尝试、犯错，并从中吸取教训。零信任是一段旅程，因为每个企业的现状和安全环境都是独一无二的，所以每个企业的旅程也将是独一无二的。接受这一点并在不断的实践中学习。当企业开始零信任之旅时，会有很多未知的知识，而且企业无法在第一次尝试时就把所有事情都做好。最重要的是至少获得部分成功，并在组织内为零信任获取动力和支持。

至少，即使是最具战术性的零信任项目团队也需要包括来自身份管理和网络管理的人员，并且需要包括负责企业架构的人员。下一节将介绍的自底向上的项目示例将有助于明确这一点。

19.3　零信任部署示例

本节的目标是从项目和里程碑的角度展示两个零信任部署示例。这些只是具有代表性的示例，旨在帮助企业为现实世界的项目做出明智的决策。

19.3.1　场景 1：战术性零信任项目

在第一个场景中，运输服务集团将财务管理系统的运营外包给第三方，第三方通过大约 30 名兼职财务分析师提供这一关键业务服务。尽管第三方用户距离遥远(事实上位于两个不同的国家)，集团的财务系统仍然设在总部，部署在传统的基于硬件的服务器中。这种架构是必要的，因为财务系统与其他许多对业务运营至关重要的关联系统集成在一起。

目前，第三方用户通过传统的 VPN 访问财务系统，但由于 IT 审计师的变化，该组织存在一些应纠正的安全问题。具体而言，组织现在应为第三方用户实施多因素身份认证(Multifactor Authentication，MFA)，还需要与这些组织的身份生命周期事件关联，确保准确地停用已离职用户的访问权限。

虽然安全团队可通过采用独立的 MFA 解决方案解决上述问题，并通过建立业务流程确保用户离线，但安全团队始终在研究和了解零信任方案，并且很高兴找到重点突出的初始项目。图 19-1 显示了项目的时间线和流程的高级视图，将项目团队采取的步骤与企业架构团队采取的步骤分开。注意，在本示例中，第三方用户已经可通过 VPN 解决方案执行访问，并且在 6 个月内审计师不需要更改，因此立即更改的压力或紧迫性不高。这对项目团队有利，能够更仔细地研究和评价零信任平台。了解所有背景后，接下来依次探讨实现项目的每个步骤。

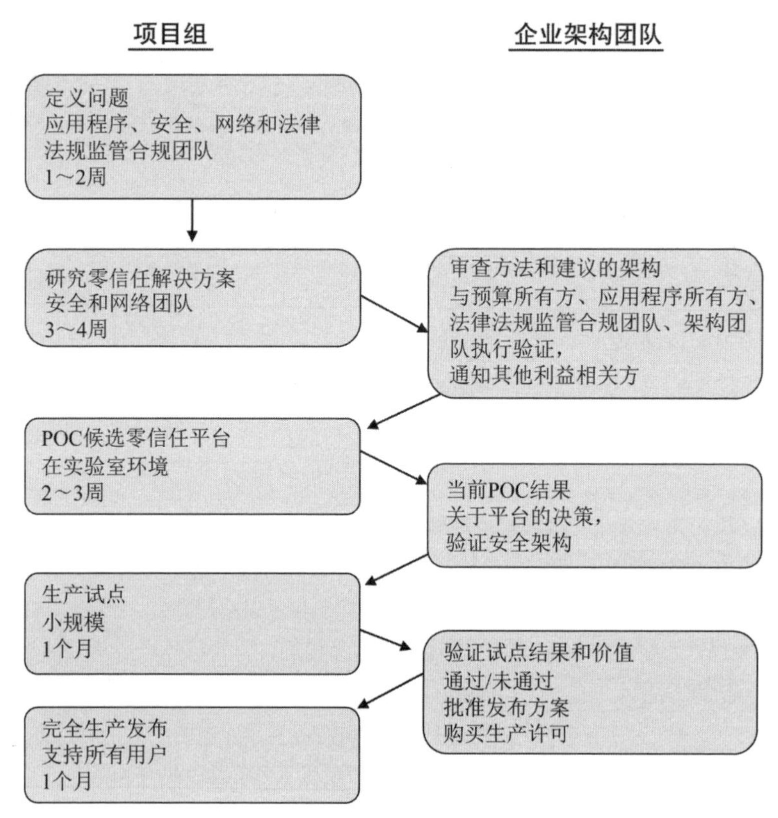

图 19-1　战术性零信任项目时间线示例

1. 定义问题

虽然审计师仅将 MFA 和僵尸账户确定为需要解决的问题，但安全团队还希望实施额外的安全控制措施，例如执行基本设备状态检查、地理位置检查，并确保用户位于第三方 IAM 系统的正确目录组中。领导这项工作的安全团队需要几周的时间，向应用程序、网络和法律法规监管合规团队介绍预期范围以及零信任原则和目标。

2. 研究零信任解决方案

在前面的步骤中获得利益相关方的认可后，安全团队需要几周时间研究和评价零信任平台的有效性，查看来自大型供应商、小型供应商和开源代码的各种产品。大多数解决方案都可免费试用，安全团队的技术人员利用业余时间专注于某个产品，分享各自的经验。在初始阶段后，安全团队选择了两个候选的零信任平台，并创建了安全防护和部署架构的草案。

3. 审查方法和提议的架构

然后，安全团队向企业架构团队中的利益相关方(包括财务应用程序所有方、法律法规监管合规团队，以及网络、运营和预算所有方)展示提议的架构和项目计划。该组织拥有半正式的企业架构团队，但安全团队有意对此项目采取更结构化的方法，因为安全团队打算随着时间的推移扩大零信任项目提案的范围和成熟度。

4. (POC 概念性验证)候选零信任平台

一旦企业架构团队批准了该方法，安全团队就会引入两个候选的零信任平台，并在非生产实验室环境中执行概念性验证。这使安全团队能够基于定义的准则以可量化的方式评价解决方案的有效性。因为这是一个范围适当且不太复杂的场景，所以只需要 2～3 周的兼职工作就可以完成，并对候选平台做出选择决策。

5. 提交 POC 结果

一旦完成，安全团队将重新组织企业架构团队，提交发现，演示更高级别的解决方案，并对所选平台和安全架构提出建议。演示文稿涵盖集成、用户体验、运营影响以及核心安全功能。

6. 生产试点

企业架构团队中的所有利益相关方都批准了该计划，因此安全团队部署了零信任平台的试点实例。安全团队利用这一阶段与第三方实体管理团队协调集成，并向两个地点的 10 个终端用户推出零信任(和集成 MFA)软件。这些用户仍保留其设备对现有 VPN 的访问，因此，如果这些用户在使用零信任时遇到问题，可立即切换现有 VPN，而不会影响生产效率。安全团队花费大约 1.5 周的时间提交新系统，并让最终用户在生产环境中再运行 2.5 周。期间出现了一些小问题和用户培训问题，但试点基本上是成功的。

7. 验证试点结果和价值

由于试点取得了成功，安全团队与企业架构团队举行最终正式会议。安全团队展示结果，并提出强有力的"启动"建议，并获得批准。企业架构团队还批准将其投入生产的计划(非常重要的是，替代当前的 VPN 解决方案)。安全团队还从选定的供应商处购买生产许可证。

8. 全面投产

安全团队为第三方用户部署零信任解决方案，并停用其 VPN 访问解决方案。此外，安全团队利用这段时间将零信任解决方案的生产运营移交给网络运营团队。网络运营团队参与了整个过程，所以移交过程比较顺利。最后，虽然这恰好是第一个零信任项目，但不会是最后一个。安全团队做出了努力，以促进该项目的成功及对审计问题的补救，以便为未来在其零信任平台基础上构建的项目提供动力和支持。

当然，现实世界的项目可能比本章讨论的示例更复杂，并且可能涉及各个团队之间更多的交互；组织可能存在不同名称的团队，执行类似的功能。还应注意，不同的组织处理事情的方式不同。例如，在某些组织中，企业架构团队可能只开会听取安全团队知会的情况，而在其他组织中，企业架构团队可能拥有决策权(因此对项目拥有否决权)。

接下来继续探讨以不同的战略角度实现零信任的场景。

19.3.2 情景 2：战略性零信任项目提案

此场景开始于一次幸运的机会。这家制药公司的安全团队最近聘请了一名初级安全工程师，其首要任务之一是整合、协调、常态化，试图帮助 SOC 理解成千上万 Windows 设备发出的大量嘈杂混乱的事件日志。令人不愉快的是，这类工作经常由于更紧急的任务而推迟。这种情况下，工程师发现了一些间歇性的异常活动，并提出问题："嘿，有人能帮我了解发生了什么吗？我觉得这不对劲。"企业的网络中出现了似乎正在执行低速侦察(Low-and-slow Reconnaissance)的恶意软件。安全团队很快召集外部事故响应团队(Incident Response Team)，成功地执行补救。

在事后分析中，该组织意识到，虽然该恶意软件的初始网络入口尚未完全确定，幸运的是，安全团队怀疑恶意软件的网络入口可能是一封有针对性的网络钓鱼电子邮件。安全团队得出的结论是，恶意软件由远程命令和控制服务器控制，并且利用未安装补丁的 Windows 机器和糟糕的管理员密码习惯，有条不紊地在组织的扁平化网络中传播。事故响应团队报告的主要发现是，似乎已经检测到了攻击，并能够防止数据外泄，但如果这是勒索病毒攻击，将在几小时内摧毁组织的绝大多数网络。

此次“侥幸逃脱”的战略影响是迅速而决定性的，作为一家制药公司，整个公司建立在研究数据和制造系统的机密性、完整性和可用性之上。执行管理层和董事会明确要求解决安全漏洞(Vulnerability)，首席执行官(CEO)授权首席信息安全官(CISO)执行变更。领导安全团队的 CISO 一直在讨论和评估零信任，将用于实施零信任解决方案的战略计划分为两大阶段。

第 1 阶段旨在通过对终端用户、研发人员和系统管理员实施零信任访问，更好地保护组织的最高价值资产。将要实施的新控制措施包括全面采用 MFA、深度的设备态势检查、更小颗粒度的网络划分和消除过度的管理网络访问权限。第 2 阶段计划进一步细分网络，使用零信任咖啡厅式网络(Café-style Network)将所有用户“移出网络(Off Net)”。第 2 阶段还包括从复杂的本地目录迁移到基于云环境的身份即服务(Identity-as-a-Service)，使用现代的无口令身份验证(Passwordless Authentication)。最后，该阶段计划合并和扩展组织对基于云环境的 IaaS 和 PaaS 平台的使用，实现与客户和合作伙伴更高效的协作。

当然，这些阶段中的每个部分都分解成单独的项目，组织通过五个价值驱动因素规划每个项目。此过程中的第一个项目集中于解决事故中发现的最直接的安全弱点，如图 19-2 所示，每个驱动因素的预期影响在 0(低)到 10(高)之间分级。

具体而言，第一个项目的重点是提高用户访问组织最关键生产系统的安全性。最初的零信任策略需要 MFA，并在用户访问之前验证设备证书和执行安全态势检查。不考虑用户的设备是直接连接到企业网络还是远程网络，零信任策略都以统一方式执行安全控制。毕竟，促使启动该项目的恶意软件是在本地网络中运行的。

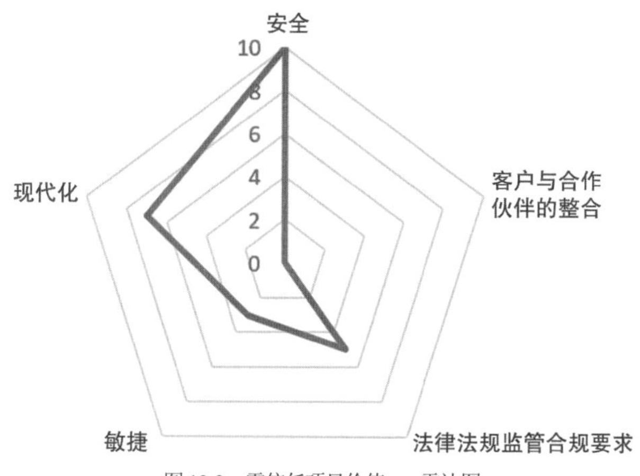

图 19-2　零信任项目价值——雷达图

为使第一个零信任项目保持集中，应减少对其他价值驱动因素的影响。该项目确实解决了许多公开的安全及法律法规监管合规要求的审计结果。但没有改变客户或合作伙伴的集成问题，只是通过消除几个孤立的访问控制系统略微提高了灵活性。考虑到该项目代表了组织的第一个生产零信任部署，该团队确实将该项目视为企业安全基础架构大规模的现代化转变。

在初始项目中，CISO 和 CIO 围绕组织现有架构与变更管理委员会合作建立更正式的结构和流程，确保提供足够的跨团队沟通和协作。组织决定不成立正式的治理委员会，因为架构委员会已经准备好将风险和法律法规监管合规要求作为决策过程的一部分。然而，CISO 选择向团队补充一名经验丰富的外部顾问，确保客观性并拓宽团队的视野。

总体而言，此示例说明了在强大的驱动因素和充满热情的 CEO 支持下，组织如何选择并执行战略性零信任项目提案的初始部分。当然，并不是每一位创业者都能够提供这么多的“能量”释放预算并在必要时打破僵局。下一节将讨论安全领导层在零信任之旅中可能遇到的一些常见障碍。

19.4　常见障碍

为确保内容的完整性，本章讨论了与零信任规划和项目提案相关的问题。企业 IT 和安全问题既困难又复杂，某些零信任项目可能会失败。这是不幸的，却是事实。好消息是大多数零信任项目都会成功，本书提供的指导和建议应能够帮助企业走上成功之路。记住，复杂的系统(包括零信任系统)总会存在技术故障和某些缺点或粗糙的部分。完美是无法实现的目标，但在安全和效率方面的显著改善是能实现的。话虽如此，接下来将讨论常见的障碍，以及避免或克服这些障碍的方法。

19.4.1　身份管理不成熟

零信任与身份管理密切相关，并且零信任项目可能因为 IAM 的不成熟而导致延迟。这种不成熟可通过不同方式表现出来，例如最常见的企业目录一团糟、群组激增(有时成千上万)、正在开展整合或需要协调身份提供商。这是许多 IAM 团队的现实，但不应成为采用零信任的障碍。

零信任系统将通过身份提供商执行用户身份验证，企业可决定在零信任策略中使用 IAM 属性和组的程度。注意，由于零信任系统自动使用这些身份属性，因此，零信任实际上能促进 IAM 系统的成熟度和数据完整性的提升，即使只是为了实现小部分改进。第 5.2.3 节中讨论过这一点。

19.4.2　政治阻力

遗憾的是，一些组织的安全领导者将在变革中面临政治驱动因素的阻力。安全专家将其定义为设置变革障碍的人员，尽管变革将为组织带来明显优势。这种阻力可能是由文化、技术偏见或当前安全工具或架构中的利害关系驱动的。可通过以下几种方法解决这一问题。首先就是教育和宣贯。有些人可能出于无知而抵制，努力宣讲零信任的具体优点，并令抵触方相信零信任不仅是营销术语。第二，如果企业的项目拥有强有力的、充满活力的支持方，应能够打破这一障碍。第三，企业可以从业务范围内的项目中找到零信任项目的切入点，尤其是能提高收入或降低成本的项目，在打破壁垒方面特别有效。最后，有时安全团队可在对方组织中找到愿意合作的团队。因为零信任系统本质上是可集成的，所以可能通过一些创造性方法连接和扩展现有的基础架构，避免让合作方感觉零信任正在“破坏和取代”对方的环境。

19.4.3　法律法规要求的约束

许多企业都受到监管，或者至少一些数据或系统受法律法规要求的约束。通常，政府和行业发布的法规会落后于技术几年，这会导致组织更难采用更新的方法满足这些要求。许多情况下，组织的第三方/外部审计师将是关键的决策方，因此积极主动地与外部审计师接触很重要。在组织零信任项目的早期，应与外部审计师合作并开展宣导，确保外部审计师了解组织的发展轨迹。这将有助于确保取得积极成果。

19.4.4　资源的探查和可见性

在复杂的企业 IT 环境中准确了解所有资源无疑是一项挑战。对于那些在没有太多监管的情况下成长或快速发展的环境，这一点尤其如此。对此类情况的通常表述是，“组织不知道谁在访问什么，以及如何控制访问资源的主体？”

第 4 章的案例研究说明了两种不同的方法。BeyondCorp 和 PagerDuty 都在复杂的生产网络中全面部署了组织的零信任平台，定义了细粒度的访问控制策略。这两个案例采取观察的方法，收集和分析网络数据，确保组织的系统不会影响用户的工作效率。这是有效的，但确实需要时间并付出努力。相比之下，软件定义边界(Software-Defined Perimeter)案例研究采用渐进式方法，采用增量方式加入用户和组。此案例还从一些粗颗粒访问控制开始，并随着时间的推移逐渐收紧访问控制。

这两种方法都是有效的。重要的是要认识到，组织可决定部署零信任平台的位置和方式，以及访问控制的细粒度。因此，不要陷入这样的误区：在开始之前，组织需要对每个连接和每个数据流都有完美的可见性。使用已拥有的信息，或使用众多开源或商业工具的其中一种，实现网络探查和资源可见性。

19.4.5　分析瘫痪

试图全面理解、识别风险和探索新技术或方法的目标值得称赞，但也存在常见的缺点，那就是无限期地拖延决策或行动。这种“分析导致的瘫痪”令所有相关人员感到沮丧。分析瘫痪(Analysis Paralysis)可能是组织内部的文化，也可能是安全团队自我强加的，该团队试图通过共识推动变革，但绝非易事。

安全专家已经看到组织在开始零信任时为此挣扎，组织的项目持续好几年，但在生产中获得的用户数量不超过几十个。这一点在回顾时很容易看到，但在当下往往很难认识到。这是因为组织的大多数用户和大多数团队都希望执行适当、彻底的规划、研究和验证工作。

当组织开展战略性零信任之旅，并将零信任组件部署到生产中之前应获得各种利益相关方的批准时，就会出现这种停顿。这可能会产生问题。如果其他团队要求新系统达到与投产多年的其他系统保持类似的运营成熟度、自动化和集成水平，则尤其如此。这可能导致"鸡和蛋"的问题，特别是如果项目和架构使得组织需要在部署第一组生产用户之前部署大型的复杂基础架构。

安全专家不提倡项目团队或安全架构师走捷径，或避免开展适当的研究和验证。但安全专家提倡团队与所有利益相关方合作，并从如何使零信任尽快投入试点或生产的角度处理关于零信任的提议，即使实施零信任的范围非常有限。虽然运营团队对变革持严格和保守态度是可以理解的，但大多数团队都愿意与安全团队合作。例如，安全团队可建议与现有访问方法并行运行零信任访问，直到运营团队对新系统有足够的信心。只有这样，组织才能取消原有的访问方法。

本章不希望以消极的方式结束关于常见障碍的讨论。与所有企业 IT 和安全项目一样，零信任项目也涉及一定程度的风险和未知因素。但绝大多数运行良好的项目即使在过程中遇到一些阻碍，也都是成功的，并为组织带来价值。本书的观点是，组织不应害怕更改正在实施的零信任架构，在迭代中不断学习至关重要。组织应确保每个零信任项目都可分解为可执行、可实现的里程碑。当组织启动零信任之旅时，无法了解全部问题和答案，但应做足功课，以便能够了解大部分问题和答案。组织应对自己和团队找到正确的需求充满信心。

19.5 本章小结

本章描述了实现零信任的自上而下和自下而上的方法。在实践中，大多数组织都会以混合方式运用每个项目的要素。安全专家相信，在所有情况下，选择适合的初始候选项目是成功的关键。研究第 18 章中的六个重点用例，了解从何处开始组织的零信任项目。并与组织内的同事建立沟通桥梁，讨论零信任背后的理念及其带来的优势，并提出许多问题。组织当前是否存在运营、安全、效率或用户体验方面令人头疼的问题？是否存在需要处理的审计发现？采用新环境(如 IaaS 或 PaaS)的项目情况如何？是否存在风险高但回报低的问题？

还要考虑组织的初始项目具有高可见度还是低可见度。没有错误的答案！可见度较低的项目虽然可能犯错(并从中吸取教训)，但影响较小，缺点是安全团队可能需要更努力地争取资源。可见度较高的项目能打破这些障碍，但组织可能因此增加审查力度，且对错误的容忍度较低。

安全专家的观点是，零信任第一个项目成功的最好标志是，能立即获得对第二个和第三个零信任项目的热烈支持。应与组织关注的定性和定量衡量类型保持一致，并准备好捕捉并呈现衡量结果，展示项目获得的价值。与组织内的同事建立沟通的桥梁。战略性和战术性零信任项目都涉及整个企业的转变，如果未获得支持将很难实现。零信任项目可能具有挑战性，但结果值得付出努力。

第 20 章

结　　论

虽然本书已接近尾声，但很可能组织还处在零信任之旅的起始阶段。本书已经涵盖了零信任的大量概念性、技术性、战略性主题，尽管主题宽泛，我们承认本书无法涵盖所有内容。零信任的范围非常宽泛，基本上与企业 IT 的覆盖范围一致，而且发展迅速。新技术、平台和解决方案似乎每天都在出现。更不用说，每个企业都以独特的方式组合 IT 和安全组件以满足特定需求。因此，今后在这方面还有大量工作需要完成。事实上，我们已经通过 https://ZeroTrustSecurity.guide 托管补充本书的内容，并与行业的安全专家们继续保持对话。

考虑到零信任领域不断变化的性质，我们通过本书传授的不仅是知识，还包括知道在哪里划分界限的智慧。强制将组织的零信任系统融入组织环境的每一部分既不可能也不恰当。事实上，故意排除 IT 架构的某些组成部分将有助于零信任项目实施的专注、速度和成功。本书帮助组织的安全团队为 IT 和安全生态系统的每个部分选择最合适、最有效的安全平台、工具和流程。

在经历零信任的过程时，记住本书在第 2 章介绍的零信任定义：

零信任系统是一套安全集成平台，综合使用来自身份、安全、IT 基础架构以及风险和分析工具的上下文信息，在整个企业内统一并动态地执行安全策略。零信任将安全从无效的、以边界为中心的模型转变为以资源和身份为中心的模型。因此，组织可以不断调整访问控制以适应不断变化的环境，从而提高安全水平、降低风险、简化和恢复运营，并提高业务灵活度。

此定义应作为组织零信任计划的基准原则，并在整个过程中为组织的决策和优先事项提供信息。

安全是每个组织实现目标的手段，是让企业中富有创造力和献身精神的人们可靠、高效、保密地完成任务的方式。设计和部署良好的零信任安全系统将透明地工作，在严格执行用户和服务的安全控制措施的同时不会妨碍用户和服务，基于上下文自动调整访问权限，且仅在必要时中断用户的访问。安全和适当的访问将是流程和活动的自然产物，而不是强加的。

希望本书提供了足够的知识、背景、技能和工具，以便企业做好充分准备，自信地踏上零信任之旅。就像神话中的冒险家们即将开始一项伟大的探索，现在拥有了武器、魔法、药水和粮食。组建企业的团队，建立联盟，然后去杀死怪物。祝好运！

第21章

后　　记

如果已经坚持到这里，恭喜大家！在此之前的200多页内容非常有启发性，希望能为企业的零信任之旅提供一些启发。

本书非常明确地使用“旅程(Journey)”一词，因为实现零信任不是“一劳永逸”的解决方案。企业很少拥有纯净的环境用于实施零信任方案。零信任是一段旅程，对于组织而言，这是非常值得付出努力的旅程。零信任的安全优势显而易见，对于运营和安全团队而言，在管理以及便捷性方面具备巨大优势。

为帮助读者从本书中汲取知识并准备开始企业的零信任之旅，下面将分享几个事项，其中的大部分前面已涉及。

21.1　严谨且详尽的方案

许多零信任实施由于不完善的规划而失败。组织应清楚地认识到，不完善的规划与缺乏规划不同，因为大多数组织都有用于项目的某种通盘方案。本书为理解零信任架构和实施提供了良好基础，并提供大量的资源帮助企业在此基础上构建零信任架构。由于企业可能从现有的基础架构/安全解决方案开始，请仔细研讨企业如何基于本书中讨论的原则逐步实现零信任。

21.2　零信任的公司文化和政治考量

由于大多数零信任项目的范围会涉及很多利益相关方。促使所有利益相关方就相关事项达成一致可能是一项巨大的挑战，并且可能在项目开始之前就会导致项目脱轨。为了完成项目，企业应在公司政治方面做出最大努力，关键利益相关方的自愿支持(以及资金和资源支持)对零信任项目的成功至关重要。管理层的支持和赞助明确了高层的态度，能够扫清许多障碍，但也不要低估业务方面的支持。业务方面的建议会起到很大作用。

21.3 梦想远大，从小做起

零信任不必一开始就全部实现。事实上，不应期待一次性全部实现。最好从特定的测试组和团队开始——可能已经使用现有的基础架构和解决方案。一旦企业明确零信任概念性证明和价值观，公司政治问题就会减少，支持率就会提高。

21.4 获取预算资金

除非安全/网络管理员拥有无限的预算和资源(这是个美好的梦想)，否则将不得不花费多年时间来规划企业的零信任项目。零信任对公司的许多部门都能提供很多优势，尤其是运营、DevOps 和法律法规监管合规(Compliance)部门。确保零信任的目标与这些部门的目标保持一致，也许可从这些部门获得更高的预算资金。

21.5 数字化转型契机

许多组织正在通过更新策略和程序，利用新技术(如云计算和微服务)开展数字化转型(Digital Transformation)。将组织的零信任框架作为组织数字化转型过程的一部分。无论如何，组织将不得不更新数字化转型项目的安全控制措施，因此，抓住机会让数字化转型与零信任愿景保持一致。

零信任不仅仅是流行语：是业界未来十年确保企业安全的方式。企业已经迈出了零信任之旅的第一步，祝成功！